300问学电工丛书

建筑电工实用技术300问

孙克军　主　编

薛增涛　王　雷　副主编

机　械　工　业　出　版　社

本书内容包括建筑电工基础知识、室内配电线路、变配电设备的安装、电动机的安装、低压电器的安装、电气照明装置与电风扇的安装、开关与插座的安装、火灾报警与自动灭火系统、安全防范系统、电梯与自动扶梯的安装、防雷与接地装置等。书中简要介绍了建筑电工的基础知识，着重介绍了变配电设备、动力设备、照明装置以及建筑弱电系统等建筑电气的安装技术和应注意的问题。

本书的主要特点是理论联系实际，简要介绍基础知识，重点讲述操作技能，培养读者分析问题和解决问题的能力。本书密切结合生产实际，突出实用、图文并茂、深入浅出、通俗易懂，具有实用性强，易于迅速掌握和运用的特点。

本书适合具有初中以上文化程度的建筑电工自学使用，对工程技术人员、电工管理人员也有参考价值，也可作为职业院校及各种短期培训班和再就业工程培训的教学参考书。

图书在版编目（CIP）数据

建筑电工实用技术300问/孙克军主编. —2版. —北京：机械工业出版社，2018.6
(300问学电工丛书)
ISBN 978-7-111-59775-9

Ⅰ.①建… Ⅱ.①孙… Ⅲ.①建筑工程-电工技术-问题解答
Ⅳ.①TU85-44

中国版本图书馆CIP数据核字（2018）第084243号

机械工业出版社（北京市百万庄大街22号 邮政编码100037）
策划编辑：任 鑫 责任编辑：任 鑫
责任校对：陈 越 封面设计：马精明
责任印制：孙 炜
北京中兴印刷有限公司印刷
2018年8月第2版第1次印刷
148mm×210mm · 9.625印张 · 280千字
0001—3500册
标准书号：ISBN 978-7-111-59775-9
定价：35.00元

前言

随着国民经济的飞速发展，电能在工农业生产、军事、科技及人民日常生活中的应用越来越广泛。各行各业对电工的需求越来越多，新电工不断涌现，新知识也需要不断补充。为了满足广大再就业人员学习电工技能的要求，我们组织编写了“300问学电工丛书”。本丛书有建筑电工、维修电工、物业电工、装修水电工分册，书中采用大量图表，内容由浅入深、言简意赅、通俗易懂、简明实用、可操作性强，力求帮助广大读者快速掌握行业技能，顺利上岗就业。

本书是建筑电工分册，是根据广大建筑电工的实际需要而编写的。以帮助建筑电工提高电气技术的理论水平及处理实际问题的能力。在编写过程中，从当前建筑电工的实际情况出发，面向生产实际，搜集、查阅了大量有关资料，归纳了建筑电工基础知识、室内配电线路、变配电设备的安装、电动机的安装、低压电器的安装、电气照明装置与电风扇的安装、开关与插座的安装、火灾报警与自动灭火系统、安全防范系统、电梯与自动扶梯的安装、防雷与接地装置等内容，精选了300个常见的技术问题。编写时考虑到了系统性，力求突出实用性，努力做到理论联系实际。

建筑电气工程的特点为系统多且复杂，技术先进，施工周期长，作业空间大，使用设备和材料品种多。本书突出了简明实用、通俗易懂、可操作强的特点。书中采用大量图表，由浅入深，全面介绍了建筑电工应掌握的基础知识和基本操作技能。本书不仅可作为农村进城务工人员，以及没有相应技能基础的广大城乡待业、下岗人员的就业培训用书，也可供已经就业的建筑电工在技能考评和工作中使用，还可作为职业院校有关专业师生的教学参考书。

本书由孙克军主编，薛增涛、王雷为副主编。第1章由孙克军编写，第 2 章由薛增涛编写，第 3 章由王雷编写，第 4 章由王忠杰编写，第 5 章由商晓梅编写，第 6 章由刘浩编写，第 7 章由钟爱琴编写，第 8 章由成斌编写，第 9 章由杨征编写，第 10 章由梁国壮编写，第 11 章由路继勇编写。编者对关心本书出版、热心提出建议和提供资料的单位和个人在此一并表示衷心的感谢。

由于编者水平所限，书中难免有不妥之处，希望广大读者批评指正。

编　者

目　录

第1章

Chapter 01

建筑电工基础知识

1-1 什么是建筑电气工程？

建筑电气工程就是以电能、电气设备和电气技术为手段来创造、维持与改善限定空间和环境的一门科学，它是介于土建和电气两大类学科之间的一门综合学科。经过多年的发展，它已经建立了自己完整的理论和技术体系，发展成为一门独立的学科。

建筑电气工程专业培养目标是，培养建筑供配电系统、电气照明系统及建筑电气控制系统的施工安装、调试和运行管理、工程监理及中小型工程设计等工作的高级技术应用型人才。

建筑电气工程主要包括建筑供配电技术，建筑设备电气控制技术，电气照明技术，防雷、接地与电气安全技术，现代建筑电气自动化技术，现代建筑信息及传输技术等。

根据建筑电气工程的功能，人们比较习惯地把建筑电气工程分为强电工程和弱电工程。通常情况下，把电力、照明等用的电能称为强电，而把传播信号、进行信息交换的电能称为弱电。

1-2 什么是智能建筑？智能建筑由哪几部分组成？

智能建筑是多学科、高新技术的巧妙合成，也是综合经济实力的象征。智能建筑工程中广泛地应用了高新技术，如数字通信技术、控制技术、计算机网络技术、电视技术、光纤技术、传感器技术及数据库技术等，利用这些技术构成了各类智能化子系统。

智能建筑工程体系结构图如图1-1所示。

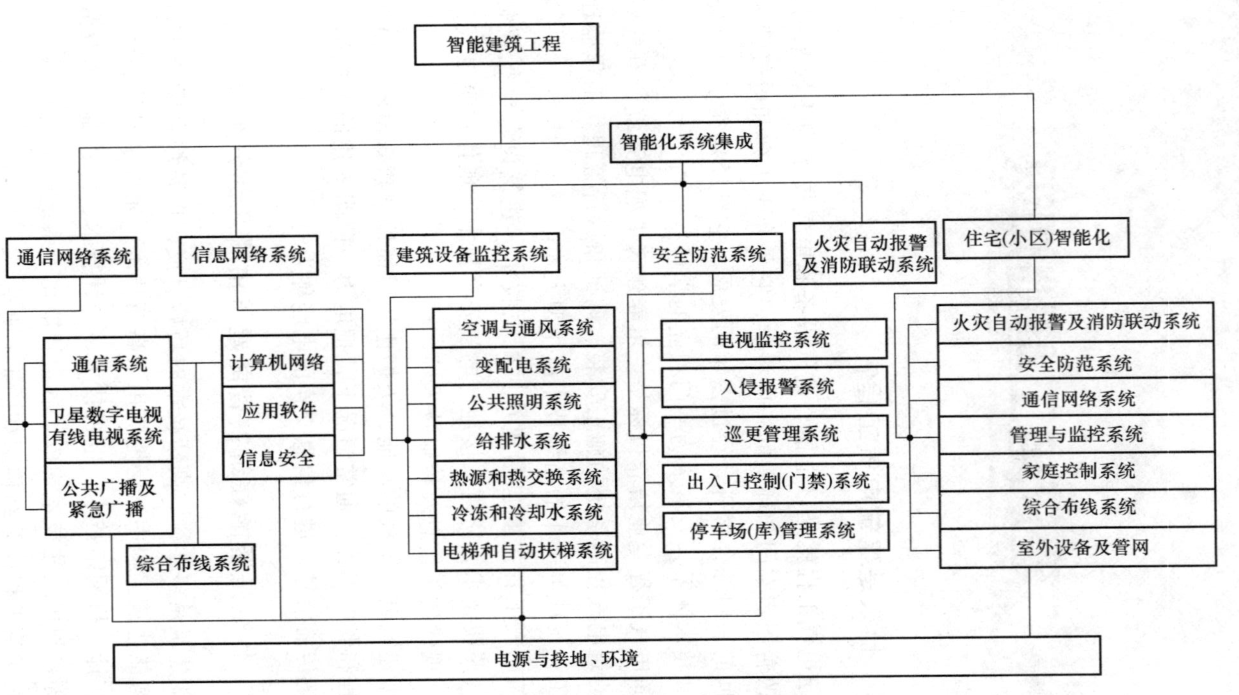

图 1-1 智能建筑工程体系结构图

1-3 建筑电气安装工程中应注意哪些问题？

1. 施工程序及安全用电

在电气设备安装施工中，应根据电气装置的特点，依据规范要求制定合理的施工程序及安全措施。严格遵守操作规程是保证工程进度和质量、严防发生事故、避免造成损失的一项重要工作。施工人员必须高度重视，严格遵守安全技术规范，保证安全。

(1) 严格按操作规程进行施工，不准违章。

(2) 施工现场临时供电线路的架设和电气设备的安装，要符合临时供电的要求，所用导线应绝缘良好，电气设备的金属外壳应接地。户外临时配电盘（板）及开关装置应有防雨措施。凡容易被人碰到的电气设备，周围应设置围栏，悬挂警示牌。

(3) 在带有高电压的地方，要有明显标志，并设警告牌。处理高压设备故障时，必须使用绝缘手套、绝缘棒、绝缘靴等安全用具。

(4) 在电气施工方案中，对于高空作业必须提出详细的安全措施。对参加高空作业的人员应进行体检，不宜从事高空作业的人员，不许参加高空作业。高空作业时必须拴好安全带，戴好安全帽，遇6级以上大风、暴雨及有雾时应停止室外高空作业。

(5) 一般情况下不带电作业。使用仪表或试电笔检查确认无电后方可进行工作，并应在开关上挂上告示牌。若必须带电作业时，则必须做好安全措施并按操作顺序进行操作。

(6) 在坑井、隧道和孔洞中工作，除应采用36V以下的安全电压照明外，还应有通风换气设备，必要时在上方留专人看护。

(7) 施工现场用火，以及进行气焊、使用喷灯、电炉等，要有防火及防护措施。

(8) 进入现场的施工人员应精力集中，养成文明施工的良好习惯，工程完工和下班时，都要对施工现场进行清扫整理。

2. 做好工程施工记录

电气安装施工工程中应扼要记录每日完成的工程项目和工作量，施工中遇到的问题和采取的措施以及参加工作的人员和负责人等。这些施工资料的积累对提高施工质量、加强施工管理和日后进行工程分析都是十分必要的。施工过程中经常会出现用户工艺要求变更、材料供应短缺或发现原设计方案不尽合理等情况，这时必须更改设计和施工方案，进行工程变更。需要注意的是，每项更改必须经过设计单位、建筑单位、施工单位三方一致同意后，并由设计单位出具更改图样，施工人员做好更改记录，由电气专业技术队长或工长办理存档。

1-4 电气安装工程与土建工程应该怎样配合?

建筑电工主要工作是从事电气设备的安装。建筑电工在主体结构时期主要工作是预埋，在二次结构时期主要工作是二次配管和疏通工作，在安装阶段主要工作是穿线，以及配电箱、电气设备、电灯、开关和插座等的安装。

电气安装工程是建筑安装工程的组成部分，做好与土建的配合施工，是省工省料、加快进度、确保安装质量的重要途径。因此，在主体施工时，应配合土建做好预埋。

预埋是指在土建施工过程中，在建筑构件中，预先埋入电气工程的固定件及电线管等。做好预埋工作，不但可以保持建筑物的美观清洁，避免以后钻、凿、挖、补，破坏建筑物结构，而且可增强电气装置的安装机械强度。混凝土墙、柱、梁等承重构件，一般不允许钻凿破坏，有的混凝土结构和屋顶还涉及防渗防漏问题，更不允许钻凿。可见，配合土建进行预埋，不是可做可不做的事情，而是必须认真做好的工作。预埋可分为建筑工人预埋和由安装电工预埋两种，具体分工按施工图样决定。

电气安装工程除了和土建有着密切的关系，需要协调配合以外，还要和其他安装工程，如给水排水工程，采暖、通风工程等有着密切的关系。施工前应做好图样会审工作，避免发生安装位置的冲突；互相平行或交叉安装时，必须保证安全距离的要求，不能满足时应采取相应的保护措施。

1-5 电气装置安装以后，投入运行之前应结束哪些工作?

电气装置安装以后，投入运行之前应结束的工作如下：

(1) 清除电气装置及构架上的污垢，结束修饰工作（粉刷、涂漆、补洞、抹制地面、表面修饰等)。

(2)建立户外变电站区域的永久性围墙以及场地平整。

(3)拆除临时设施,更换为永久设施(如永久性门窗、梯子、栏杆等)。

1-6 什么是建筑电气工程图?

电气工程的门类很多,细分起来有几十种。其中,我们常把电器装置安装工程中的变配电装置、35kV以下架空电路和电缆电路、照明、动力、桥式起重机电气线路、电梯、通信、广播电视系统、火灾自动报警及自动化消防系统、防盗保安系统、空调及冷库电气控制装置、建筑物内微机检测控制系统及自动化仪表等,与建筑物关联的新建、扩建和改造的电气工程统称为建筑电气工程。

电气工程图是阐述电气工程的结构和功能,描述电气装置的工作原理,提供安装接线和维护使用信息的施工图。由于每一项电气工程的规模不同,所以反映该项工程的电气图种类和数量也不尽相同,通常一项工程的电气工程图由许多部分组成。

1-7 如何识读户外变电所平面布置图?

阅读户外变电所平面布置图时,要注意并掌握以下内容:

(1)变电所在总平面图上的位置及其占地面积的几何形状及尺寸。

(2)电源进户回路个数、编号、电压等级、进线方位、进线方式及第一接线点的形式(杆、塔)、进线电缆或导线的规格、型号、电缆头规格、型号,进线杆塔规格、悬式绝缘子的规格、片数及进线横担的规格。

(3)混凝土构架及其基础的布置、间距、比例、高度、数量、规格、用途及其结构型式,电缆沟的位置、盖板结构及其沟端面布置,控制室、电容器室以及休息室、检修间、备品库等房间的位置、面积、几何尺寸、开间布置等。

(4)隔离开关、避雷器、电流互感器、电压互感器及其熔断器、断路器、电力变压器、跌落式熔断器等室外主要设备的规格、型号、数量、安装位置。

(5) 一次母线、二次母线的规格及组数，悬式绝缘子规格、片数、组数，穿墙套管规格、型号、组数、安装位置及标高，二次母线的结构型式、材料规格、支柱绝缘子型号、规格及数量、安装位置、间距。

(6) 控制室信号盘、控制盘、电源柜、模拟盘规格、型号、数量、安装位置，室内电缆沟位置。

(7) 二次配电室进线柜、计量柜、开关柜、控制柜、避雷柜的规格、型号、台数安装位置，室内电缆沟位置，引出线的穿墙套管规格、型号、编号、安装位置及标高，引出电缆的位置、编号。室内敷设管路的规格及导线电缆规格、根数。

(8) 修理间电源柜、动力配电柜、电容器室电容柜或台架的规格、型号、安装位置、电缆沟位置，管路布置及其规格、导线及电缆规格。

(9) 避雷针的位置、个数、规格、结构型式。

(10) 接地极、接地网平面布置及其材料的规格、型号、数量、引入室内的位置及室内布置方式、对接地电阻的要求、与设备接地点连接要求、敷设要求。

(11) 上述各条内容有无与设计规范不符、有无与土建、采暖、通风、给排水等专业冲突矛盾之处。

1-8 如何识读户内变电所平面布置图?

阅读户内变电所平面布置图时，要注意并掌握以下内容：

(1) 变电所在总平面图上的位置及其占地面积的几何形状及尺寸。

(2) 电源进户回路个数、编号、电压等级、进线方位、进线方式及第一接线点的形式、进线电缆或导线的规格、型号、电缆头规格、型号等。

(3) 变配电所的层数、开间布置及用途、楼板孔洞用途及几何尺寸。

(4) 各层设备平面布置情况、开关柜、计量柜、控制柜、联络柜、避雷柜、信号盘、电源柜、操作柜、模拟盘、电容柜、变压器等规格、型号、台数、安装位置。

（5）首层电缆沟位置、引出线穿墙套管规格、型号、编号、安装位置、引出电缆的位置编号、母线结构型式及规格、型号、组数等。室内敷设管路的规格及导线、电缆的规格、型号、根数。

（6）接地极、接地网平面布置及其材料的规格、型号、数量、引入室内的位置及室内布置方式、对接地电阻的要求、与设备接地点连接要求、敷设要求。

（7）上述各条内容有无与设计规范不符、有无与土建、采暖、通风、给排水等专业冲突矛盾之处。

 1-9　如何识读动力电气工程图?

阅读动力系统图（动力平面图）时，要注意并掌握以下内容：

（1）电动机位置、电动机容量、电压、台数及编号、控制柜箱的位置及规格、型号、从控制柜箱到电动机安装位置的管路、线槽、电缆沟的规格、型号及线缆规格、型号、根数和安装方式。

（2）电源进线位置、进线回路编号、电压等级、进线方式、第一接线点位置及引入方式、导线电缆及穿管的规格、型号。

（3）进线盘、柜、箱、开关、熔断器及导线的规格、型号、计量方式。

（4）出线盘、柜、箱、开关、熔断器及导线规格、型号、回路个数、用途、编号及容量、穿管规格、起动柜或箱的规格型号。

（5）电动机的起动方式，同时核对该系统动力平面图回路标号与系统图是否一致。

（6）接地母线、引线、接地极的规格、型号、数量、敷设方式、接地电阻要求。

（7）控制回路、检测回路的线缆规格、型号、数量及敷设方式，控制元件、检测元件规格、型号及安装位置。

（8）核对系统图与动力平面图的回路编号、用途名称、容量及控制方式是否相同。

（9）建筑物为多层结构时，上下穿越的线缆敷设方式（管、槽、插接或封闭母线、竖井等）及其规格、型号、根数、相互联络方式。单层结构的不同标高下的上述各有关内容及平面布置图。

（10）具有仪表检测的动力电路应对照仪表平面布置图核对联锁回路、调节回路的元件及线缆的布置及安装敷设方式。

（11）有无自备发电设备或UPS。

（12）电容补偿装置等各类其他电气设备及管线的上述内容。

1-10　如何识读照明电气工程图？

阅读照明系统图（照明平面图）时，要注意并掌握以下内容：

（1）进线回路编号、进线线制（三相五线、三相四线、单相两线制）、进线方式、导线电缆及穿管的规格、型号。

（2）电源进户位置、方式、线缆规格、型号、第一接线点位置及引入方式、总电源箱规格、型号及安装位置，总箱与各分箱的连接形式及线缆规格、型号。

（3）灯具、插座、开关的位置、规格、型号、数量、控制箱的安装位置及规格、型号、台数、从控制箱到灯具、插座、开关安装位置的管路（包括线槽、槽板、明装线路等）的规格、走向及导线规格、型号、根数和安装方式，上述各元件的标高及安装方式和各户计量方法等。

（4）各回路开关熔断器及总开关熔断器的规格、型号、回路编号及相序分配、各回路容量及导线穿管规格、计量方式、电流互感器规格、型号，同时核对该系统照明平面图回路标号与系统图是否一致。

（5）建筑物为多层结构时，上下穿越的线缆敷设方式（管、槽、竖井等）及其规格、型号、根数、走向、连接方式（盒内、箱内等）。单层结构的不同标高下的上述各有关内容及平面布置图。

（6）系统采用的接地保护方式及要求。

（7）采用明装线路时，其导线或电缆的规格、绝缘子规格、型号、钢索规格、型号、支柱塔架结构、电源引入及安装方式、控制方式及对应设备开关元件的规格、型号等。

（8）箱、盘、柜有无漏电保护装置，其规格、型号、保护级别及范围。

(9) 各类机房照明、应急照明装置等其他特殊照明装置的安装要求及布线要求、控制方式等。

(10) 土建工程的层高、墙厚、抹灰厚度、开关布置、梁、窗、柱、梯、井、厅的结构尺寸、装饰结构型式及其要求等土建资料。

1-11 如何识读消防安全系统电气图?

阅读消防安全系统电气图时，要注意并掌握以下内容：

(1) 由于现代高级消防安全系统都采用微机控制，所以消防安全微机控制系统与其他微机控制系统的工作过程一样，将火灾探测器接入微机的检测通道的输入接口端，微机按用户程序对检测量进行处理，当检测到危险或着火信号时，就给显示通道和控制通道发出信号，使其显示火灾区域，启动声光报警装置和自动灭火装置。因此，看这种图时，要抓住微机控制系统的基本环节。

(2) 阅读消防安全系统成套电气图，首先必须读懂安全系统组成系统图或框图。

(3) 由于消防安全系统的电气部分广泛使用了电子元件、装置和线路，因此将安全系统电气图归类于弱电电气工程图，对于其中的强电部分则可分别归类于电力电气图和电气控制图，阅读时可以分类进行。

1-12 如何识读火灾自动报警及自动消防平面图?

阅读火灾自动报警及自动消防平面图时，应注意并掌握以下内容：

(1) 先看机房平面布置及机房（消防中心）位置。了解集中报警控制柜、电源柜及 UPS 柜、火灾报警柜、消防控制柜、消防通信总机、火灾事故广播系统柜、信号盘、操作柜等机柜在室内安装排列位置、台数、规格、型号、安装要求及方式，交流电源引入方式、相数及线缆规格、型号、敷设方法、各类信号线、负荷线、控制线的引出方式、根数、线缆规格、型号、敷设方法、电缆沟、桥架及竖井位置、线缆敷设要求。

(2) 再看火灾报警及消防区域的划分。了解区域报警器、探测器、手动报警按钮安装位置标高、安装方式，引入引出线缆规格、型号、根数及敷设方式、管路及线槽安装方式及要求、走向。

（3）然后看消防系统中喷洒头、水流报警阀、卤代烷喷头、二氧化碳等喷头安装位置标高、管路布置走向及电气管线布置走向、导线根数、卤代烷及二氧化碳等储罐或管路安装位置标高等。

（4）最后看防火阀、送风机、排风机、排烟机、消防泵及设施、消火栓等设施安装位置标高、安装方式及管线布置走向、导线规格、根数、台数、控制方式。

（5）了解疏散指示灯、防火门、防火卷帘、消防电梯安装位置标高、安装方式及管线布置走向、导线规格、根数、台数及控制方式。

（6）核对系统图与平面图的回路编号、用途名称、房间号、管线槽等是否相同。

 1-13　如何识读防盗报警系统电气图？

阅读防盗报警平面图时，应注意并掌握以下内容：

（1）机房平面布置及机房（保安中心）位置、监视器、电源柜及UPS柜、模拟信号盘、通信总柜、操作柜等机柜室内安装排列位置、台数、规格、型号、安装要求及方式，交流电源引入方式、相数及线缆规格、型号、敷设方法、各类信号线、控制线的引入引出方式、根数、线缆规格、型号、敷设方法、电缆沟、桥架及竖井位置、线缆敷设要求。

（2）各监控点摄像头或探测器、手动报警按钮的安装位置标高、安装及隐蔽方式、线缆规格、型号、根数、敷设方法要求，管路或线槽安装方式及走向。

（3）电门锁系统中控制盘、摄像头、电门锁安装位置标高、安装方式及要求，管线敷设方法及要求、走向，终端监视器及电话安装位置方法。

（4）对照系统图核对回路编号、数量、元件编号。

 1-14　如何识读有线电视系统图？

阅读有线电视系统平面布置图时，应注意并掌握以下有关

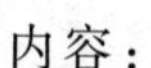

内容：

（1）机房位置及平面布置、前端设备规格、型号、台数、电源柜和操作台规格、型号、安装位置及要求。

（2）交流电源进户方式、要求、线缆规格、型号，天线引入位置及方式、天线数量。

（3）信号引出回路数、线缆规格、型号、电缆敷设方式及要求、走向。

（4）各房间电视插座安装位置标高、安装方式、规格、型号、数量、线缆规格、型号及走向、敷设方式；多层结构时，上下穿越电缆敷设方式及线缆规格、型号；有无中间放大器，其规格、型号、数量、安装方式及电源位置等。

（5）有自办节目时，机房、演播厅平面布置及其摄像设备的规格、型号、电缆及电源位置等。

（6）屋顶天线布置、天线规格、型号、数量、安装方式、信号电缆引下及引入方式、引入位置、电缆规格、型号，天线安装要求（方向、仰角、电平等）。

1-15 如何识读通信、广播系统图？

阅读电话通信、广播音响平面图时，应注意并掌握以下内容：

（1）机房位置及平面布置、总机柜、配线架、电源柜、操作台的规格、型号及安装位置要求，交流电源进户方式、要求、线缆规格、型号，天线引入位置及方式。

（2）外线对数、引入方式、敷设要求、规格、型号，内部电话引出线对数、引出方式（管、槽、桥架、竖井等）、规格、型号、线缆走向。

（3）广播线路引出对数、引出方式及线缆的规格、型号、线缆走向、敷设方式及要求。

（4）各房间话机插座、音箱及元器件安装位置标高、安装方式、规格、型号及数量、线缆管路规格、型号及走向，多层结构时，上下穿越线缆敷设方式、规格、型号、根数、走向、连接方式。

（5）核对系统图与平面图的信号回路编号、用途名称等。

第2章 Chapter 02

室内配电线路

2-1 室内配线的一般技术要求有哪些?

室内配线不仅要求安全可靠，而且要使线路布置合理、整齐美观、安装牢固。其一般技术要求如下:

(1) 导线的额定电压应不小于线路的工作电压；导线的绝缘应符合线路的安装方式和敷设的环境条件。导线的截面积应能满足电气和机械性能要求。

(2) 配线时应尽量避免导线接头。导线必须接头时，接头应采用压接或焊接。导线连接和分支处不应受机械力的作用。穿管敷设导线，在任何情况下都不能有接头，必要时尽量将接头放在接线盒的接线柱上。

(3) 在建筑物内配线要保持水平或垂直。水平敷设的导线，距地面不应小于2.5m；垂直敷设的导线，距地面不应小于1.8m。否则，应装设预防机械损伤的装置加以保护，以防漏电伤人。

(4) 导线穿过墙壁时，应加套管保护，管内两端出线口伸出墙面的距离应不小于10mm。在天花板上走线时，可采用金属软管，但应固定稳妥。

(5) 配线的位置应尽可能避开热源，便于检查、维修。

(6) 为了确保用电安全，室内电气管线和配电设备与其他管道、设备间的最小距离不得小于表2-1所规定的数值。否则，应采取其他保护措施。

(7) 弱电线不能与大功率电力线平行，更不能穿在同一管内。如因环境所限，必须平行走线时，则应远离50cm以上。

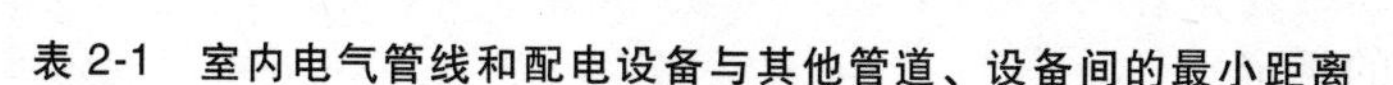

表 2-1 室内电气管线和配电设备与其他管道、设备间的最小距离

（单位：m）

类别	管线及设备名称	管内导线	明敷绝缘导线	裸母线	配电设备
平行	煤气管	0.1	1.0	1.0	1.5
	乙炔管	0.1	1.0	2.0	3.0
	氧气管	0.1	0.5	1.0	1.5
	蒸汽管	1.0/0.5	1.0/0.5	1.0	0.5
	暖水管	0.3/0.2	0.3/0.2	1.0	0.1
	通风管	—	0.1	1.0	0.1
	上、下水管	—	0.1	1.0	0.1
	压缩气管	—	0.1	1.0	0.1
	工艺设备	—	—	1.5	—
交叉	煤气管	0.1	0.3	0.5	—
	乙炔管	0.1	0.5	0.5	—
	氧气管	0.1	0.3	0.5	—
	蒸汽管	0.3	0.3	0.5	—
	暖水管	0.1	0.1	0.5	—
	通风管	—	0.1	0.5	—
	上、下水管	—	0.1	0.5	—
	压缩气管	—	0.1	0.5	—
	工艺设备	—	—	1.5	—

注：表中有两个数据者，第一个数值为电气管线敷设在其他管道上面的距离；第二个数值为电气管线敷设在其他管道下面的距离。

（8）报警控制箱的交流电源应单独走线，不能与信号线和低压直流电源线穿在同一管内。

（9）同一根管或线槽内有几个回路时，所有绝缘导线和电缆都应具有与最高标称电压回路绝缘相同的绝缘等级。

（10）配线用塑料管（硬质塑料管、半硬质塑料管）、塑料线槽及附件，应采用阻燃制品。

（11）配线工程中所有外露可导电部分的接地要求，应符合有关规程的规定。

 2-2 室内配线的施工步骤有哪些？

室内配线无论采用什么配线方式，其施工步骤基本相同。通常包括以下工序：

（1）根据施工图确定配电箱、灯具、插座、开关、接线盒等设备预埋件的位置。

（2）确定导线敷设的路径，穿墙、穿楼板的位置。

（3）配合土建施工，预埋好管线或配线固定材料、接线盒（包括开关盒、插座盒等）及木砖等预埋件。在线管弯头较多、穿线难度较大的场所，应预先在线管中穿好牵引铁丝。

（4）安装固定导线的元件。

（5）按照施工工艺要求，敷设导线。

（6）连接导线、包缠绝缘，检查线路的安装质量。

（7）完成开关、插座、灯具及用电设备的接线。

（8）进行绝缘测试、通电试验及全面验收。

 2-3 导线连接的基本要求有哪些？

在配线过程中，因出现线路分支或导线太短，经常需要将一根导线与另一根导线连接。在各种配线方式中，导线的连接除了针式绝缘子、鼓形绝缘子、蝶形绝缘子配线可在布线中间处理外，其余均需在接线盒、开关盒或灯头盒内等处理。导线的连接质量对安装的线路能否安全可靠运行影响很大。常用的导线连接方法有绞接、绑接、焊接、压接和螺栓连接等。其基本要求如下：

（1）剥削导线绝缘层时，无论用电工刀或剥线钳，都不得损伤线芯。

（2）接头应牢固可靠，其机械强度不小于同截面积导线的80%。

（3）连接电阻要小。

（4）绝缘要良好。

 2-4 如何用绞接法进行单芯铜线的连接？

根据导线截面积的不同，单芯铜导线的连接常采用绞接法和绑接法。

绞接法适用于 $4mm^2$ 及以下的小截面积单芯铜线直线连接和分线（支）连接。绞接时，先将两线相互交叉，同时将两线芯互绞 2~3 圈后，再扳直与连接线成 90°，将导线两端分别在另一线芯上紧密地缠绕 5 圈，余线割弃，使端部紧贴导线，如图 2-1a 所示。

双线芯连接时，两个连接处应错开一定距离，如图 2-1b 所示。

单芯丁字分线连接时，将导线的线芯与干线交叉，一般先粗绕1~2 圈或打结以防松脱，然后再密绕 5 圈，如图 2-1c、d 所示。

单芯线十字分线绞接方法如图 2-1e、f 所示。

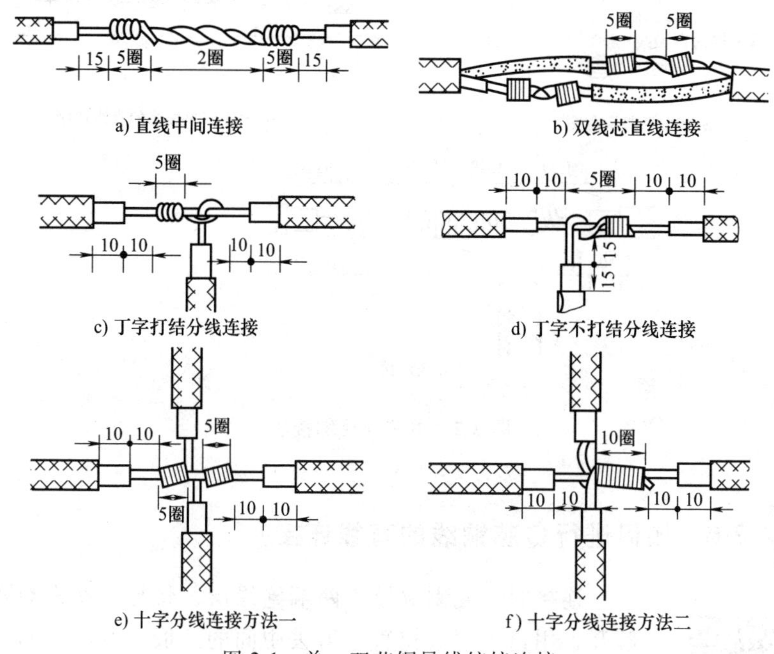

图 2-1　单、双芯铜导线绞接连接

2-5　如何用绑接法进行单芯铜线的连接？

绑接法又称缠卷法。分为加辅助线和不加辅助线两种，一般适用于 $6mm^2$ 及以上单芯线的直线连接和分线连接。

连接时，先将两线头用钳子适当弯起，然后并在一起。加辅助线

（即一根同径线芯）后，一般用一根 1.5mm^2 的裸铜线作为绑线，从中间开始缠绑，缠绑长度约为导线直径的 10 倍。两头再分别在一线芯上缠绕 5 圈，余下线头与辅助线绞合 2 圈，剪去多余部分。较细的导线可不用辅助线。如图 2-2a、b 所示。

单芯丁字分线连接时，先将分支导线折成 90°紧靠干线，其公卷长度也为导线直径的 10 倍，再单绕 5 圈，如图 2-2c 所示。

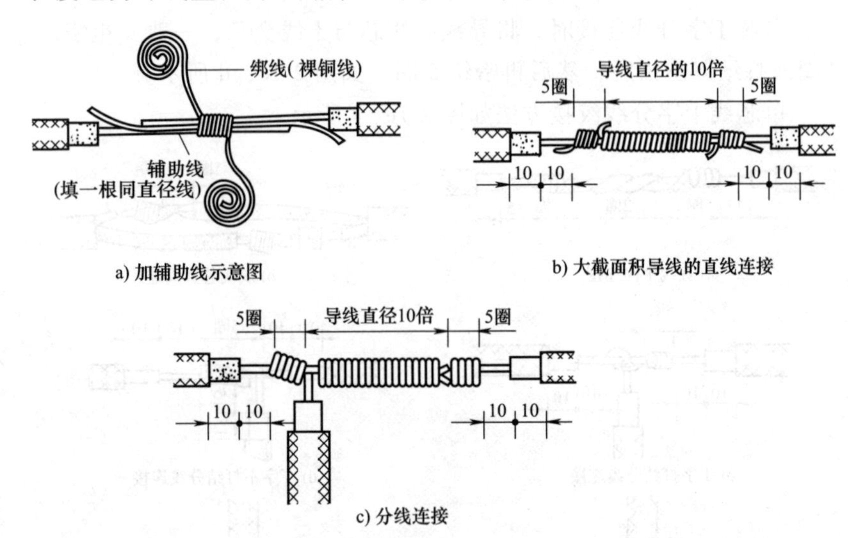

图 2-2　单芯导线绑接法

2-6　如何进行多芯铜线的直线连接？

连接时，先剥取导线两端绝缘层，将导线线芯顺次解开，用钳子逐根拉直，剪去中间的一股，并将靠近绝缘层 1/3 长度的线芯绞紧，再将剩余 2/3 部分分散成 30°的伞状，用细砂纸清除氧化膜。再把两个伞状线芯线头隔根对插后合拢，然后取一端的任意两股，同时缠绕 4~5 圈后，再换另外两股缠绕，并把原来两股端部压在线束中。以此类推，直至缠至导线解开点，剪去余下线芯，并用钳子敲平线头。另一侧也同样缠绕。如图 2-3 所示。

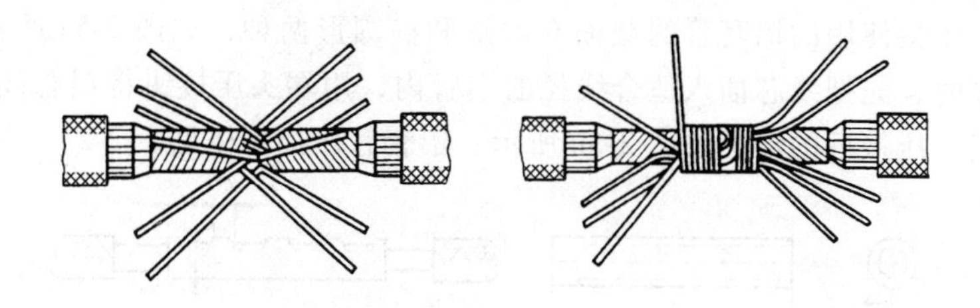

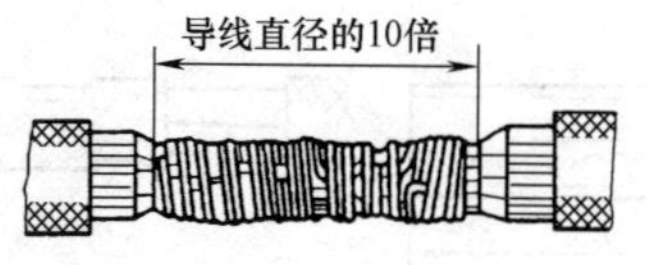

图 2-3　多芯导线直接连接法

扫码看视频

2-7　如何进行多芯铜线的分支连接?

分支连接时，先剥去导线两端绝缘层，将分支导线端头散开，拉直分为两股，各曲折 90°，贴在干线下，先取一股，用钳子缠绕 5 圈，余线压在里档或割弃，再调换一根，以此类推，缠至距离绝缘层 15mm 为止。另一侧也按上述方法缠绕，但方向相反，如图 2-4 所示。

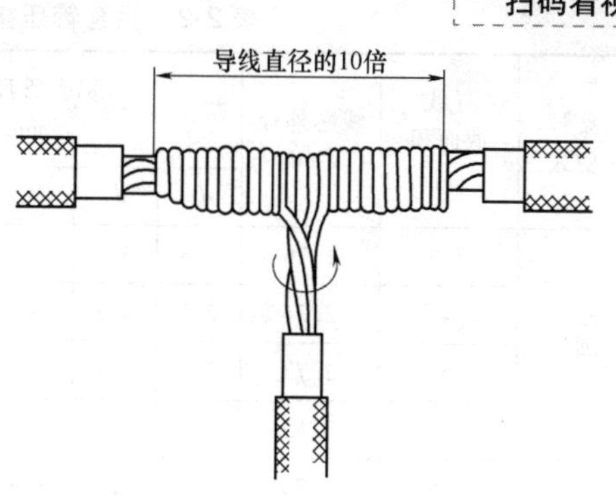

图 2-4　多芯导线分支连接法

2-8　如何进行单芯铝线的压接?

1. 单芯铝线的直线压接

在室内配线工程中，对于 $10mm^2$ 及以下的单股铝导线的连接，主要采用铝套管进行局部压接。压接前，先根据导线截面积和连接线根数选用合适的铝套管，再将要连接的两根导线的线芯表面及铝套管内壁氧化膜清除，然后涂上一层中性凡士林油膏，使其与空气隔绝不再氧化。

压接使用的铝套管的截面有圆形和椭圆形两种，如图 2-5a 所示。压接时，先把线芯插入适合线径的铝管内，用端头压接钳将铝管线芯压实，压接后的情况如图 2-5b 所示。铝套管压接规格见表 2-2。

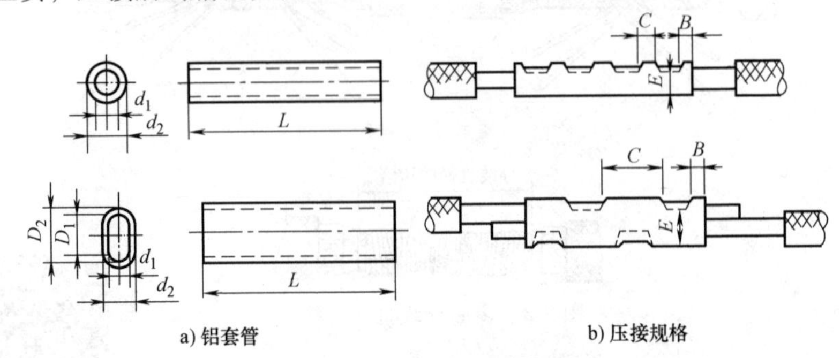

图 2-5 铝套管及压接规格

表 2-2 铝套管压接规格表

套管型式	导线截面积/mm²	线芯外径/mm	铝套管尺寸/mm					管压接尺寸/mm		压后尺寸E/mm
			d_1	d_2	D_1	D_2	L	B	C	
圆形	2.5	1.76	1.8	3.8	—	—	31	2	2	1.4
	4	2.24	2.3	4.7	—	—	31	2	2	2.1
	6	2.73	2.8	5.2	—	—	31	2	1.5	3.3
	10	3.55	3.6	6.2	—	—	31	2	1.5	4.1
椭圆形	2.5	1.76	1.8	3.8	3.6	5.6	31	2	8.8	3.0
	4	2.24	2.3	4.7	4.6	7	31	2	8.4	4.5
	6	2.73	2.8	5.2	5.6	8	31	2	8.4	4.8
	10	3.55	3.6	6.2	7.2	9.8	31	2	8	5.5

当采用圆形套管时，将线芯分别在铝套管两端插入，各插到套管的一半处，用压接钳压接成型；当采用椭圆形套管时，应使两线对插后，线头分别露出套管两端 4mm，然后用压接钳压接。要使所有压坑的中心线位于同一条直线上。

2. 单芯铝线的分支压接

单芯铝线的分支和并头连接，均可采用椭圆形铝套管压接，如图

2-6 所示。

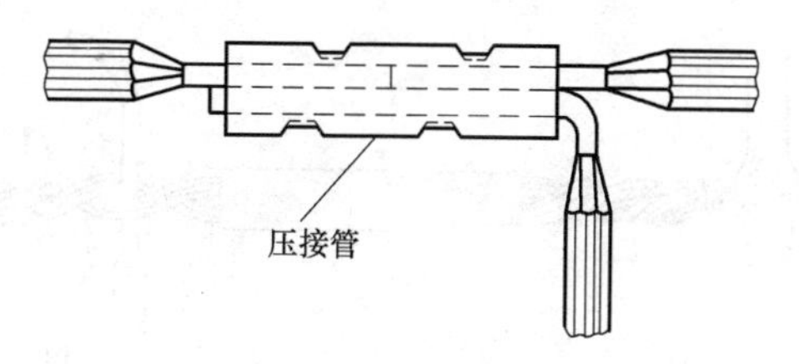

图 2-6 管压法分支连接

2-9 不同截面积的导线应怎样连接?

1. 单芯细导线与单芯粗导线的连接

将细导线在粗导线线头上紧密缠绕 5~6 圈，弯曲粗导线头的端部，使它压在缠绕层上，再用细导线头缠绕 3~5 圈，切去余线，钳平切口毛刺，如图 2-7 所示。

2. 软导线与硬导线的连接

先将软导线拧紧。将软导线在单芯导线线头上紧密缠绕 5~6 圈，弯曲单芯线头的端部，使它压在缠绕层上，以防绑线松脱，如图 2-8 所示。

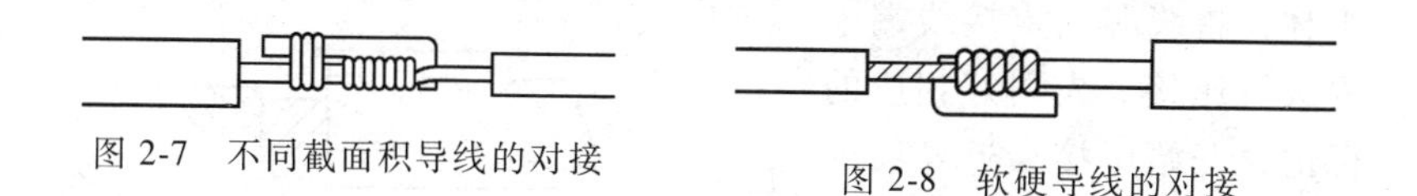

图 2-7 不同截面积导线的对接

图 2-8 软硬导线的对接

2-10 单芯导线与多芯导线应怎样连接?

（1）在多芯线的一端，用螺钉旋具将多芯线分成两组，如图 2-9a 所示。

（2）将单芯线插入多芯线，但不要插到底，应距绝缘切口留有 5mm 的距离，便于包扎绝缘，如图 2-9b 所示。

（3）将单芯线按顺时针方向紧密缠绕 10 圈，然后切断余线，钳平切口毛刺，如图 2-9c 所示。

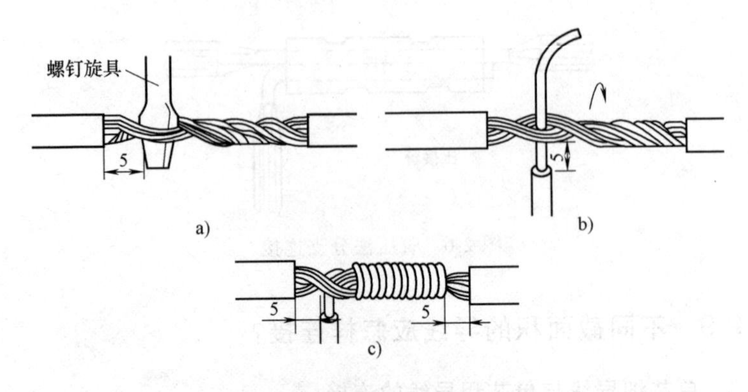

图 2-9 单芯线与多芯线的连接

2-11 多股铝芯线与接线端子怎样连接？

多股铝芯线与接线端子连接，可根据导线截面积选用相应规格的铝接线端子，采用压接或气焊的方法进行连接。

压接前，先剥出导线端部的绝缘，剥出长度一般为接线端子内孔深度再加5mm。然后除去接线端子内壁和导线表面的氧化膜，涂以凡士林，将线芯插入接线端子内进行压接。先划好相应的标记，开始压接靠近导线绝缘的一个坑，后压另一个坑，压坑深度以上下模接触为宜，压坑在端子的相对位置如图2-10及表2-3所示。压好后，用锉刀锉去压坑边缘因被压而翘起的棱角，并用砂布打光，再用沾有汽油的抹布擦净即可。

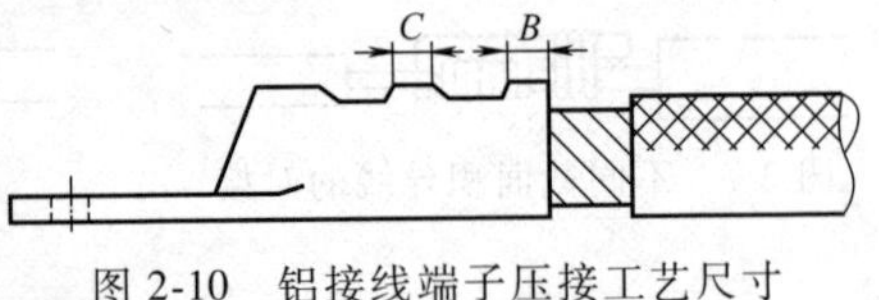

图 2-10 铝接线端子压接工艺尺寸

表 2-3 铝接线端子压接尺寸表

导线截面积/mm^2	16	25	35	50	70	95	120	150	185	240
C/mm	3	3	5	5	5	5	5	5	5	6
B/mm	3	3	3	3	3	3	4	4	5	5

2-12　单芯绝缘导线在接线盒内怎样连接?

1. 单芯铜导线

连接时，先将连接线端相并合，在距绝缘层 15mm 处用其中的一根芯线在其连接线端缠绕 2 圈，然后留下适当长度，余线剪断、折回并压紧，以防线端扎破所包扎的绝缘层，如图 2-11a 所示。

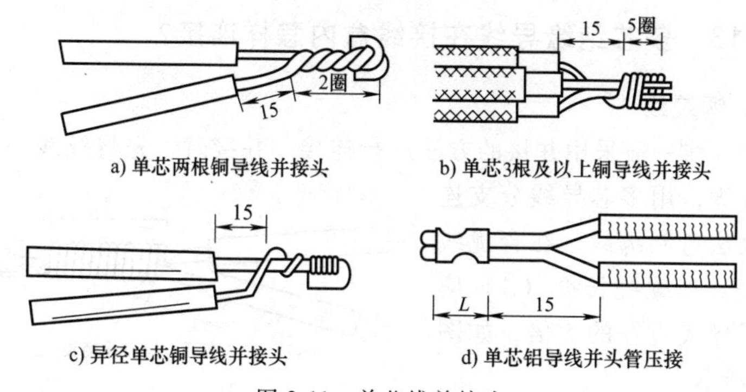

图 2-11　单芯线并接头

3 根及以上单芯铜导线连接时，可采用单芯线并接方法进行连接。先将连接线端相并合，在距绝缘层 15mm 处用其中的一根线芯，在其连接线端缠绕 5 圈剪断，然后把余下的线头折回压在缠绕线上，最后包扎好绝缘层，如图 2-11b 所示。

注意，在进行导线下料时，应计算好每根短线的长度，其中用来缠绕的线应长于其他线，一般不能用盒内的相线去缠绕并接的导线，这样将会导致盒内导线留头短。

2. 异径单芯铜导线

不同直径的导线连接时先将细线在粗线上距绝缘层 15mm 处交叉，并将线端向粗线端缠绕 5 圈，再将粗线端头折回，压在细线上，如图 2-11c 所示。注意，如果细导线为软线，则应先进行挂锡处理。

3. 单芯铝导线

在室内配线工程中，对于 10mm^2 及以下的单芯铝导线的连接，主要采用铝套管进行局部压接。压接前，先根据导线截面积和连接线根数选用合适的压接管。再将要连接的两根导线的线芯表面及铝套管内壁氧化膜清除，然后最好涂上一层中性凡士林油膏，使其与空气隔绝不再氧化。压接时，先把线芯插入适合线径的铝管内，用端头压接钳将铝管线芯压实两处，如图 2-11d 所示。

单芯铝导线端头除用压接管并头连接外，还可采用电阻焊的方法将导线并头连接。单芯铝导线端头熔焊时，其连接长度应根据导线截面积大小确定。

2-13　多芯绝缘导线在接线盒内怎样连接？

1. 铜绞线

铜绞线一般采用并接的方法进行连接。并接时，先将绞线破开顺直并合拢，用多芯导线分支连接缠绕法弯制绑线，在合拢线上缠绕。其缠绕长度（A）应为两根导线直径的 5 倍，如图 2-12a 所示。

2. 铝绞线

多股铝绞线一般采用气焊焊接的方法进行连接，如图 2-12b所示。焊接前，一般在靠近导线绝缘层的部位缠以浸过水的石棉绳，以避免焊接时烧坏绝缘层。焊接时，火焰的焰心应离焊接点 2~3mm，当加热至熔点时，即可加入铝焊粉（焊药）。借助焊粉的填充和搅动，使端面的铝芯融合并连接起来。然后焊枪逐渐向外端移动，直至焊完。

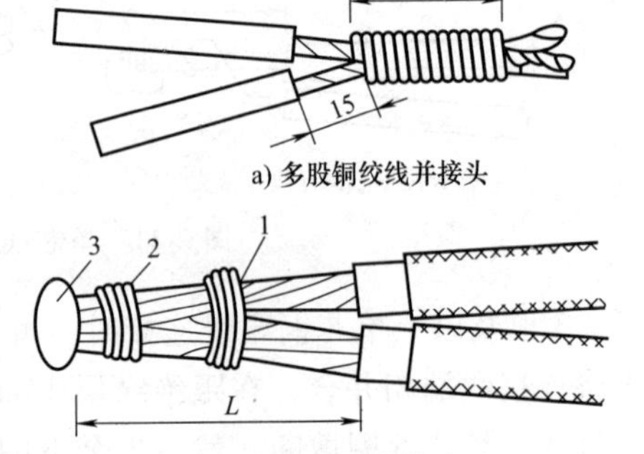

a) 多股铜绞线并接头

b) 多股铝绞线气焊接头

图 2-12　多股绞线的并接头

1—石棉绳　2—绑线　3—气焊

A—缠绕长度　L—长度（由导线截面积确定）

2-14　导线与平压式接线桩怎样连接？

在各种用电器和电气设备上，均设有接线桩（又称接线柱）供连接导线使用。

导线与平压式接线桩的连接，可根据线芯的规格，采用相应的连接方法。对于截面积在 10mm^2 及以下的单股铜导线，可直接与器具的接线端子连接。先把线头弯成羊角圈，羊角圈弯曲的方向应与螺钉拧紧的方向一致（一般为顺时针），且羊角圈的大小及根部的长度要适当。接线时，羊角圈上面依次垫上一个弹簧垫和一个平垫，再将螺钉旋紧即可，如图 2-13 所示。

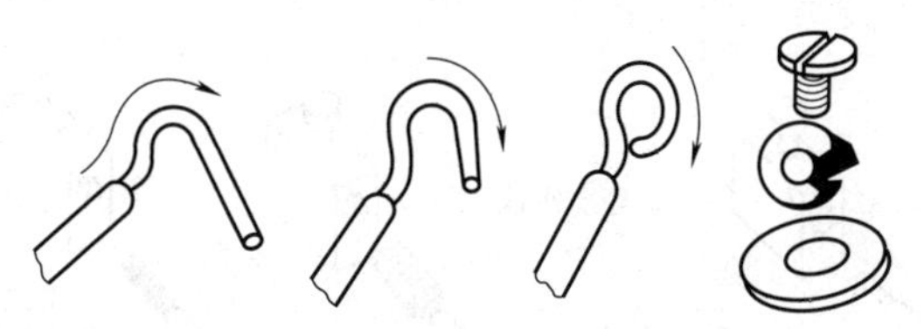

图 2-13　单股导线与平压式接线桩连接

2.5mm^2 及以下的多股铜软线与器具的接线桩连接时，先将软线芯做成羊角圈，挂锡后再与接线桩固定。注意，导线与平压式接线桩连接时，导线线芯根部无绝缘层的长度不要太长，根据导线粗细以1～3mm 为宜。多股导线与平压式接线桩连接如图 2-14 所示。

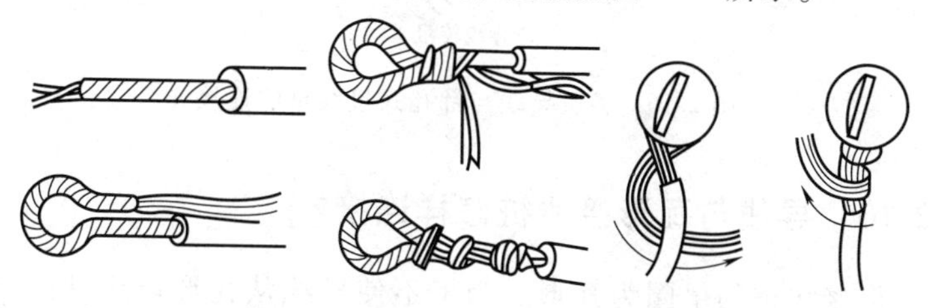

a) 压接圈做法和连接方式一　　b) 压接圈做法和连接方式二

图 2-14　多股导线与平压式接线桩连接

2-15　导线与针孔式接线桩怎样连接？

导线与针孔式接线桩连接时，如果单股芯线与接线桩插线孔大小适宜，则只要把线芯插入针孔，旋紧螺钉即可。如果单股线芯较细，则应把线芯折成双根，再插入针孔进行固定，如图 2-15所示。

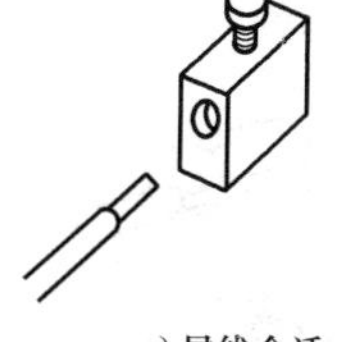

a) 导线合适

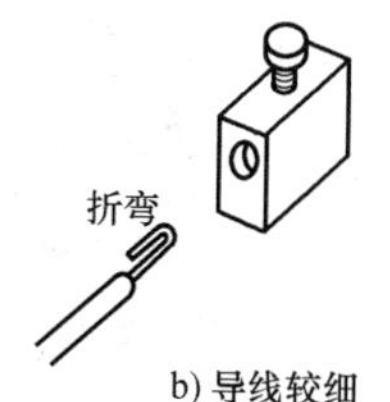

b) 导线较细

图 2-15　单股导线与针孔式接线桩连接

如果采用的是多股细丝的

软线，必须先将导线绞紧，再插入针孔进行固定，如图 2-16 所示。如果导线较细，可用一根导线在待接导线外部绑扎，也可在导线上面均匀地搪上一层锡后再连接；如果导线过粗，插不进针孔，可将线头剪掉几股，再将导线绞紧，然后插入针孔。

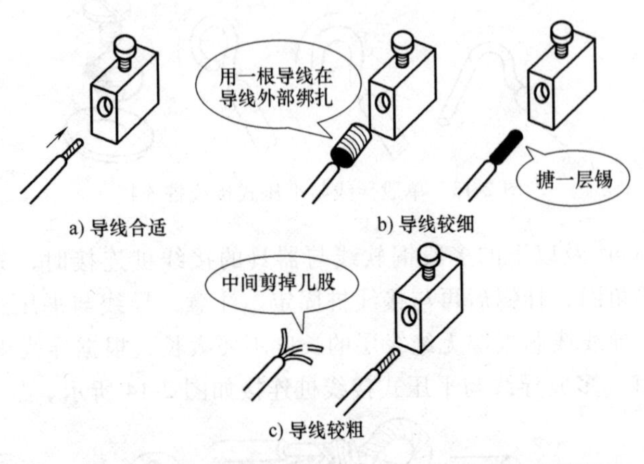

图 2-16　多股导线与针孔式接线桩的连接

2-16　导线与瓦形接线桩怎样连接？

瓦形接线桩的垫圈为瓦形。为了不使导线从瓦形接线桩内滑出，压接前，应先将已除去氧化层和污物的线头弯成 U 形，如图 2-17 所示，再卡入瓦形接线桩压接。如果需要把两个线头接入一个瓦形接线桩内，则应使两个弯成 U 形的线头相重合，再卡入接线桩内，进行压接。

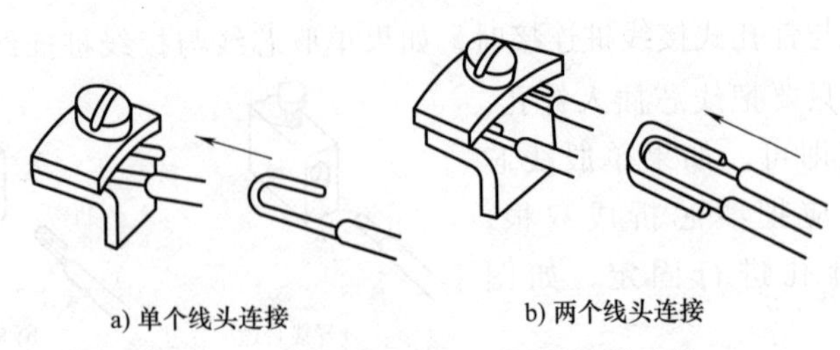

图 2-17　单股芯线与瓦形接线桩的连接

注意，导线与针孔式接线柱连接时，应使螺钉顶压牢固且不伤线芯。如果用两根螺钉顶压，则线芯必须插到底，保证两个螺钉都能压住线芯。且要先拧紧前端螺钉，再拧紧另一个螺钉。

2-17　导线直线连接后，应当怎样进行绝缘包缠？

绝缘带的包缠一般采用斜叠法，使每圈压叠带宽的半幅。包缠时，先将黄蜡带从导线左边完整的绝缘层上开始包缠，包缠两根带宽后方可进入无绝缘层的芯线部分，如图2-18a所示。另外，黄蜡带与导线应保持约45°的倾斜角，每圈压叠带宽的1/2，如图2-18b所示。

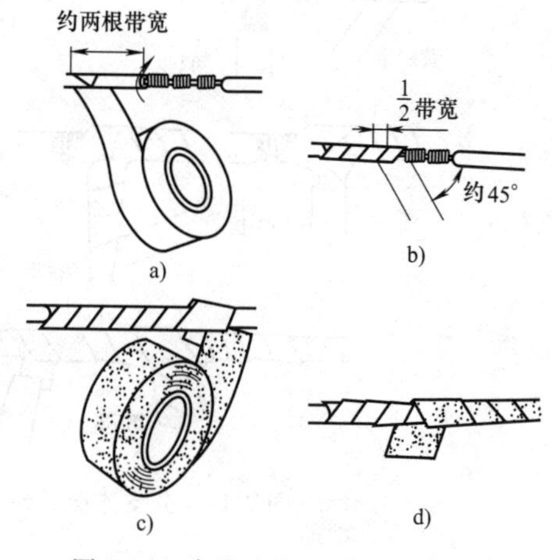

图2-18　直线连接后绝缘带的包缠

包缠一层黄蜡带后，将黑胶布接在黄蜡带的尾端，按另一斜叠方向包缠一层黑胶布，也要每圈压叠带宽的1/2，如图2-18c、d所示。绝缘带的末端一般还要再反向包缠2~3圈，以防松散。

注意事项如下：

（1）用于380V线路上的导线恢复绝缘时，应先包缠1~2层黄蜡带，然后再包缠一层黑胶布。

（2）用于220V线路上的导线恢复绝缘时，应先包缠一层黄蜡带，然后再包缠一层黑胶布；也可只包缠两层黑胶布。

（3）包缠时，要用力拉紧，使之包缠紧密坚实，不能过疏。更不允许露出芯线，以免造成触电或短路事故。

（4）绝缘带不用时，不可放在温度较高的场所，以免失效。

2-18　导线分支连接后，应当怎样进行绝缘包缠？

导线分支连接后的包缠方法如图2-19所示，在主线距离切口两根带宽处开始起头。先用自粘性橡胶带缠包，便于密封防止进水。包扎到分支处时，用手顶住左边接头的直角处，使胶带贴紧弯角处的导线，并使胶带尽量向右倾斜缠绕。当缠绕右侧时，用手顶住右边接头直角处，胶带向左缠与下边的胶带呈 X 状，然后向右开始在支线上缠绕。方法类同直线，应重叠 1/2 带宽。

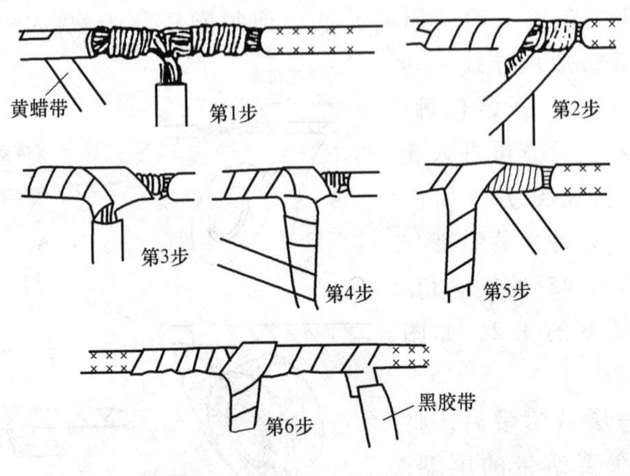

图 2-19　分支连接后绝缘带的包缠

在支线上包缠好绝缘，回到主干线接头处。贴紧接头直角处再向导线右侧包扎绝缘。包扎至主线的另一端后，再按上述方法包缠黑胶布即可。

2-19　应该怎样固定绝缘子？

（1）在木结构墙上固定绝缘子。在木结构墙上只能固定鼓形绝缘子，可用木螺钉直接拧入，如图 2-20a 所示。

（2）在砖墙上固定绝缘子。在砖墙上，可利用预埋的木榫和木螺钉来固定鼓形绝缘子，如图 2-20b 所示。

（3）在混凝土墙上固定绝缘子。在混凝土墙上，可用缠有铁丝的木螺钉和膨胀螺栓来固定鼓形绝缘子，或用预埋的支架和螺栓来固定鼓形绝缘子、蝶形绝缘子和针式绝缘子，也可用环氧树脂黏结剂来固定绝缘子，如图 2-20c 所示。

（4）用预埋的支架和螺栓来固定鼓形绝缘子、蝶形绝缘子和针式绝缘子等，如图 2-21 所示。

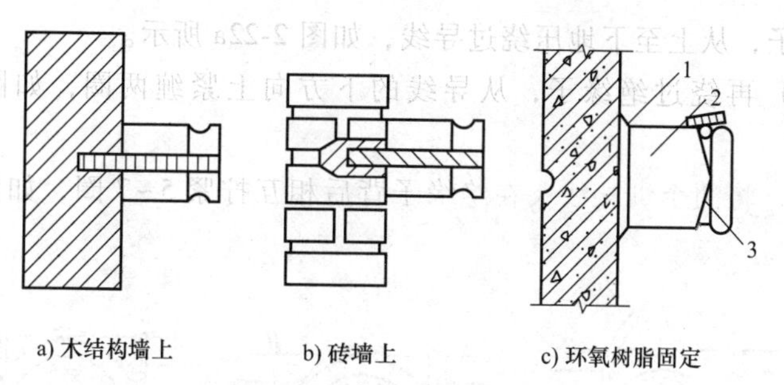

图 2-20 绝缘子的固定

1—黏结剂 2—绝缘子 3—绑扎线

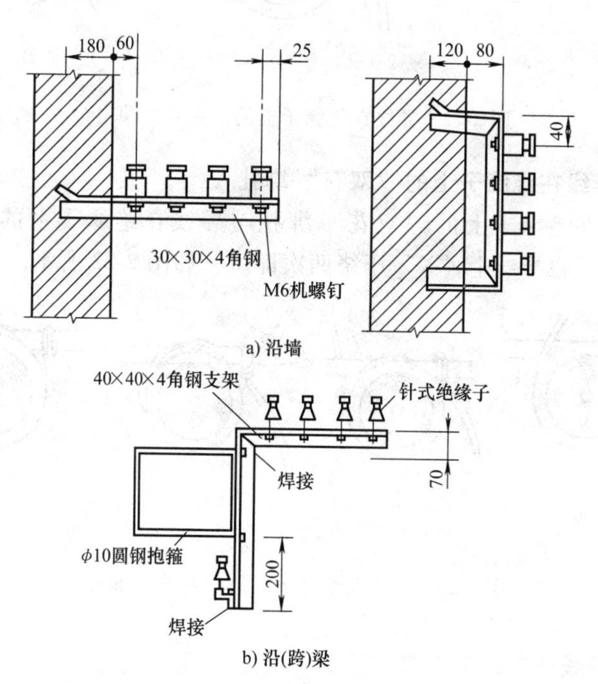

图 2-21 绝缘子在支架上安装

2-20 如何在绝缘子上绑扎导线？

1. 导线在绝缘子上的“单花”绑扎

（1）将绑扎线在导线上缠绕两圈，再自绕两圈，将较长的一端绕过绝缘子，从上至下地压绕过导线，如图 2-22a 所示。

（2）再绕过绝缘子，从导线的下方向上紧缠两圈，如图 2-22b 所示。

（3）将两个绑扎线头在绝缘子背后相互拧紧 5~7 圈，如图 2-22c 所示。

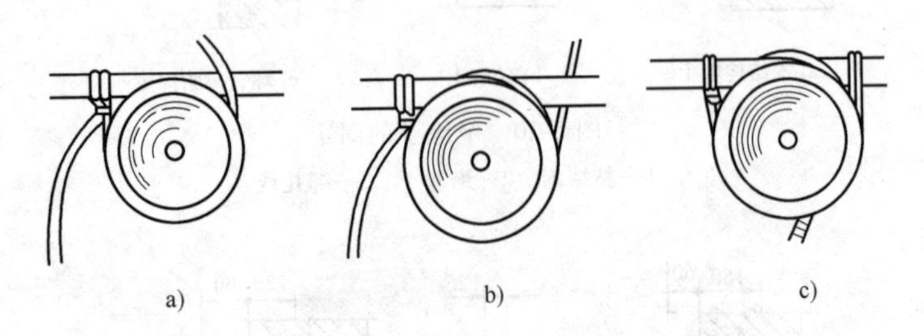

图 2-22　导线在绝缘子上的“单花”绑扎

2. 导线在绝缘子上的“双花”绑扎

导线在绝缘子上的“双花”绑扎与导线在绝缘子上的“单花”绑扎类似，在导线上“X”压绕两次即可，如图 2-23 所示。

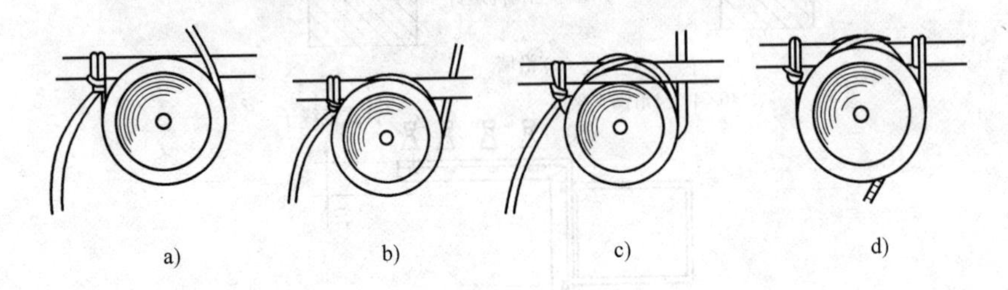

图 2-23　导线在绝缘子上的“双花”绑扎

3. 导线在绝缘子上绑“回头”

（1）将导线绷紧并绕过绝缘子并齐拧紧。

（2）用绑扎线将两根导线缠绕在一起，缠绕圈数为 5~7 圈，或缠绕长度为 150~220mm。

（3）缠完后，在拉紧的导线上缠绕 5~7 圈，然后将绑扎线的首尾头拧紧，如图 2-24 所示。

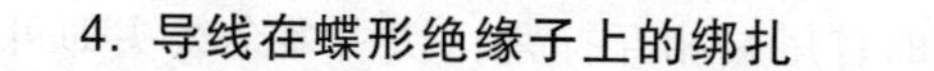

4. 导线在蝶形绝缘子上的绑扎

（1）将导线并齐靠紧，用绑扎线在距绝缘子 3 倍腰径处开始绑扎，如图 2-25a 所示。

（2）绑扎 5 圈后，将绑扎线的首端绕过导线从两导线之间穿出，如图 2-25b 所示。

（3）将穿出的绑扎线紧压在绑扎线上，并与导线靠紧，如图 2-25c 所示。

（4）继续用绑扎线连同绑扎线首端的线头一同绑紧，如图 2-25d 所示。

（5）绑扎到规定的长度后，将绑扎线的首端抬起，绑扎 5~6 圈后，再压住绑扎，如图 2-25e 所示。

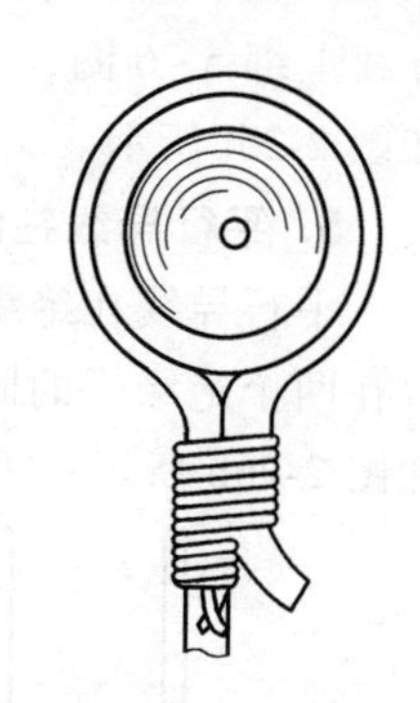

图 2-24　导线在绝缘子上绑“回头”

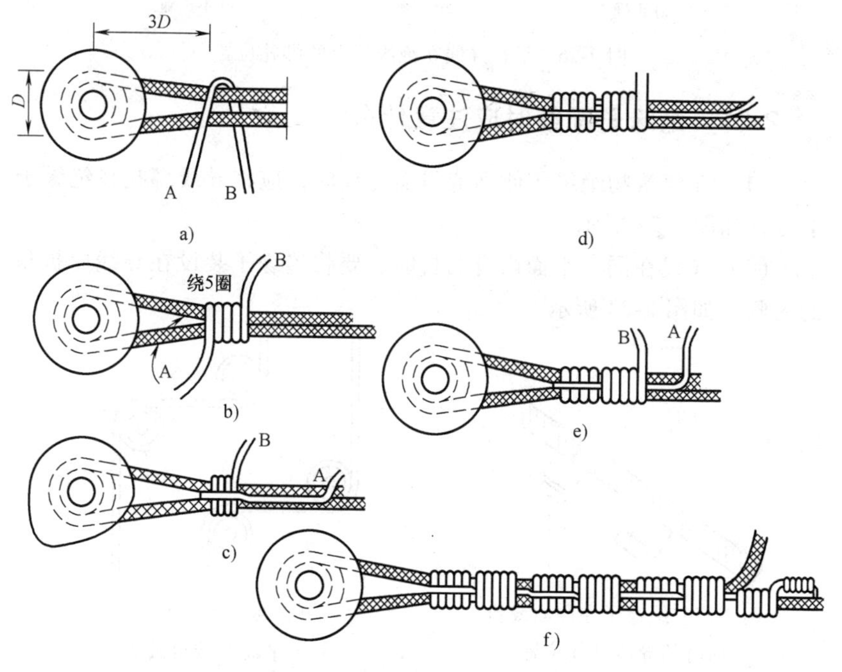

图 2-25　导线在蝶形绝缘子上的绑扎

（6）绑扎线头反复压缠几次后，将导线的尾端抬起，在被拉紧的导线上绑5~6圈，将绑扎线的首尾端相互拧紧，切去多余线头即可，如图2-25f所示。

5. 平行导线在绝缘子上的绑扎位置

平行导线在绝缘子上的绑扎如图2-26所示。平行的两根导线，应放在两个绝缘子的同侧，如图2-26a所示；或放在两个绝缘子的外侧，如图2-26b所示；不能放在两个绝缘子的内侧，如图2-26c所示。

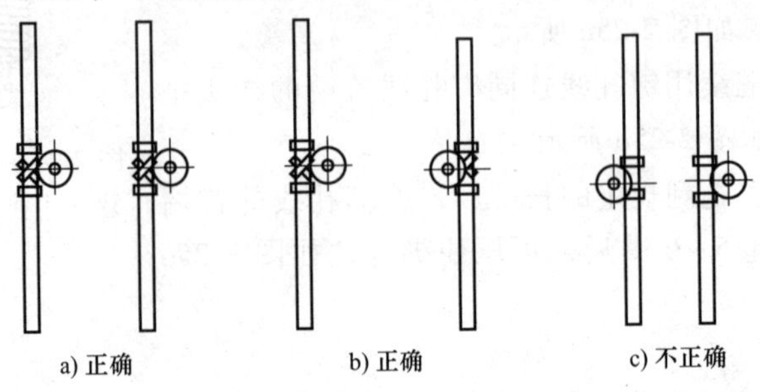

图2-26 平行导线在绝缘子上的绑扎位置

2-21 绝缘子配线时应注意什么？

（1）在建筑物绝缘子侧面或斜面配线时，应将导线绑扎在绝缘子上方，如图2-27所示。

（2）导线在同一平面内有曲折时，要将绝缘子装设在导线曲折角的内侧，如图2-28所示。

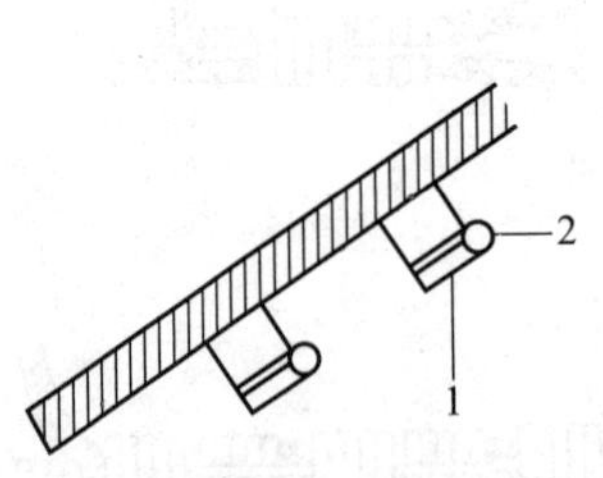

图2-27 绝缘子在侧面或斜面时的导线绑扎位置
1—绝缘子 2—绝缘导线

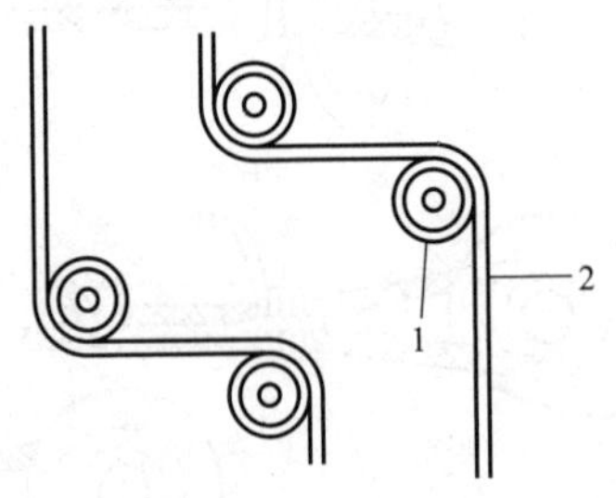

图2-28 绝缘子在同一平面的转角做法
1—绝缘子 2—绝缘导线

（3）导线在不同的平面内有曲折时，在凸角的两面上应装设两个

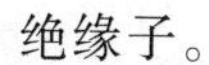

绝缘子。

（4）导线分支时，必须在分支点处设置绝缘子，用以支持导线；导线互相交叉时，应在距建筑物附近的导线上套瓷管保护，如图 2-29 所示。

（5）平行的两根导线，应放在两绝缘子的同一侧或两绝缘子的外侧，不能放在两绝缘子的内侧。

（6）绝缘子沿墙壁垂直排列敷设时，导线弛度不得大于 5mm；沿屋架或水平支架敷设时，导线弛度不得大于 10mm。

（7）在隐蔽的吊棚内，不允许用绝缘子配线。导线穿墙和在不同平面的转角安装，可参照图 2-30 的做法进行。

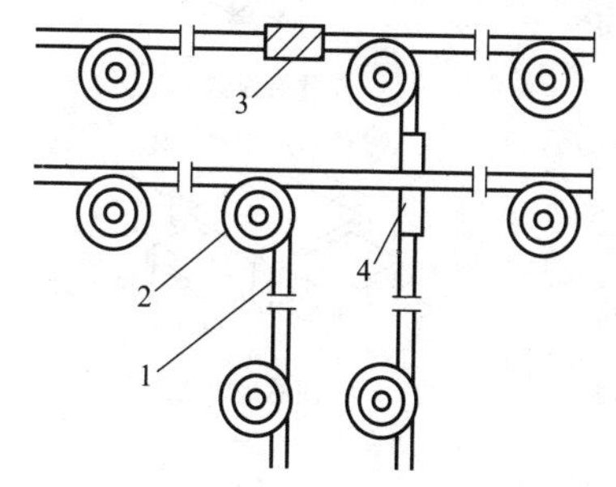

图 2-29　绝缘子配线的分支做法

1—导线　2—绝缘子

3—接头包胶布　4—绝缘管

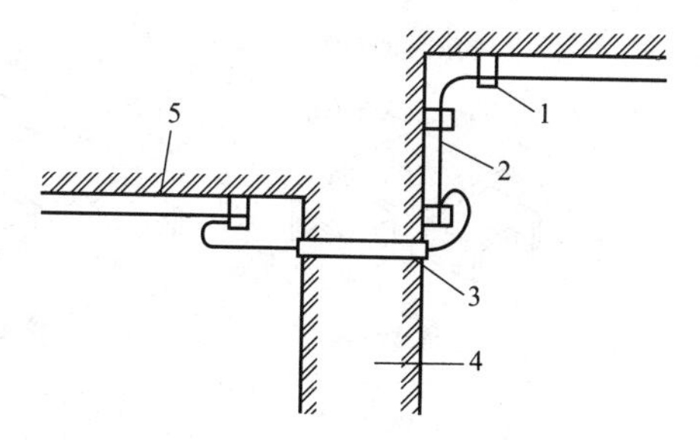

图 2-30　绝缘子配线穿墙和转角

1—绝缘子　2—导线　3—穿墙套管

4—墙壁　5—顶棚

（8）导线固定点的间距应符合表 2-4 的规定，并要求排列整齐，间距要对称均匀。

表 2-4　室内配线线间和导线固定点的间距

配线方式	导线截面积 /mm^2	固定点间最大允许距离/mm	导线间最小允许距离/mm
鼓形绝缘子配线	1～4 6～10 16～25	1500 2000 3000	70 70 100
蝶形绝缘子配线	4～10 16～25 35～70 95～120	2500 3000 6000 6000	70 100 150 150

2-22　常用线槽和附件有哪些？

线槽配线就是将导线放入线槽内的一种配线方式。在现代工业企业及民用建筑中，常采用线槽配线。按线槽采用的材质不同，分为金属线槽与塑料线槽两种。按敷设方式分，又分为明敷设与暗敷设两种。常用金属线槽和附件如图 2-31 所示；常用塑料线槽的外形和附件如图 2-32 和图 2-33 所示。

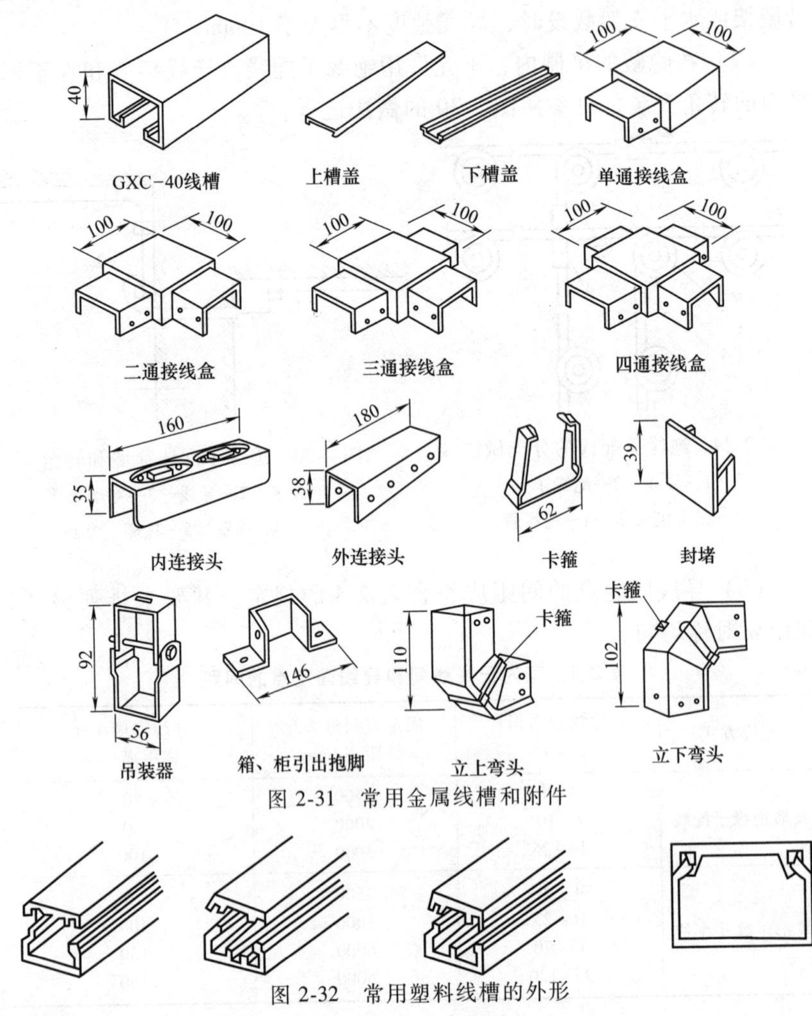

图 2-31　常用金属线槽和附件

图 2-32　常用塑料线槽的外形

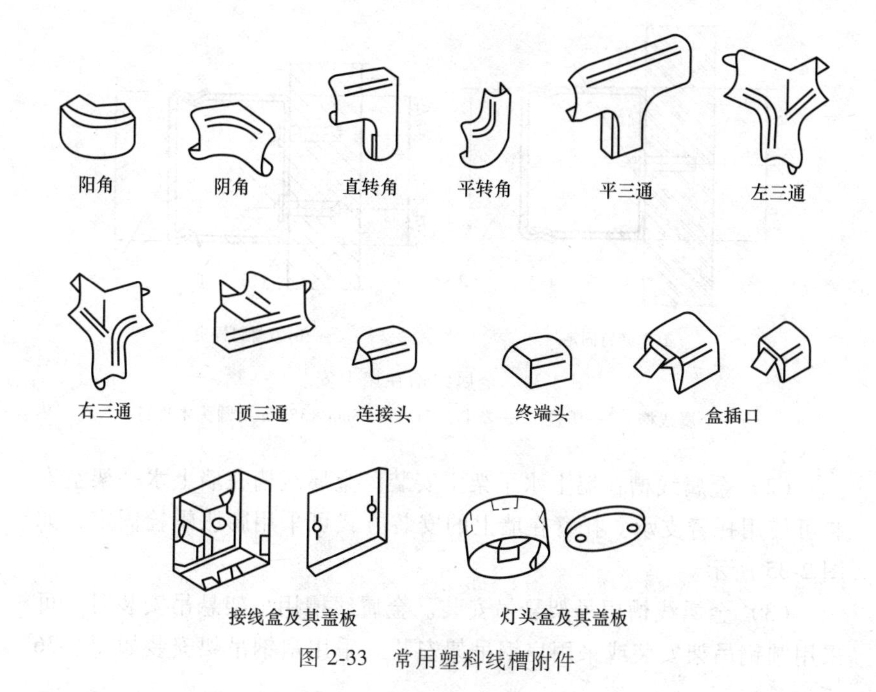

图 2-33　常用塑料线槽附件

2-23　如何进行金属线槽配线？

1. 金属线槽的应用场合与基本要求

金属线槽敷设配线一般适用于正常环境（干燥和不易受机械损伤）的室内场所明敷设，由于金属线槽多由厚度为 0.4~1.5mm 的钢板制作而成，因此，在对金属线槽有严重腐蚀的场所，不应采用金属线槽布线。具有槽盖的封闭式金属线槽可在建筑顶棚内敷设。线槽应平整、无扭曲变形，内壁应光滑、无毛刺。金属线槽应做防腐处理。金属线槽应可靠接地或接零。

2. 金属线槽的安装

（1）金属线槽在墙上安装。金属线槽在墙上安装时，可采用半圆头木螺钉配木砖或半圆头木螺钉配塑料胀管固定。当线槽的宽度 $b \leq 100$mm 时，可采用单螺钉固定，如图 2-34a 所示；若线槽的宽度 $b > 100$mm 时，应用两个螺钉并列固定，如图 2-34b 所示。

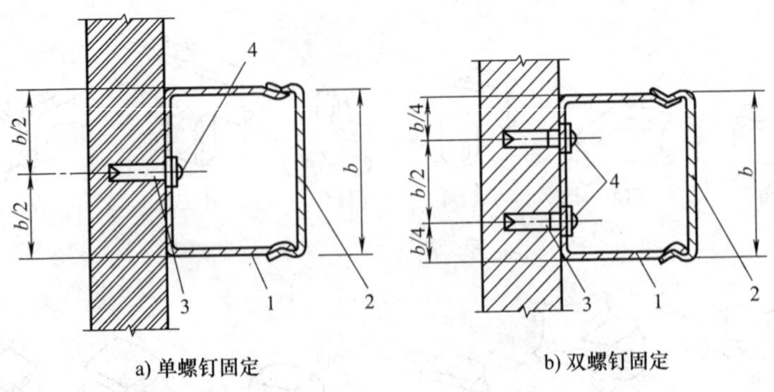

图 2-34　金属线槽在墙上安装

1—金属线槽　2—槽盖　3—塑料胀管　4—8mm×35mm 半圆头木螺钉

（2）金属线槽在墙上水平架空安装。金属线槽在墙上水平架空安装可使用托臂支承。托臂在墙上的安装方式可采用膨胀螺栓固定，如图 2-35 所示。

（3）金属线槽用吊架悬吊安装。金属线槽用吊架悬吊安装时，可采用圆钢吊架安装或采用扁钢吊架安装。采用扁钢吊架安装如图 2-36 所示。

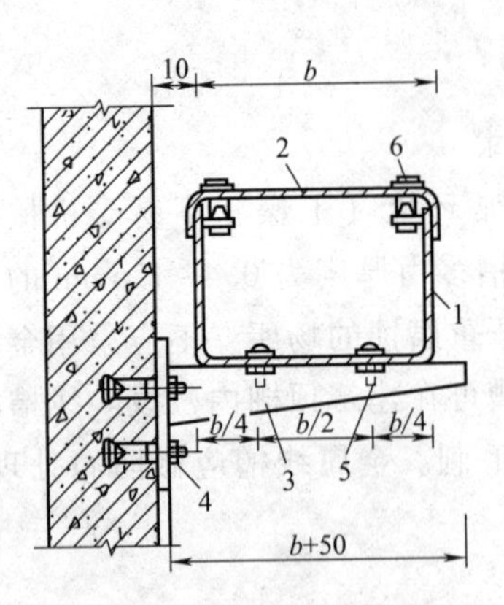

图 2-35　金属线槽在墙上水平架空安装

1—金属线槽　2—槽盖　3—托臂　4—M10×85 膨胀螺栓　5—M8×30 螺栓　6—M5×20 螺栓

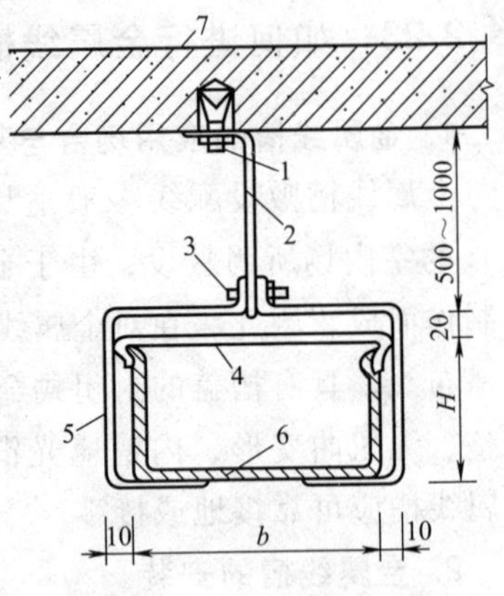

图 2-36　金属线槽用扁钢吊架安装

1—M10×85 膨胀螺栓　2—40mm×4mm 扁钢吊杆　3—M6×50 螺栓　4—槽盖　5—吊架卡箍　6—金属线槽　7—预制混凝土楼板或梁

3. 电缆和导线的敷设

（1）金属线槽组装成统一整体并经清扫后，才允许将导线装入线槽内。

（2）同一回路的所有相线和中性线（如果有中性线时）以及设备接地线，为避免因感应而造成周围金属发热，应敷设在同一个金属线槽内。

（3）同一路径无防干扰要求的线路可敷设于同一个金属线槽内。

（4）线槽内电线或电缆的总截面积（包括外护层）不应超过线槽内截面积的 40%，载流导线不宜超过 30 根。

（5）控制、信号或与其类似的线路（控制、信号等线路可视为非载流导线）的电线或电缆，其总截面积不应超过线槽内截面积的 50%。

（6）导线的接头应置于线槽的接线盒内。电线或电缆在金属线槽内不宜有接头，但在易于检查的场所可允许线槽内有分支接头，电线、电缆和分支接头的总截面积（包括外护层）不应超过该点线槽内截面积的 75%。

2-24 如何进行塑料线槽配线？

1. 塑料线槽的应用场合与基本要求

塑料线槽配线一般适用于正常环境的室内场所明布线，也用于科研实验室或预制墙板结构以及无法暗布线的工程。还适用于旧工程改造更换线路，同时用于弱电线路在吊顶内暗布线的场所。在高温和易受机械损伤的场所不宜采用塑料线槽配线。塑料线槽必须选用阻燃型的，线槽应平整、无扭曲变形，内壁应光滑、无毛刺。

2. 塑料线槽的明敷设安装

（1）线槽及附件连接处应无缝隙，严密平整，紧贴建筑物固定点最大间距一般为 800mm。

（2）槽底和槽盖直线对接要求是，槽底固定点间距应不小于 500mm，盖板固定点间距应不小于 300mm，盖板离终端点 30mm 及底板离终端点 50mm 处均应固定。槽底对接缝与槽盖对接缝应错开，且不小于 100mm。

（3）线槽分支接头，线槽附件如三通、转角、插口、接头、盒、箱应采用相同材质的定型产品。槽底、槽盖与各种附件相对接时，接缝处应严实平整，固定牢固。塑料线槽明配线如图 2-37 所示。

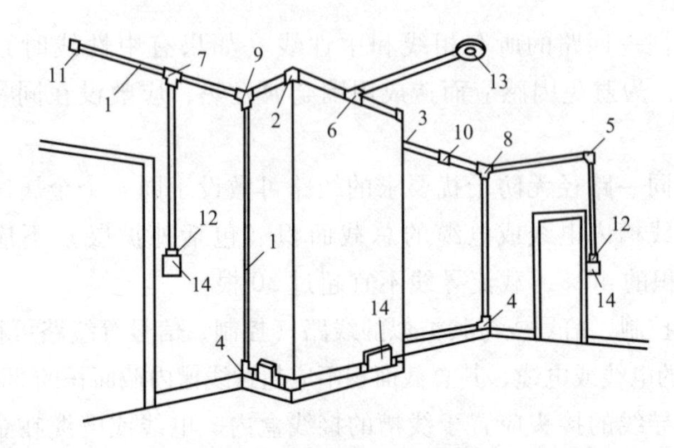

图 2-37　塑料线槽明配线示意图

1—直线线槽　2—阳角　3—阴角　4—直转角　5—平转角　6—顶三通　7—平三通　8—左三通　9—右三通　10—连接头　11—终端头（堵头）　12—接线盒插口　13—灯吊盒圆台　14—开关、插座接线盒

（4）线槽各附件安装要求是，接线盒均应两点固定，各种三通、转角等固定点不应少于两点（卡装式除外）。接线盒、灯头盒应采用相应插口连接。在线路分支接头处应采用相应接线盒（箱）。线槽的终端应采用终端头封堵。

（5）放线时，先用洁净的布清除槽内的污物，使线槽内外清洁。把导线拉直并放入线槽内。放线注意事项可参考 2-23 问。

（6）当导线在垂直或倾斜的线槽内敷设时，应采取措施予以固定，防止因导线的自重而产生移动或使线槽损坏。

（7）盖好线槽、接线箱、接线盒的盖子。把槽盖对准槽体边缘，挤压或轻敲槽盖，使槽盖卡紧槽体。槽盖接缝与槽体接缝应错位搭接。

2-25　怎样进行塑料护套线的敷设？

1. 划线定位

塑料护套线的敷设应横平竖直。首先，根据设计要求，按线路走向，用粉线沿建筑物表面，由始至终划出线路的中心线。同时，标明照明器具、穿墙套管及导线分支点的位置，以及接近电气器具旁的支持点和线路转角处导线支持点的位置。

塑料护套线支持点的位置，应根据电气器具的位置及导线截面积的大小来确定。塑料护套线布线在终端、转弯中点，电气器具或接线盒的边缘固定点的距离为50～100mm；直线部位的导线中间固定点的距离为150～200mm，均匀分布。两根护套线敷设遇到十字交叉时，交叉口的四方均应设有固定点。

2. 铝片卡和塑料钢钉线卡的固定

塑料护套线一般应采用专用的铝片卡（又称铝线卡或钢精轧头）或塑料钢钉线卡进行固定。按固定方式的不同，铝片卡又分为钉装式和粘接式两种，如图2-38所示。用铝片卡固定护套线，应在铝片卡固定牢固后再敷设护套线；而用塑料钢钉线卡固定护套线，则应边敷设护套线边进行固定。铝片卡的型号应根据导线型号及数量来选择。

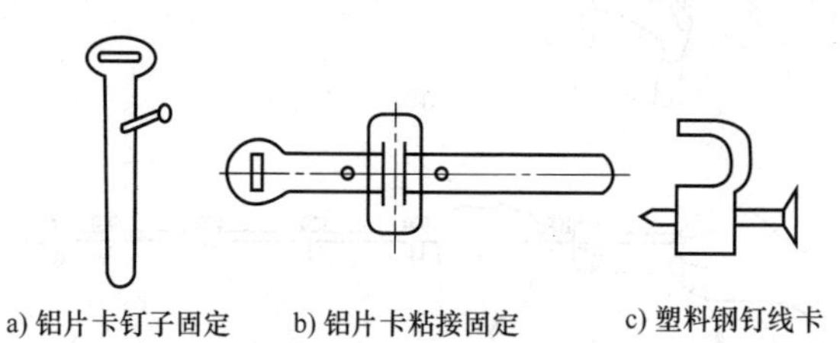

a) 铝片卡钉子固定　b) 铝片卡粘接固定　c) 塑料钢钉线卡

图2-38　铝片卡和塑料钢钉线卡的固定

（1）钉装固定铝片卡。铝片卡应根据建筑物的具体情况选择。塑料护套线在木结构、已预埋好的木砖的建筑物表面敷设时，可用钉子直接将铝片卡钉牢，作为护套线的支持物；在抹有灰层的墙面上敷设时，可用鞋钉直接固定铝片卡；在混凝土结构或砖墙上敷设时，可将铝片卡直接钉入建筑物混凝土结构或砖墙上。

在固定铝片卡时，应使钉帽与铝片卡一样平，以免划伤线皮。固定铝片卡时，也可采用冲击钻打孔，埋设木榫或塑料胀管到预定位置，作为护套线的固定点。

（2）粘接固定铝片卡。粘接法固定铝片卡，一般适用于比较干燥的室内，应粘接在未抹灰或未刷油的建筑物表面上。护套线在混凝土梁或未抹灰的楼板上敷设时，应用钢丝刷先将建筑物粘接面的粉刷层刷净，再用环氧树脂将铝片卡粘接在选定的位置。

由于粘接法施工比较麻烦，应用不太普遍。

（3）塑料钢钉固定。塑料钢钉线卡是固定塑料护套线的较好支持件，且施工方法简单，特别适用于在混凝土或砖墙上固定护套线。在施工时，先将塑料护套线两端固定收紧，再在线路上确定的位置直接钉牢塑料线卡上的钢钉即可。

3. 塑料护套线的敷设

（1）塑料护套线的敷设必须横平竖直，敷设时，一只手拉紧导线，另一只手将导线固定在铝片卡上，如图 2-39a 所示。

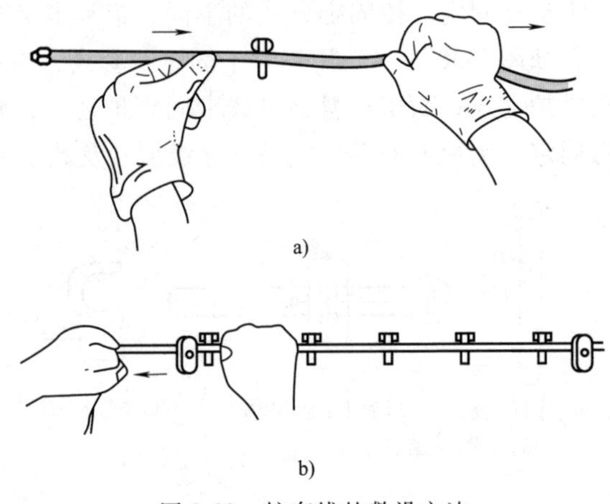

图 2-39　护套线的敷设方法

（2）由于护套线不可能完全平直无曲，在敷设线路时可采取勒直、勒平和收紧的方法校直。为了固定牢靠、连接美观，护套线经过勒直和勒平处理后，在敷设时还应把护套线尽可能地收紧，把收紧后的导线夹入另一端的瓷夹板等临时位置上，再按顺序逐一用铝片卡夹持，如图 2-39b 所示。

（3）夹持铝片卡时，应注意护套线必须置于线卡钉位或粘接位的中心，在扳起铝片卡首尾的同时，应用手指顶住支持点附近的护套线。铝片卡的夹持方法如图 2-40 所示。另外，在夹持铝片卡时应注意检查，若有偏斜，应用小锤轻敲线卡进行校正。

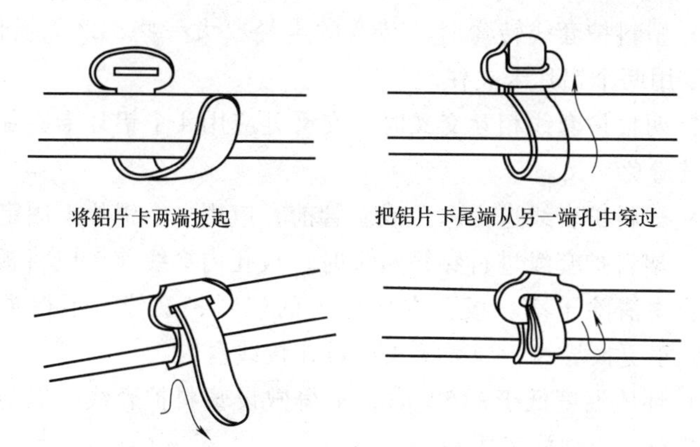

图2-40　铝片卡收紧夹持护套线

（4）护套线在转角部位和进入电气器具、木（塑料）台或接线盒前以及穿墙处等部位时，如出现弯曲和扭曲，应顺弯按压，待导线平直后，再夹上铝片卡或塑料钢钉线卡。

（5）多根护套线成排平行或垂直敷设时，应上下或左右紧密排列，间距一致，不得有明显空隙。所敷设的线路应横平竖直，不应松弛、扭绞和曲折，平直度和垂直度不应大于5mm。

（6）塑料护套线需要改变方向而进行转弯敷设时，弯曲后的导线应保持平直。为了防止护套线开裂，且敷设时易使导线平直，护套线在同一平面上转弯时，弯曲半径应不小于护套线宽度的3倍；在不同平面转弯时，弯曲半径应不小于护套线厚度的3倍。

（7）当护套线穿过建筑物的伸缩缝、沉降缝时，在跨缝的一段导线两端，应可靠固定，并做成弯曲状，留有一定裕量。

（8）塑料护套线也可穿管敷设，其技术要求与线管配线相同。

2-26　塑料护套线配线时的注意事项有哪些？

（1）塑料护套线的分支接头和中间接头，不可在线路上直接连接，应通过接线盒或借用其他电器的接线柱等进行连接。

（2）在直线电路上，一般应每隔200mm用一个铝片卡夹住护套线。

（3）塑料护套线转弯时，转弯的半径要大一些，以免损伤导线。转弯处要用两个铝片卡夹住。

（4）两根护套线相互交叉时，交叉处应用4个铝片卡夹住。护套线应尽量避免交叉。

（5）塑料护套线进入木台或套管前，应用一个铝片卡固定。

（6）塑料护套线进行穿管敷设时，板孔内穿线前，应将板孔内的积水和杂物清除干净。板孔内所穿入的塑料护套线，不得损伤绝缘层，并便于更换导线，导线接头应设在接线盒内。

（7）环境温度低于-15℃时，不得敷设塑料护套线，以防塑料发脆造成断裂，影响施工质量。

（8）塑料护套线在配线中，当导线穿过墙壁和楼板时，应加保护管，保护管可用钢管、塑料管、瓷管。保护管露出地面高度，不得低于1.8m；露出墙面，不得大于3～10mm。当导线水平敷设时，距地面最小距离为2.5m；垂直敷设时，距地面最小距离为1.8m，低于1.8m的部分应加保护管。

（9）在地下敷设塑料护套线时，必须穿管。并且根据规范，与热力管道进行平行敷设时，其间距应不小于1m；交叉敷设时，其间距不小于0.2m。否则，必须做隔热处理。另外，塑料护套线与不发热的管道及接地导体紧贴交叉时，要加装绝缘保护管，在易受机械损伤的场所，要加装金属管保护。

2-27　钢管应当怎样弯曲？有哪些注意事项？

1. 线管落料

线管落料前，应检查线管质量，有裂缝、瘪陷及管内有锋口杂物等均不得使用。另外，两个接线盒之间应为一个线段，根据线路弯曲、转角情况来确定用几根线管接成一个线段和弯曲部位，一个线段内应尽量减少管的连接接口。

2. 弯管

线路敷设改变方向时，需要将线管弯曲，这会给穿线和线路维护带来不便。因此，施工中要尽量减少弯头，管子的弯曲角度一般应大于90°。设线管的外径为d，明管敷设时，管子的曲率半径$R \geqslant 4d$；暗管敷设时，管子的曲率半径 $R \geqslant 6d$。另外，弯管时注意不要把管子弯瘪，弯曲处不应存在褶皱、凹穴和裂缝。弯曲有缝管时，应将接缝处放在弯曲的侧边，作为中间层，这样，可使焊缝在弯曲变形时既不延长又不缩短，焊缝处就不易裂开。

钢管的弯曲有冷煨和热煨两种方法。冷煨一般使用弯管器或弯管机。

（1）用弯管器弯管时，先将钢管需要弯曲部位的前段放在弯管器内，然后用脚踩住管子，手扳弯管器手柄逐渐加力，使管子略有弯曲，再逐点移动弯管器，使管子弯成所需的弯曲半径。注意，一次弯曲的弧度不可过大，否则可能会弯裂或弯瘪线管。

（2）用弯管机弯管时，先将已划好线的管子放入弯管机的模具内，使管子的起弯点对准弯管机的起弯点，然后拧紧夹具进行弯管。当弯曲角度大于所需角度 1°~2°时，停止弯曲，将弯管机退回起弯点，用样板测量弯曲半径和弯曲角度。注意，弯管的半径一定要与弯管模具配合紧贴，否则线管容易产生凹瘪现象。

（3）用火加热弯管时，为防止线管弯瘪，弯管前，管内一般要灌满干燥的砂子。在装填砂子时，要边装边敲打管子，使其填实，然后在管子两端塞上木塞。在烘炉或焦炭等火上加热时，管子应慢慢转动，使管子的加热部位均匀受热。然后放到胎具上弯曲成型，成型后再用冷水冷却，最后倒出砂子。

2-28 硬质塑料管应当怎样弯曲？有哪些注意事项？

硬质塑料管的弯曲有冷弯和热煨两种方法。

（1）冷弯法：冷弯法一般适用于硬质 PVC 管在常温下的弯曲。冷弯时，先将相应的弯管弹簧插入管内需弯曲处，用手握住该部位，两手逐渐使劲，弯出所需的弯曲半径和弯曲角度，最后抽出管内弹簧。为了减小弯管回弹的影响，以得到所需的弯曲角度，弯管时一般需要多弯一些。

当将线管端部弯成鸭脖弯或 90°时，由于端部太短，用手冷弯管有一定困难。这时，可在端部管口处套一个内径略大于塑料管外径的钢管进行弯曲。

（2）热煨法：用热煨法弯曲塑料管时，应先将塑料管用电炉或喷灯等热源进行加热。加热时，应掌握好加热温度和加热长度，要一边前后移动，一边转动，注意不得使管子烤伤、变色。当塑料管加热到柔软状态时，将其放到模具上弯曲成形，并浇水使其冷却硬化。

塑料管弯曲后所成的角度一般应大于90°，弯曲半径应不小于塑料管外径的6倍；埋于混凝土楼板内或地下时，弯曲半径应不小于塑料管外径的10倍。为了穿线方便、穿线时不损坏导线绝缘及维修方便，管子的弯曲部位不得存在褶皱、凹穴和裂缝。

2-29 怎样进行钢管的连接？

钢管与钢管的连接有管箍连接和套管连接两种方法。镀锌钢管和薄壁管应采用管箍连接。

（1）管箍连接：钢管与钢管的连接，无论是明敷或暗敷，最好采用管箍连接，特别是埋地等潮湿场所和防爆线管。为了保证管接头的严密性，管子的丝扣部分应涂以铅油并顺螺纹方向缠上麻绳，再用管钳拧紧，并使两端间吻合。

钢管采用管箍连接时，要用圆钢或扁钢作跨接线，焊接在接头处，如图2-41所示，使管子之间有良好的电气连接，以保证接地的可靠性。

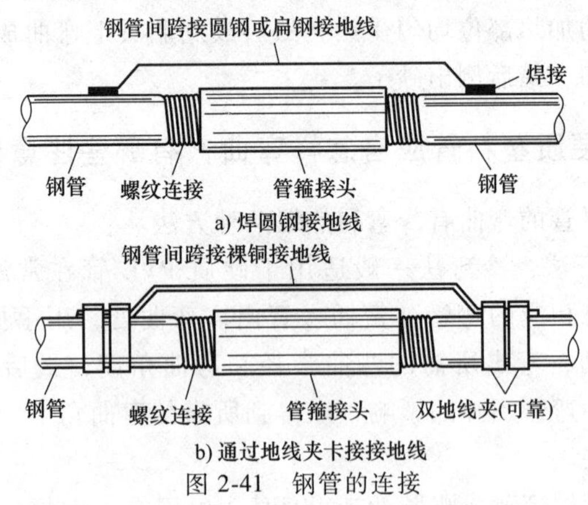

图2-41 钢管的连接

（2）套管连接：在干燥少尘的厂房内，对于直径在50mm及以上的钢管，可采用套管焊接方式连接，套管长度为连接管外径的1.5~3

倍。焊接前，先将管子从两端插入套管，并使连接管对口处位于套管的中心，然后在两端焊接牢固。

（3）钢管与接线盒的连接：钢管的端部与接线盒连接时，一般采用在接线盒内各用一个薄型螺母（又称锁紧螺母）夹紧线管的方法，如图 2-42 所示。安装时，先在线管管口拧入一个螺母，管口穿入接线盒后，在盒内再套拧一个螺母，然后用两把扳手把两个螺母反向拧紧。如果需要密封，则应在两螺母间各垫入封口垫圈。钢管与接线盒的连接也可采用焊接的方法进行。

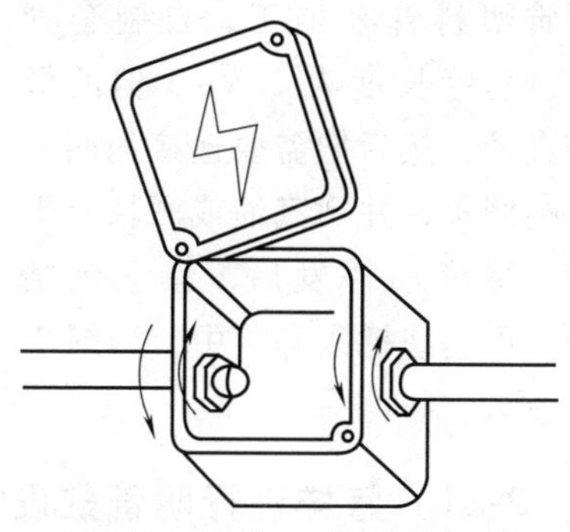

图 2-42　钢管与接线盒的连接

 2-30　怎样进行硬质塑料管的连接？

硬质塑料管的连接有插入法连接和套接法连接两种方法。

（1）插入法连接：连接前，先将待连接的两根管子的管口，一个加工成内倒角（作阴管），另一个加工成外倒角（作阳管），如图 2-43a 所示。然后用汽油或酒精把管子的插接段的油污擦干净，接着将阴管插接段（长度为 1.2～1.5 倍管子直径）放在电炉或喷灯上加热至呈柔软状态后，将阳管插入部分涂一层胶合剂（如过氯乙烯胶水），然后迅速插入阴管，并立即用湿布冷却，使管子恢复原来的硬度，如图 2-43b 所示。

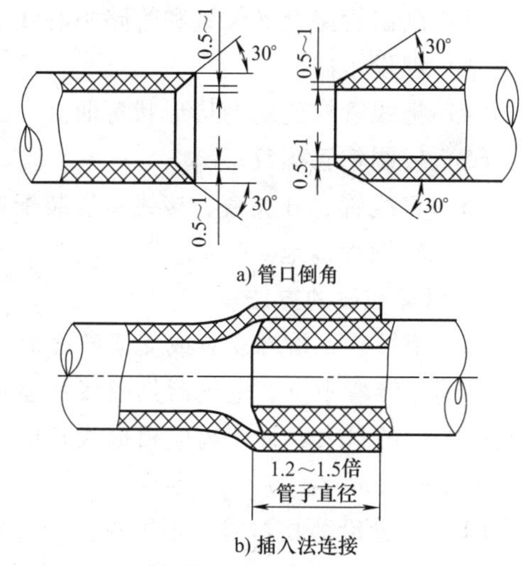

图 2-43　硬质塑料管的插入法连接

（2）套接法连接：套管可采用成品套管接头，也可采用大一号的硬质塑料管来加工。自制套管时，套管长度为 2.5～3 倍的管子直径，然后把需要连接的两根管端倒角，并用汽油或酒精擦干净，待汽油挥发后，涂上黏结剂，再迅速插入套管中，如图 2-44 所示。

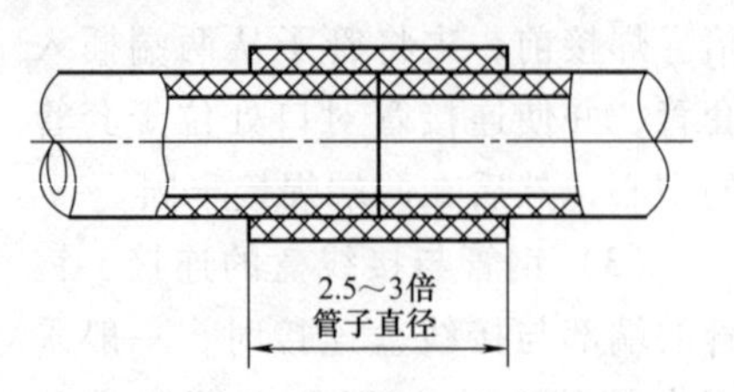

图 2-44 硬质塑料管的套接法连接

 2-31 怎样进行明管敷设？

明管配线施工方法，一般分沿墙、跨柱、穿楼板敷设，支架安装、吊装和沿轻钢龙骨安装。明管的敷设应呈水平或垂直状态，其允许偏差 2m 以内为 3mm，全长允许偏差不应超过管子内径的一半。固定金属管一般用管卡进行固定。

1. 明管敷设的施工步骤

（1）确定电气设备的安装位置。

（2）画出管路交叉位置和管路中心线。

（3）埋设木砖。

（4）把线管按建筑结构形状弯曲。

（5）铰制钢管螺纹。

（6）将线管、开关盒、接线盒等装配连接成整体进行安装。

（7）将钢管接地。

2. 明管敷设的方法

明管用吊装、沿墙安装或支架敷设时，固定点的距离应均匀，管卡与终端、转弯中点、电气器具或接线盒边缘的距离为 150～500mm。中间固定点的最大允许距离应根据线管的材质、直径和壁厚而定，一般为 1.5～2.5m。

（1）明管沿墙拐弯时，不可将管子弯成直角或折角弯，应弯成圆弧弯，如图 2-45a 所示，同理线管引入接线盒等设备的做法如图 2-45b 所示。

（2）电线管在拐角时，要用拐角盒，做法如图 2-46 所示。

（3）明管配线沿墙过伸缩缝时，需用过线盒连接，并且导线在过

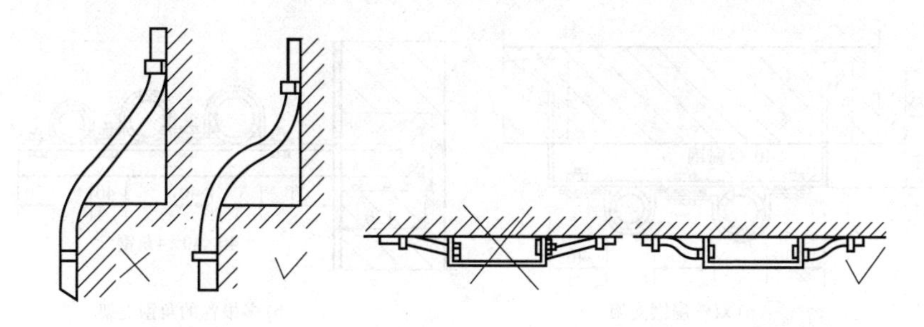

图 2-45 明配管线弯曲及与接线盒的连接

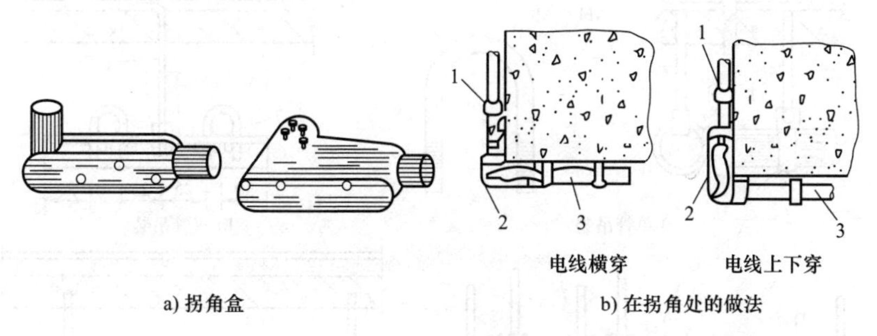

图 2-46 明配管在拐角处的做法

1—管箍 2—拐角盒 3—钢管

线盒内应留有裕度，以保证当温度变化时建筑物的伸缩不致拉断导线。

（4）明管沿墙面敷设，用管卡子固定，其做法如图 2-47 所示。

（5）对于较粗或多根明管的敷设可采用支架敷设的方法，其做法如图 2-48 所示。

（6）对于较粗或多根明管的敷设也可采用吊装敷设，其做法如图 2-49 所示。

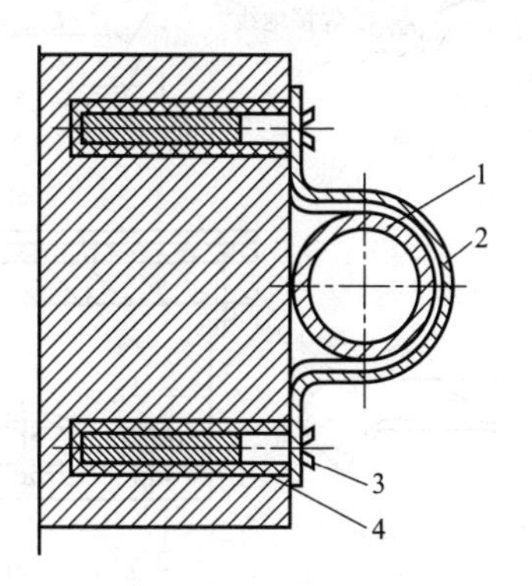

图 2-47 钢管沿墙敷设

1—钢管 2—管卡子 3—$\phi4\times$（30~40）木螺钉 4—$\phi6$ 塑料胀管

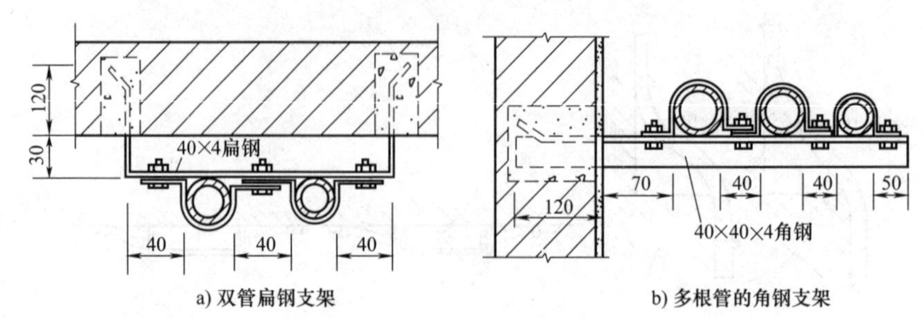

图 2-48 双管扁钢支架、多根管的角钢支架做法

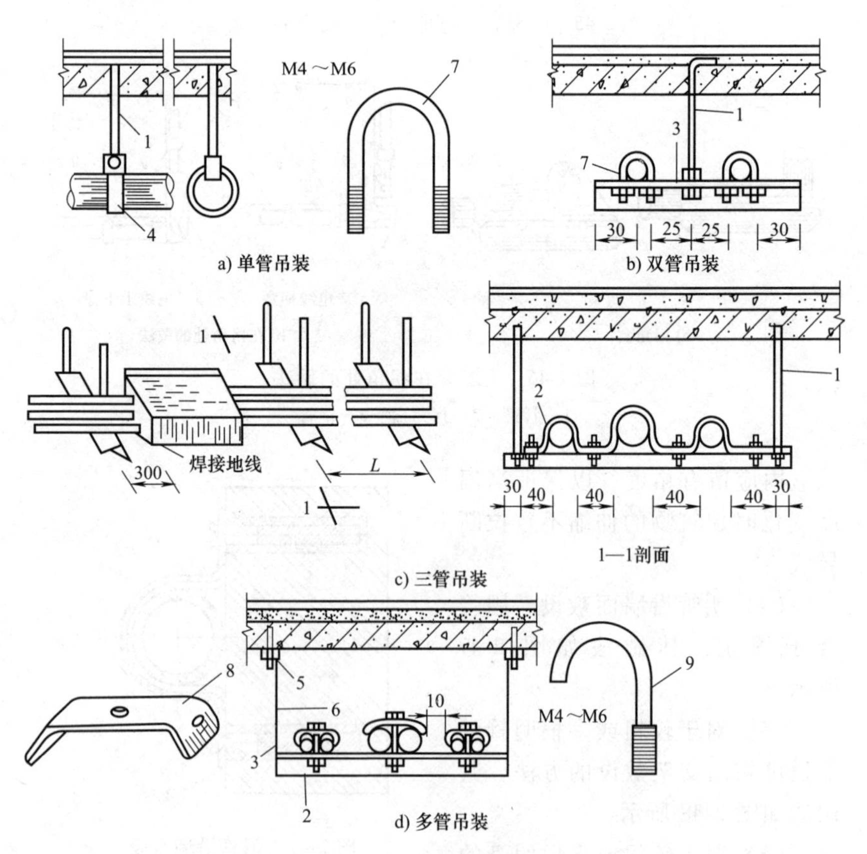

图 2-49 明管吊装敷设

1—圆钢（ϕ10） 2—角钢支架（∟40×4） 3—角钢支架（∟30×3） 4—吊管卡 5—吊架螺栓（M8） 6—扁钢吊架（-40×4） 7—螺栓管卡 8—卡板（2~4mm钢板） 9—管卡

2-32 暗管敷设应注意什么？

1. 暗管敷设的种类

暗管敷设应与土建施工密切配合；暗配的电线管路应沿最近的路线敷设，并应减少弯曲；埋入墙或混凝土内的管子，离建筑物表面的净距离应大于 15mm。暗管配线的工程多用在混凝土建筑物内，其施工方法有 3 种：

（1）在现场浇筑混凝土构件时埋入线管。

（2）在混凝土楼板的垫层内埋入线管。

（3）在混凝土板下的天棚内埋入线管。

现浇结构多采用第 1 种施工方法，在进行土建施工中预埋钢管。在预制板上配管或管的外表面离混凝土表面小于 15mm 时，采用第 2 种方法。当混凝土板下有天棚，且天棚距混凝土板有足够的距离时，可采用第 3 种方法。

2. 暗管敷设的步骤

（1）确定设备（灯头盒、接线盒和配管引上、引下）的位置。

（2）测量敷设线路长度。

（3）配管加工（锯割、弯曲、套螺纹）。

（4）将管与盒按已确定的安装位置连接起来。

（5）将管口堵上木塞或废纸，将盒内填满木屑或废纸，防止进入水泥砂浆或杂物。

（6）检查是否有管、盒遗漏或设位错误。

（7）将管、盒连成整体固定于模板上（最好在未绑扎钢筋前进行）。

（8）在管与管和管与箱、盒连接处，焊上接地线，使金属外壳连成一体。

3. 对埋地钢管的技术要求

管径应不小于 20mm，埋入地下的电线管路不宜穿过设备基础；在穿过建筑物基础时，应再加保护管保护。穿过大片设备基础时，管径不小于 25mm。

4. 钢管暗敷示意图

在钢管暗敷的施工时，先确定好钢管与接线盒的位置，在配合土建施工中，将钢管与接线盒按已确定的位置连接起来，并在管与管、管与接线盒的连接处，焊上接地跨接线，使金属外壳连成一体。钢管暗敷示意图如图 2-50 所示。

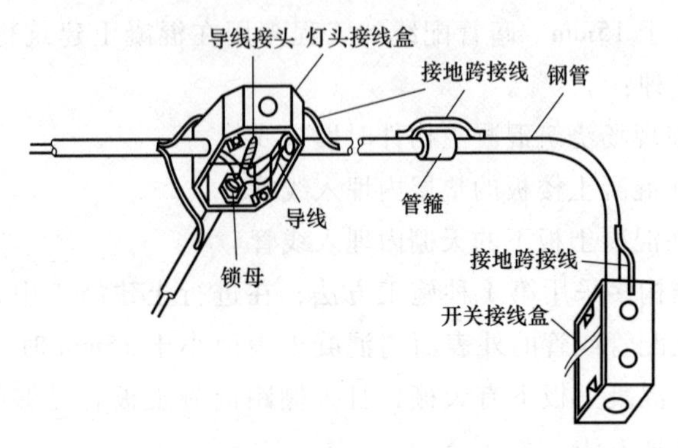

图 2-50　钢管暗敷示意图

2-33　如何在现浇混凝土楼板内敷设线管?

（1）线管在混凝土内暗线敷设时，可用铁丝将管子绑扎在钢筋上，也可用钉子钉在模板上，用垫块将管子垫高 15mm 以上，使管子与混凝土模板间保持足够的距离，并防止浇灌混凝土时管子脱开，如图 2-51 所示。

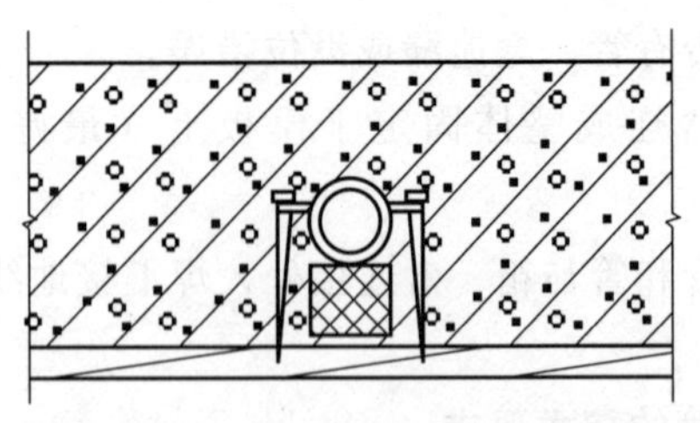

图 2-51　线管在混凝土模板上的固定

（2）灯头盒可用铁钉固定或用铁丝缠绕在铁钉上，如图 2-52 所示。灯头盒在现浇混凝土楼板内的安装如图 2-53 所示。

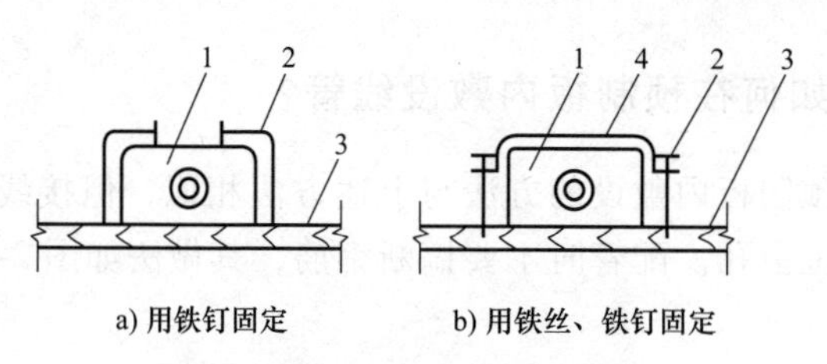

图 2-52 灯头盒在模板上固定

1—灯头盒 2—铁钉 3—模板 4—铁丝

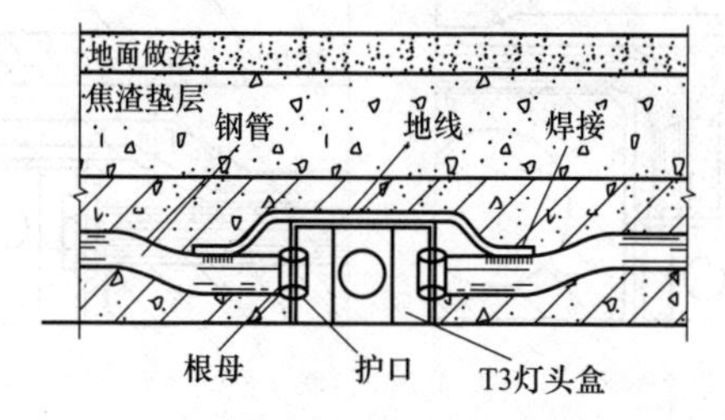

图 2-53 灯头盒在现浇混凝土楼板内的安装

2-34 如何在现浇混凝土楼板垫层内敷设线管？

钢管在楼板内敷设时，管外径与楼板厚度应配合。当楼板厚度为 80mm 时，管外径不应超过 40mm；当楼板厚度为 120mm 时，管外径不应超过 50mm。若管外径大于上述尺寸，则钢管应该为明敷或将管子埋在楼板的垫层内。

在楼板的垫层内配管时，对接线盒需在浇灌混凝土前放木砖，以便留出接线盒的位置。当混凝土硬化后再把木砖拆下，然后进行配管。配管完毕后，焊好地线。当垫层是焦渣垫层时，应先用水泥砂浆对配管进行保护，再铺焦渣垫层作地面；如果垫层就是水泥砂浆地面层，就不需对配管再进行保护了。钢管在现浇楼板垫层内的敷设如图 2-54 所示。

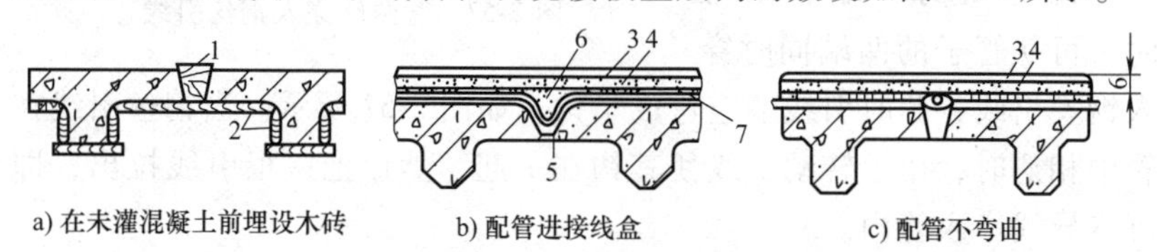

图 2-54 钢管在现浇楼板垫层内的敷设

1—木砖 2—模板 3—地面 4—焦渣垫层 5—接线盒 6—水泥砂浆保护 7—钢管

2-35 如何在预制板内敷设线管？

暗管在预制板内敷设的方法与上述方法相似，但接线盒的位置要在楼板上定位凿孔。配管时不要搞断钢筋，其做法如图 2-55 及图 2-56 所示。

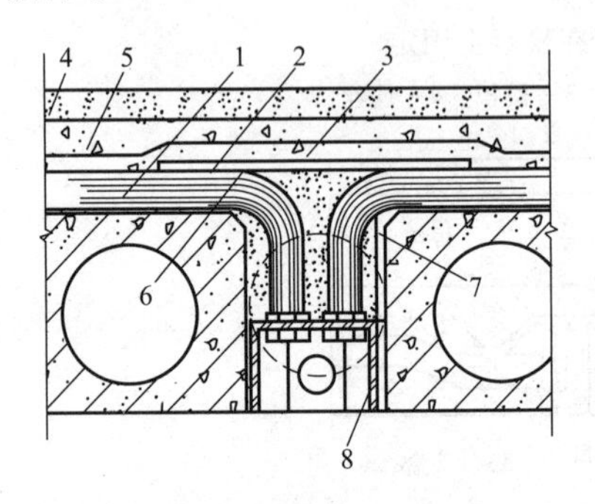

图 2-55 在预制多孔楼板上配管

1—钢管 2—焊接 3—水泥砂浆保护 4—地面 5—焦渣垫层 6—地线 7—镀锌铁丝接地线 8—灯头盒

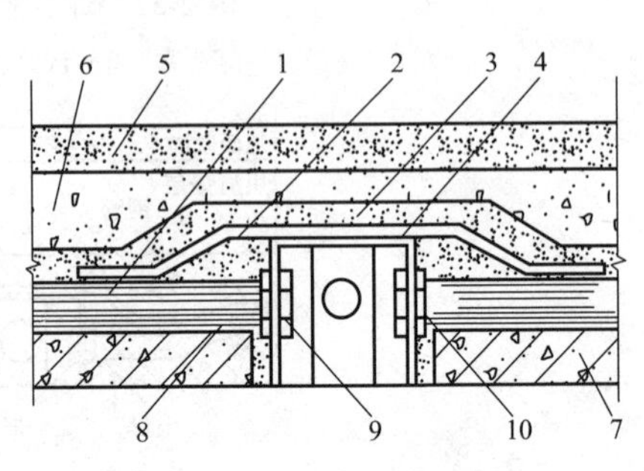

图 2-56 在预制槽形楼板上配管

1—焊接 2—地线 3—钢管用水泥砂浆保护 4—灯头盒 5—地面 6—焦渣垫层 7—钢筋混凝土楼板 8—钢管 9—护口 10—根母

2-36 怎样进行穿线？

（1）在穿线前，应先将管内的积水及杂物清理干净。

（2）选用 ϕ1.2mm 的钢丝作为引线，当线管较短且弯头较少时，可把钢丝引线由管子一端送向另一端；如果弯头较多或线路较长，将钢丝引线从管子一端穿入另一端有困难时，可从管子的两端同时穿入钢丝引线，此时引线端应弯成小钩，如图 2-57 所示。当钢丝引线在管中相遇时，用手转动引线使其钩在一起，然后把一根引线拉出，即可将导线牵入管内。

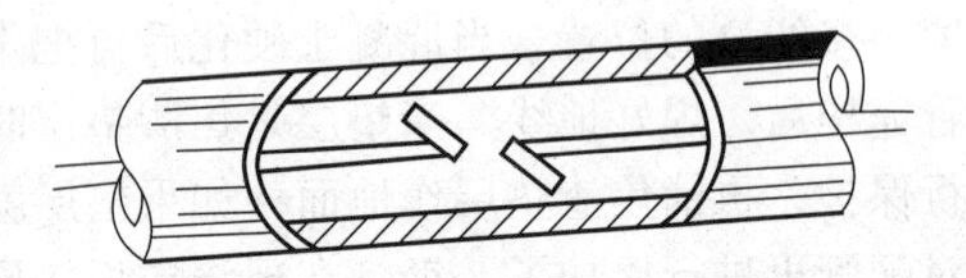

图 2-57 管两端穿入钢丝引线

（3）导线穿入线管前，在线管口应先套上护圈，接着按线管长度与两端连接所需的长度余量之和截取导线，削去两端绝缘层，同时在两端头标出同一根导线的记号。再将所有导线按图 2-58 所示的方法与钢丝引线缠绕，一个人将导线理成平行束并往线管内输送，另一个人在另一端慢慢抽拉钢丝引线，如图 2-59 所示。

图 2-58　导线与引线的缠绕

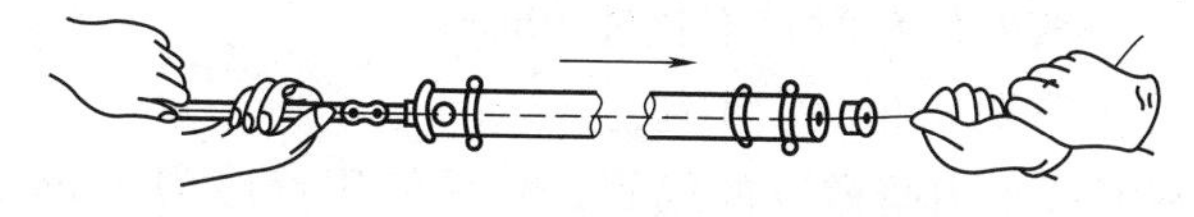

图 2-59　导线穿入管内的方法

（4）在穿线过程中，如果线管弯头较多或线路较长，穿线发生困难时，可使用滑石粉等润滑材料来减小导线与管壁的摩擦，便于穿线。

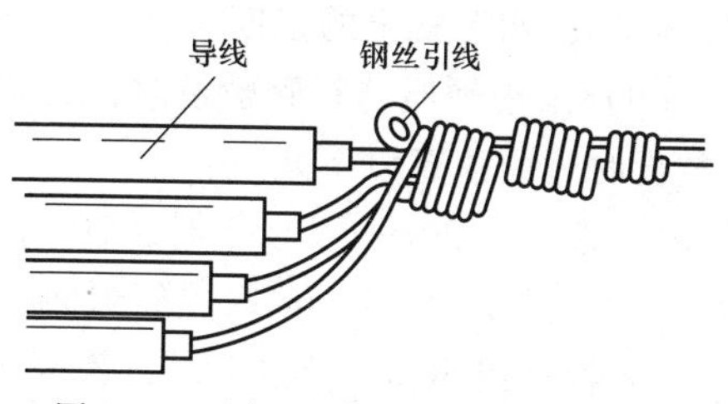

图 2-60　多根导线与钢丝引线的绑扎

（5）如果多根导线穿管，为防止缠绕处外径过大在管内被卡住，应把导线端部剥出线芯，斜错排开，与引线钢丝一端缠绕接好，然后再拉入管内，如图 2-60 所示。

 2-37　线管配线时应注意什么？

（1）管内导线的绝缘强度不应低于 500V；铜导线的线芯截面积不应小于 $1mm^2$，铝导线的线芯截面积不应小于 $2.5mm^2$。

（2）管内导线不准有接头，也不准穿入绝缘破损后经过包缠恢复绝缘的导线。

（3）不同电压和不同回路的导线不得穿在同一根钢管内。

（4）管内导线一般不得超过 10 根。多根导线穿管时，导线的总截面积（包括绝缘层）不应超过线管内径截面积的 40%。

（5）钢管的连接通常采用螺纹连接；硬质塑料管可采用套接或焊接。敷设在含有对导线绝缘有害的蒸汽、气体或多尘房屋内的线管以及敷设在可能进入油、水等液体的场所的线管，其连接处应密封。

（6）采用钢管配线时必须接地。

（7）管内配线应尽可能减少转角或弯曲，转角越多，穿线越困难。为便于穿线，规定线管超过下列长度，必须加装接线盒。

1）无弯曲转角时，不超过45m；

2）有一个弯曲转角时，不超过30m；

3）有两个弯曲转角时，不超过20m；

4）有三个弯曲转角时，不超过12m。

（8）在混凝土内暗敷设的线管，必须使用壁厚为3mm以上的线管；当线管的外径超过混凝土厚度的1/3时，不得将线管埋在混凝土内，以免影响混凝土的强度。

（9）采用硬质塑料管敷设时，其方法与钢管敷设基本相同。但明管敷设时还应注意以下几点：

1）管径在20mm及以下时，管卡间距为1m；

2）管径在25~40mm时，管卡间距为1.2~1.5m；

3）管径在50mm及以上时，管卡间距为2m。

硬质塑料管也可在角铁支架上架空敷设，支架间距不能大于上述距离要求。

（10）管内穿线困难时应查找原因，不得用力强行穿线，以免损伤导线的绝缘层或线芯。

（11）配管遇到伸缩、沉降缝时，不可直接通过，必须进行相应处理，采取保护措施；暗敷于地下的管路不宜穿过设备基础，必须穿过设备基础时，要加保护管。

（12）绝缘导线不宜穿金属管在室外直接埋地敷设。如必须穿金属管埋地敷设时，要做好防水、防腐蚀处理。

Chapter 03

变配电设备的安装

3-1 电力变压器由哪几部分组成？

变压器是一种静止的电气设备。它是利用电磁感应作用把一种电压等级的交流电能变换成频率相同的另一种电压等级的交流电能。

用于电力系统升、降压等的变压器称为电力变压器。在电力系统中，变压器是一种重要的电气设备。将发电厂（站）发出的电能从发电厂（站）用高压输送到远处的用电地区，需要用升压变压器；再将高压电降低为低压电分配到各工矿企业、家庭等用户，则需要用降压变压器。因此，在电力系统中，变压器对电能的经济传输、灵活分配和安全使用，具有重要的意义。

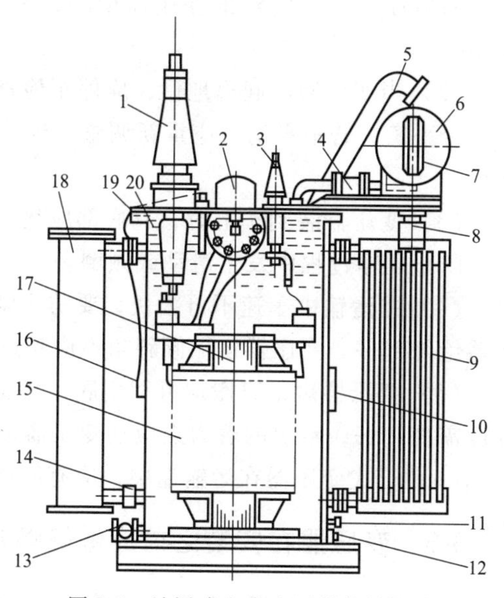

图 3-1 油浸式电力变压器的结构图

1—高压套管 2—分接开关 3—低压套管 4—气体继电器 5—防爆管（安全气道） 6—储油柜（曾称油枕） 7—油位计 8—吸湿器（曾称呼吸器） 9—散热器 10—铭牌 11—接地螺栓 12—油样活门 13—放油阀门 14—活门 15—绕组 16—信号式温度计 17—铁心 18—净油器 19—油箱 20—变压器油

目前，油浸式电力变

压器的产量最大，应用面最广。油浸式电力变压器的结构如图 3-1 所示。

 3-2 怎样搬运变压器？

电力变压器是电力系统的重要设备，它容量大、体积大、结构复杂，而且多为油浸式。所以在搬运过程中必须十分小心，不能损伤变压器。尤其是对大型变压器的运输和装卸，必须对运输路径及两端装卸条件做充分调查，采取措施，确保安全。

对小型电力变压器的搬运，在施工现场一般均采用起重运输机械，在搬运过程中必须注意：

（1）采用吊车装卸时，应使用油箱壁上的吊耳，不准使用油箱顶盖上的吊环。吊钩应对准变压器中心，吊索与铅垂线的夹角不得大于 30°。

（2）当变压器吊起离地后，应停车检查各部分是否有问题，变压器是否平衡，若不平衡，应重新调整。确认各处无异常时，方可继续起吊。

（3）变压器装到车上时，其底部应垫方木，且用绳索将变压器固定，防止运输过程中发生滑动或倾倒。

（4）在运输中车速不可太快，要防止剧烈冲击和严重振动损坏变压器绝缘部件。变压器运输倾斜角不应超过 15°。

（5）变压器短距离搬运可利用底座滚轮在搬运轨道上牵引，前进速度需控制好，牵引的着力点应在变压器重心下。

（6）干式变压器在运输途中，应有防雨措施。

 3-3 变压器在安装之前应做好哪几方面的工作？

变压器运输到现场之后，在安装之前还应做好以下几方面的工作。

1. 资料检查

变压器应有产品出厂合格证，技术文件应齐全；型号、规格应和设计相符，附件、备件应齐全完好；变压器外表无机械损伤，无锈蚀；若为油浸式变压器，油箱应密封良好；变压器轮距应与设计轨距相符。

2. 器身检查

变压器到达现场后，应进行器身检查。进行器身检查的目的是检查变压器是否有因长途运输和搬运中剧烈振动或冲击使心部螺栓松动等一些外观检查不出来的缺陷，以便及时处理，保证安装质量。

3. 变压器的干燥

变压器是否需要进行干燥，应通过综合分析判断后确定。电力变压器常用的干燥方法有铁损干燥法、铜损干燥法、零序电流干燥法、真空热油喷雾干燥法、热风干燥法以及红外线干燥法等。干燥方法的选用应根据变压器绝缘受潮程度及变压器容量大小、结构型式等具体条件确定。

3-4 室内变压器的安装应满足哪些要求?

1. 对电力变压器室的要求

变压器室应符合防火、防汛、防小动物、防雨雪及通风的要求。门应用非燃烧材料制成，一般多采用铁门构件，门向外开启并能加锁。变压器室进出风百叶窗内侧要有网孔不大于 10mm×10mm 的防动物铁丝网。变压器室尽量采用自然通风，自然通风无法满足时，可采用机械通风装置。变压器室常用的 3 种通风方案如图 3-2 所示。

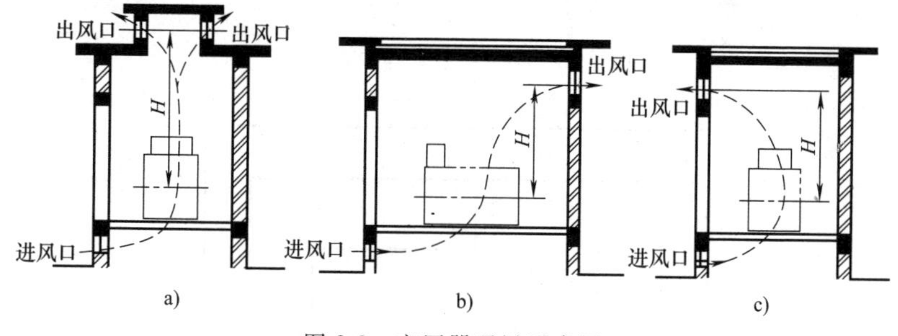

图 3-2 变压器通风示意图

2. 变压器的室内安装

室内变压器常用的安装方式如图 3-3 所示。

变压器与室内最小安全距离如图 3-4 所示。其中无括号尺寸适用于 320kVA 以下的变压器，括号内尺寸适用于 320～10000kVA 的变压器。容量超过 10000kVA 时，相应的距离不小于 1m 及 1.5m。

变电所有两台变压器时，每台变压器均应安装在单独的变压器室内。变压器室的门上或墙上应写明变压器名称、编号，并应有警告标志。

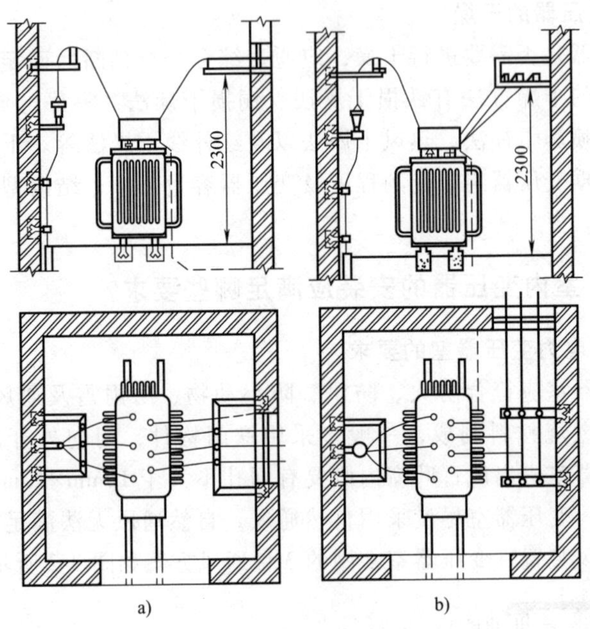

图 3-3　室内变压器的安装方式

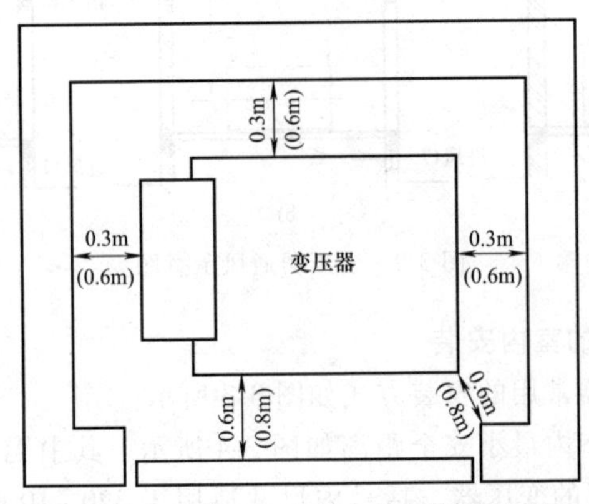

图 3-4　变压器与室内最小安全距离示意图

3-5 室外变压器有哪几种安装形式？

室外变压器安装方式有杆上和地上两种，如图 3-5 所示。无论是杆上安装还是地上安装，均应在变压器周围明显部位悬挂警告牌。地上变压器周围应装设围栏，高度不低于 1.7m，并与变压器台保持一定的距离。柱上（杆上）变压器的所有高低压引线均使用绝缘导线（低压也可使用裸母线作引线）；所用的铁件均需镀锌。

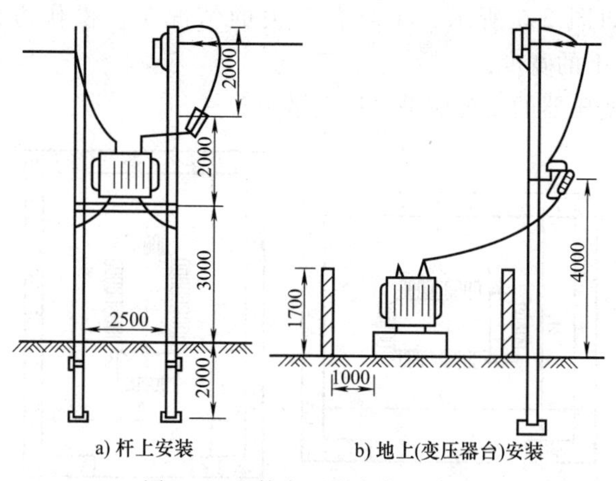

a) 杆上安装　　b) 地上(变压器台)安装

图 3-5　室外变压器安装示意图

地上变压器安装的高度根据需要决定，一般使用情况是 500mm。变压器台用砖砌成或用混凝土构筑，并用 1∶2 水泥砂浆抹面，台面上以扁钢或槽钢做变压器的轨道。轨道应水平，轨距与轮距应配合。

3-6 安装变压器时应注意什么？

安装变压器时应注意以下几点：

（1）变压器就位可用汽车吊直接甩进变压器室，或用道木搭设临时轨道，用三步搭、吊链吊至临时轨道上，再用吊链拉入室内合适位置。

变压器安装中的吊装作业应由起重工配合进行，任何时候都不要碰击套管、器身及各个部件，不得严重冲击和振动。吊装及运输过程中应有防护措施和作业指导书。

（2）变压器就位时，其方位和距墙尺寸应符合要求。

（3）变压器基础轨道应水平，轨距与轮距相配合。室外一般在平台上或杆上组装槽钢架。有滚轮的变压器轮子应转动灵活。装有气体继电器的变压器安装时，气体继电器侧应有沿气流方向1%～1.5%的升高坡度（厂家规定不要求坡度的除外），以使油箱中产生的气体易于流入继电器。

（4）变压器宽面推进时，低压侧应向外；窄面推进时，储油柜一侧向外，如图3-6所示。在装有开关的情况下，操作方向应留有1200mm以上的宽度。

（5）变压器的安装应采取抗振措施。

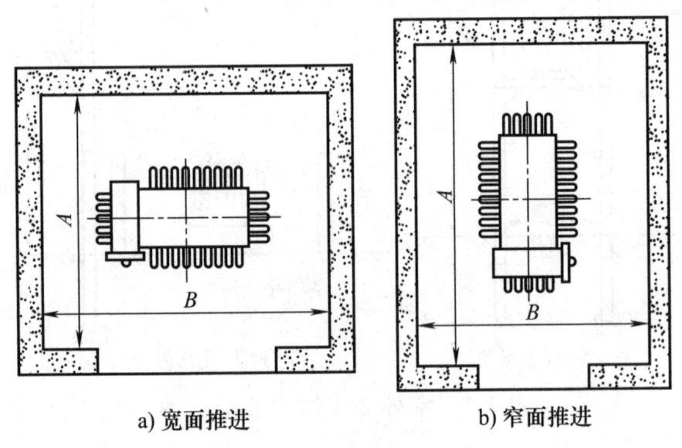

a) 宽面推进　　b) 窄面推进

图3-6　变压器室推进示意图

3-7　变压器运行前应做哪些检查？

变压器运行前应做以下检查：

（1）检查变压器的试验合格证是否在有效期内。

（2）检查变压器的高、低压套管是否清洁、完好，有无破裂现象。

（3）检查变压器高、低压引线是否牢固，有无破损现象。三相的颜色标记是否正确无误，引线与外壳及电杆的距离是否符合要求。

（4）检查变压器的油面是否正常，有无渗油、漏油现象，呼吸孔是否通气。

（5）检查变压器的报警、继电器保护和避雷等保护装置工作是否正常。

（6）检查变压器各部位的油门和分接开关位置是否正确。

（7）检查变压器的上盖密封是否严密，表面有无遗留杂物。

（8）检查变压器的安装是否牢固，所有螺栓是否可靠。

（9）检查变压器外壳接地线是否牢固可靠，接地电阻是否符合要求。

 3-8 变压器运行中应进行哪些检查?

为了保证变压器安全运行，在变压器运行中应进行以下检查：

（1）检查变压器的声响是否正常，均匀的“嗡嗡”声为正常声音。

（2）检查变压器的油温是否正常。变压器正常运行时，上层油温一般不应超过 85℃，另外用手抚摸各散热器，其温度应无明显差别。

（3）检查变压器的油位是否正常，有无漏油现象。

（4）检查变压器的出线套管是否清洁，有无破裂和放电痕迹。

（5）检查高、低压熔断器的熔丝是否熔断。

（6）检查各引线接头有无松动和跳火现象。

（7）检查防爆管玻璃是否完好，玻璃内是否有油。

（8）检查吸湿器内硅胶干燥剂是否已吸收潮气变色。干燥时硅胶为蓝色，吸潮后变为淡粉红色。

（9）检查变压器外壳接地是否良好，接地线有无破损现象。

（10）检查变压器台上有无杂物，附近是否有柴草等易燃物。

（11）当天气发生雷雨和大风等异常变化时，应增加检查次数。

 3-9 当发现哪些情况时应使变压器停止运行?

当发现变压器有下列情况之一时，应停止变压器运行。

（1）变压器内部响声过大，不均匀，有爆裂声等。

（2）在正常冷却条件下，变压器油温过高并不断上升。

（3）储油柜或安全气道喷油。

（4）严重漏油，致使油面降到油位计的下限，并继续下降。

（5）油色变化过甚或油内有杂质等。

（6）套管有严重裂纹和放电现象。

（7）变压器起火（不必先报告，立即停止运行）。

3-10　什么是箱式变电站？如何检查箱式变电站？

成套变电站是组合变电站、箱式变电站和移动变电站（预装式变电站）的统称，习惯上均简称为箱式变电站（或箱式变电所）。箱式变电站是变换电压与分配电能的成套变电设备，适用于高层建筑、机场、宾馆、医院、矿山、居民住宅小区等室内、室外供电，在额定电压10kV及以下变配电系统中作为变配电、动力及照明用。

安装箱式变电站前，应进行下列检查验收。

（1）检查箱式变电站的铭牌数据与订货合同是否相符。

（2）检查出厂技术文件是否齐全。

（3）对照装箱单检查箱式变电站的零部件是否齐全。

（4）检查运输过程中箱式变电站的套管、负荷开关、仪表及其他附件是否有撞伤。

（5）对不立即投用的箱式变电站，应置于安全地带。

3-11　怎样安装箱式变电站？

箱式变电站在建筑电气工程中，以住宅小区室外设置为主要形式，箱式变电站有较好的防雨雪和通风性能，但其底部不是全密闭的，故而要注意防积水入侵，其基础的高度及周围排水通道设置应在施工图上加以明确。

箱式变电站安装时，应符合下列规定：

（1）箱式变电站起吊时，一定要从底部挂好钢丝绳，钢丝绳顶部的夹角要不大于60°。注意钢丝绳与箱体四周接触部位要用麻布或纸板隔开，防止划伤油漆。

（2）箱式变电站及落地式配电箱的基础应高于室外地坪，周围排水通畅。一般应使箱体高出地面350mm以上，这样既可防止积水，又能将电缆预留长度放在下面。

（3）基础表面外部尺寸与箱式变电站底座相吻合。若外部尺寸做成大于箱式变电站底座，超出的部分一定要做成斜面，以防止积水。

（4）箱式变电站的固定形式有两种，用地脚螺栓固定的箱式变电站应螺母齐全，拧紧牢固；自由安放的箱式变电站应垫平放正。底座与基础之间的缝隙用水泥砂浆填充抹封。

（5）在基础周围埋设好接地桩和接地母线。应充分利用进出线电缆沟敷设接地母线，接地母线埋深应大于 0.6m，电缆本身直埋深度应大于 0.7m，焊接部位表面要用沥青作防腐处理，焊缝长度不小于 80mm，接地电阻小于等于 4Ω，箱体就位后，底座与基础的预埋铁、底座与接地母线都必须可靠焊接。

（6）箱式变电站内外涂层完整、无损伤，通风口的防护网完好。

（7）箱式变电站的高、低压柜内部接线完整、低压每个输出回路标记清晰，回路名称准确。

（8）金属箱式变电站及落地式配电箱，箱体应与 PE 线或 PEN 线连接可靠，且有标识。

（9）安装时一次设备各部分连接一定要紧固，否则运行中发热易酿成事故。

（10）在箱体醒目处要粘贴或涂刷电力标志和安全警告。

（11）为了提高可靠性，宜加装后备测温控制元件，防止控制回路失灵或风扇故障影响变压器过热。

3-12　安装高压隔离开关前应进行哪些检查？

高压隔离开关按装设地点可分为户内式和户外式两种。GN8-10/600 型户内式高压隔离开关的结构如图 3-7 所示；GW5 型户外式高压隔离开关的结构如图 3-8 所示。

安装高压隔离开关前应进行下列检查：

（1）详细检查隔离开关的型号、规格是否符合设计要求。

（2）设备应完整无缺，零件应无损伤，闸刀及触头应无变形。

（3）绝缘子表面应清洁、无裂纹、无损坏。

（4）隔离开关的联动机构应完好。

（5）接线端子及载流部分应清洁，动、静触头接触应良好（动、静触头接触情况可用 0.05mm×10mm 的塞尺进行检查。对于线接触应塞不进

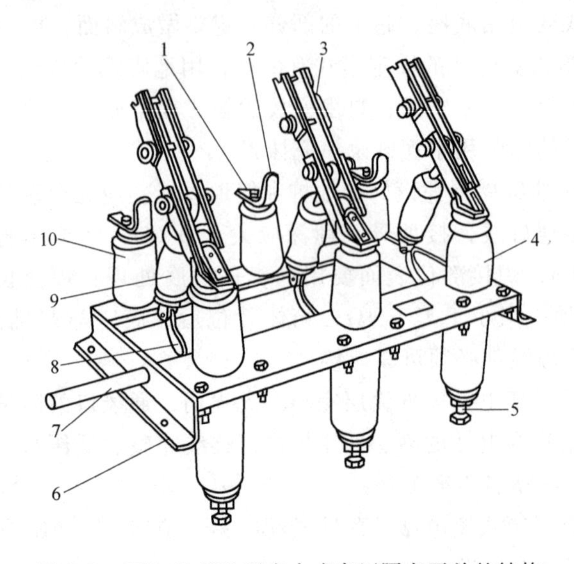

图 3-7　GN8-10/600 型户内式高压隔离开关的结构

1—上接线端子　2—静触头　3—闸刀　4—绝缘子　5—下接线端子　6—框架　7—转轴　8—拐臂　9—升降绝缘子　10—支柱绝缘子

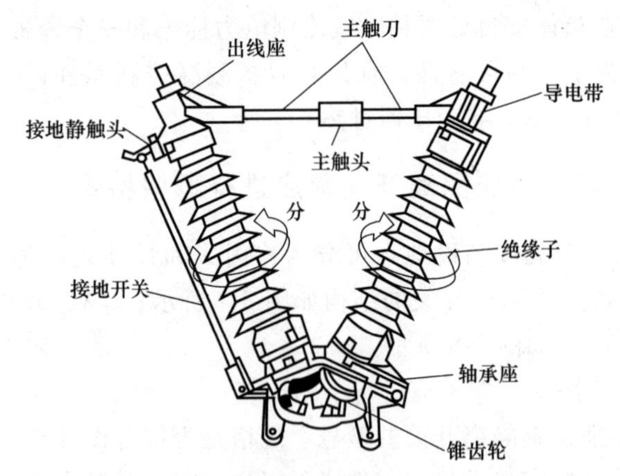

图 3-8　GW5 型户外式高压隔离开关的结构

去；对于面接触，其塞入深度：在接触表面宽度为 50mm 及以下时，不应超过 4mm；在接触表面宽度为 60mm 及以上时，不应超过 6mm）。

（6）用 2500V 绝缘电阻表测量隔离开关的绝缘电阻，其电阻值应在800~1000MΩ以上。

3-13 怎样安装高压隔离开关？

安装高压隔离开关时，应满足以下要求：

（1）户外型隔离开关，露天安装时应水平安装，使带有瓷裙的支持绝缘子确实能起到防雨作用。

（2）户内型隔离开关，在垂直安装时，静触头在上方，带有套管的可以倾斜一定角度安装。

（3）一般情况下，静触头接电源，动触头接负荷，但安装在受电柜里的隔离开关采用电缆进线时，则电源在动触头侧，这种接法俗称“倒进火”。

（4）隔离开关两侧与母线及电缆的连接应牢固，遇有铜、铝导体接触时，应采用铜铝过渡接头。

（5）隔离开关的动、静触头应对准，否则合闸时就会出现旁击现象，使合闸后动、静触头接触面压力不均匀，造成接触不良。

（6）隔离开关的操动机构、传动机械应调整好，使分、合闸操作能正常进行。还要满足三相同期的要求，即分、合闸时三相动触头同时动作，不同期的偏差应小于3mm。

（7）处于合闸位置时，动触头要有足够的切入深度，以保证接触面积符合要求，但又不允许过头，要求动触头距静触头底座有3~5mm的孔隙，否则合闸过猛时将敲碎静触头的支持绝缘子。

（8）处于拉开位置时，动、静触头间要有足够的拉开距离，以便有效地隔离带电部分，这个距离应不小于160mm，或者动触头与静触头之间拉开的角度不应小于65°。

3-14 如何调整高压隔离开关？

1. 合闸调整

合闸时，要求隔离开关的动触头无侧向撞击或卡住。如有，可改变静触头的位置，使动触头刚好进入插口。合闸后动触头插入深度应符合产品的技术规定。一般不能小于静触头长度的90%，但也不能过大，应使动、静触头底部保持3~5mm的距离，以防在合闸过程中，冲击固定静触头的绝缘子。若不能满足要求，则可通过调整操作杆的长度以及操动机构的旋转角度来达到。三相隔离开关的各相刀刃与固定触头接触的不同时性不应超过3mm。如不能满足要求，可调节升降绝缘子的连接螺旋长度，以改变刀刃的位置。

2. 分闸调整

分闸时，要注意触头间的净距和闸刀打开角度应符合产品的技术规定。若不能满足要求，可调整操作杆的长度，以及改变拉杆在扇形板上的位置。

3. 辅助触头的调整

隔离开关的常开辅助触头在开关合闸行程的80%~90%时闭合，常闭辅助触头在开关分闸行程的75%时断开。为达此要求，可通过改变耦合盘的角度进行调整。

4. 操动机构手柄位置的调整

合闸时，手柄向上；分闸时，手柄向下。在分闸或合闸位置时，其弹性机械锁销应自动进入手柄的定位孔中。

5. 调整后的操作试验

调整完毕后，将所有螺栓拧紧，将所有开口销脚分开。进行数次分、合闸试验，检查已调整好开关的有关部分是否会变形。合格后，与母线一起进行耐压试验。

3-15 怎样安装高压负荷开关?

负荷开关种类较多，从使用环境上分，有户内式、户外式；从灭弧形式和灭弧介质上分，有压气式、产气式、真空式、六氟化硫式等。

图3-9所示为FN3-10RT型室内压气式高压负荷开关的外形结构。

对负荷开关的安装与调整，除了按照隔离开关的要求执行外，根据负荷开关的特点，其导电部分还应满足以下要求。

（1）负荷开关的刀片应与固定触头对准，并接触良好。

（2）在负荷开关合闸时，主固定触头应可靠地与主闸刀接触；分闸时，三相的灭弧刀片应同时跳离固定灭弧触头。

（3）户外高压柱上负荷开关的拉开距离应大于175mm。

（4）户内压气式负荷开关的拉开距离应为（182±3)mm。

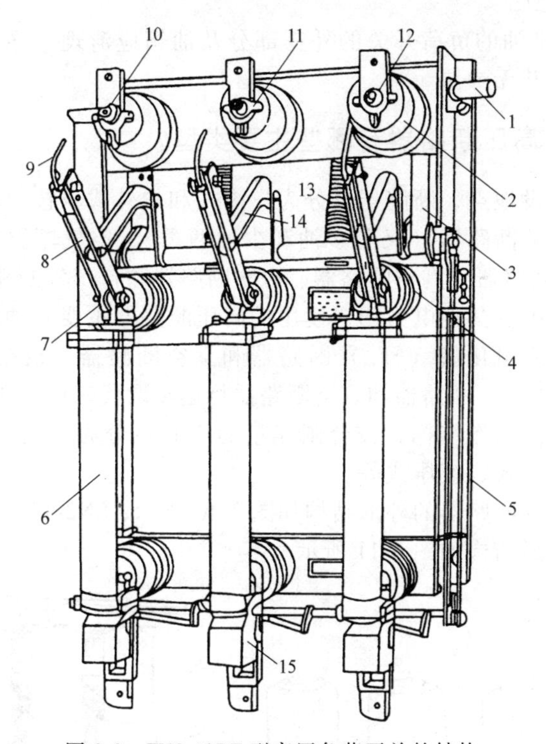

图 3-9　FN3-10RT 型高压负荷开关的结构

1—主轴　2—上绝缘子兼汽缸　3—连杆　4—下绝缘子　5—框架　6—高压熔断器　7—下触座　8—闸刀　9—弧动触头　10—绝缘喷嘴　11—主静触头　12—上触座　13—断路弹簧　14—绝缘拉杆　15—热脱扣器

（5）负荷开关的固定触头一般接电源侧。垂直安装时，固定触头在上侧。

（6）灭弧筒内产生气体的有机绝缘物应完整，无裂纹，灭弧触头与灭弧筒的间隙应符合要求。

（7）负荷开关三相触头接触的同期性和分闸状态时触头净间距及拉开角度应符合产品的技术规定。

（8）负荷开关的传动装置部件应无裂纹和损伤，动作应灵活。

（9）负荷开关的拉杆应加保护环。

（10）负荷开关的延长轴、轴承、联轴器及曲柄等传动零件应有足够的机械强度，连杆轴的销钉不应焊死。

（11）带油的负荷开关的外露部分及油箱应清理干净，油箱内应注以合格油并无渗漏。

3-16　高压断路器有哪些主要类型？

按照装设地点，断路器可分为户内式和户外式；按灭弧介质，断路器可分为油断路器（又分多油和少油两类）、空气断路器、六氟化硫（SF_6）断路器、真空断路器、磁吹断路器和自产气断路器。目前，我国电力系统及其他电力用户使用的高压断路器主要有油断路器、空气断路器、六氟化硫（SF_6）断路器和真空断路器。根据发展趋势，六氟化硫（SF_6）断路器和真空断路器将逐步取代其他断路器。

断路器的操作结构，按合闸能量的不同可分为手动式、电磁式、弹簧式、气动式、液压式等。

高压少油断路器的外形结构如图 3-10 所示；LN2-10 型户内式 SF_6 断路器的外形结构如图 3-11 所示。

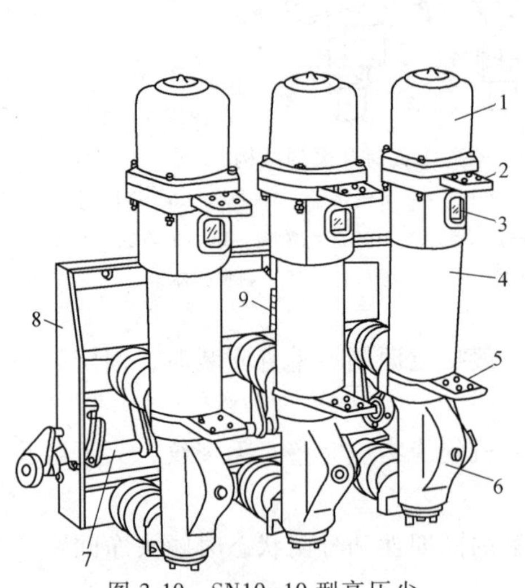

图 3-10　SN10-10 型高压少油断路器的外形

1—铝帽　2—上接线端子　3—油标　4—绝缘筒　5—下接线端子　6—基座　7—主轴　8—框架　9—断路弹簧

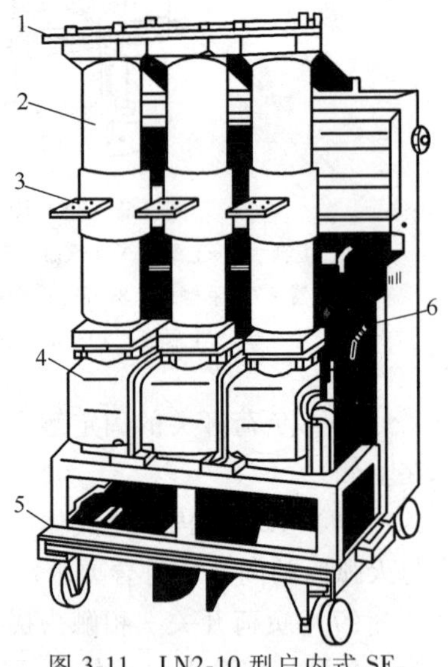

图 3-11　LN2-10 型户内式 SF_6 断路器的结构

1—上接线端子　2—绝缘筒（内有气缸和触头）　3—下接线端子　4—操动机构箱　5—小车　6—断路弹簧

3-17 怎样安装油断路器？

安装油断路器时，应注意以下几点：

（1）安装前要认真阅读制造厂家的《安装使用说明书》。

（2）按照说明书提供的基础尺寸（或根据设备重量、操作力、风力、地震烈度、土质耐压力等综合因素自行设计基础图样），制作混凝土基础。

基础允许偏差：

中心距和高度偏差<10mm；

水平偏差≤5mm；

地脚螺栓中心偏差<2mm。

（3）设备出厂 6 个月后，应检查绝缘部件受潮情况。一般应对灭弧室、提升绝缘拉杆（板）等，做烘干处理。升温速度限制在 10℃/h，最高温度不超过 85℃，烘干时间不少于 24h。

（4）三相连动操作的油断路器，各相横连杆应位于同一直线上，其偏差<2mm；油箱间中心偏差和水平偏差<5mm；油箱要严格垂直。

（5）断路器各密封部位应密封良好。橡胶垫无损坏。

（6）导电部分的软铜线（片）无断裂。固定螺栓齐全紧固。

（7）断路器升降机构、分合闸机构及操作机构各转动轴承应加润滑油，动作灵活。升降机构的钢丝绳无锈蚀，并加凡士林油防腐。

（8）操作机构分合闸位置指示器及信号灯指示位置应和断路器分合闸状态吻合。

（9）各连接处的防松螺母、锁垫、顶丝、开口销等均能起到防松作用。

（10）各转动部位无卡阻，动作灵活。

（11）合闸至顶点时，支持板（扣板）与合闸滚轮间应保持 1~2mm 的间隙；分闸制动板应可靠扣入，锁钩与底板轴之间也应保持 1~2mm 间隙；合分闸带延时的辅助触头应有足够的时限，以消除合闸“跳跃”现象。

（12）合闸电压在 80%~120%额定电压值范围内变动；分闸电压在 65%~120%额定电压值范围内变动，应均能准确合分闸。

（13）金属外壳按接地要求良好接地。

3-18 怎样安装真空断路器？

安装真空断路器可按下列程序进行。

1. 一般检查

首先清除各绝缘件上的尘土，在滑动摩擦部位加上干净润滑油。然后核对产品铭牌上的数据是否符合图样要求，特别是核对分、合闸线圈的额定电压、断路器的额定电流和额定开断电流等参数是否有误。检查真空灭弧室有无异常现象，如发现灭弧室屏蔽罩氧化、变色，则说明灭弧室已经漏气，要及时更换。并检查各部分紧固件有无松动现象，特别应检查导电回路的软连接部分，是否连接紧密可靠。最后用操作把手慢合几次，检查有无卡滞现象。

2. 测量绝缘电阻

用2500V绝缘电阻表测量绝缘电阻值：在合闸状态，每相对地不应小于1000MΩ；在分闸状态，动、静触头之间也不应小于1000MΩ。

3. 耐压试验

为检查真空灭弧室的真空度，可采用工频交流耐压试验，即在分闸状态下，动、静触头间加工频电压42kV，耐压1min。为检查绝缘部分，在断路器合闸状态下，触头与基座间加工频电压38kV，耐压1min，均应合格。

4. 吊装就位并用螺母紧固

真空断路器的安装方向不受严格限制，只要操作机构在倾斜状态下能稳定工作即可。

5. 检查触头超行程和触头开距

所谓超行程是利用压缩弹簧在一定行程下的弹力，保持真空灭弧室中的触头有足够的接触压力。检查开距的目的，是保证三相触头合闸不同期性不超过1mm。真空断路器的超行程和开距均应符合有关技术要求。

6. 传动试验

先手动分、合闸3~5次，应无异常；再在额定操作电压下进行电动分、合闸3~5次，应无异常；再以80%、110%额定合闸电压进行合闸，以 65%、120%额定分闸电压进行分闸，各操作 3~5 次，应无问题。最后以 30%额定分闸电压进行操作，应不能分闸。

3-19　怎样安装六氟化硫断路器？

安装六氟化硫（SF_6）断路器时，应注意以下几点：

（1）SF_6 断路器不应在现场解体检查，如必须在现场解体时，应经制造厂同意，并在厂方人员指导下进行。

（2）SF_6 断路器的安装应在无风沙、无雨雪的天气下进行，灭弧室检查组装时，空气相对湿度不大于 80%，并采取防尘、防潮措施。

（3）断路器的各零部件应齐全、清洁、完好，传动机构零件齐全，轴承光滑无刺，铸件无裂纹和焊接不良。

（4）绝缘部件表面应无裂缝、剥落或破损，绝缘性能良好，绝缘拉杆部件连接应牢固可靠。

（5）瓷套表面应光滑，无裂缝，无缺损，外观检查有疑问时应进行探伤检查。

（6）瓷套和法兰的接合面黏合应牢固，法兰接合面平整，无外伤和铸造砂眼。

（7）安装用的螺栓、密封垫、密封脂、清洁剂和润滑脂等应符合产品的技术规定。

（8）断路器的固定应牢固可靠，底架与基础的垫片不超过 3 片，总厚度小于 10mm，片间应焊接牢固。

（9）同相各支柱瓷套的法兰面宜在同一水平面上，各支柱中心线间距离的误差不大于 5mm，相间中心距离的误差不大于 5mm。

（10）密封面应保持清洁，无划伤痕迹，不能使用已用过的密封垫。

（11）涂密封脂时，不能流入密封垫内侧与 SF_6 气体接触。

（12）断路器的接线端子的接触面应平整、清洁、无氧化膜，并涂上一薄层电力复合脂，镀银部分不能锉磨，载流部分的连接不能有折损、表面凹陷及锈蚀。

（13）位置指示器应能正确可靠地显示实际分、合状态。

（14）在使用操动机构动作前，断路器内必须充有额定压力的

SF_6 气体。

（15）对于具有慢分、慢合装置的断路器，在进行快速分、合闸前，应先进行慢分、慢合操作。

（16）安装后的断路器，其所有的零部件应按制造厂的规定，保持其应有的水平或垂直位置，各项动作参数应符合产品技术规定。

3-20　怎样安装高压熔断器？

高压系统中应用的熔断器分为户内型和户外型两种。户内型多数与负荷开关组合，用来保护变压器，在电压互感器柜和计量柜中用来作为电压互感器的保护。

RN1 和 RN2 型户内高压熔断器的结构如图 3-12 所示；RW4 型户外高压跌落式熔断器（又称跌开式熔断器）的结构如图 3-13 所示。

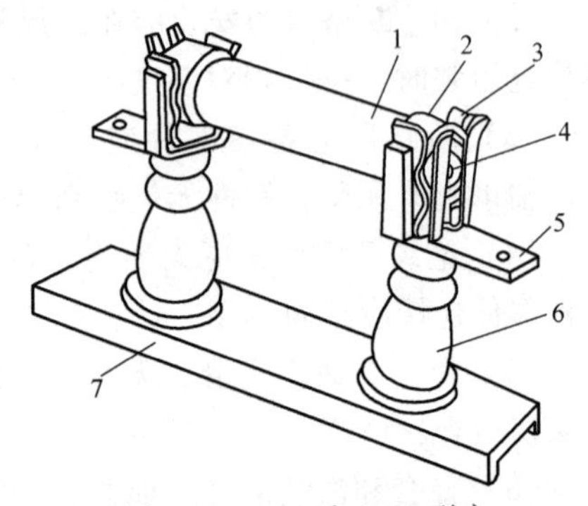

图 3-12　RN1 和 RN2 型户内高压熔断器的结构

1—瓷熔管　2—金属管帽　3—弹性触座　4—熔断指示器　5—接线端子　6—瓷绝缘子　7—底座

对跌落式熔断器的安装要求应满足产品说明书及电气安装规程的要求：

（1）熔管轴线与铅垂线的夹角一般应为 15°~30°。

（2）熔断器的转动部分应灵活，熔管跌落时不应碰及其他物体而损坏熔管。

（3）抱箍与安装固定支架连接应牢固；高压进线、出线与上接线螺钉和下接线螺钉应可靠连接。

（4）相间距离，室外安装时应不小于 0.7m，室内安装时应不小于 0.6m。

（5）熔管底端对地面的距离，装于室外时以 4.5m 为宜，装于室内时以 3m 为宜。

（6）装在被保护设备上方时，与被保护设备外廓的水平距离，不

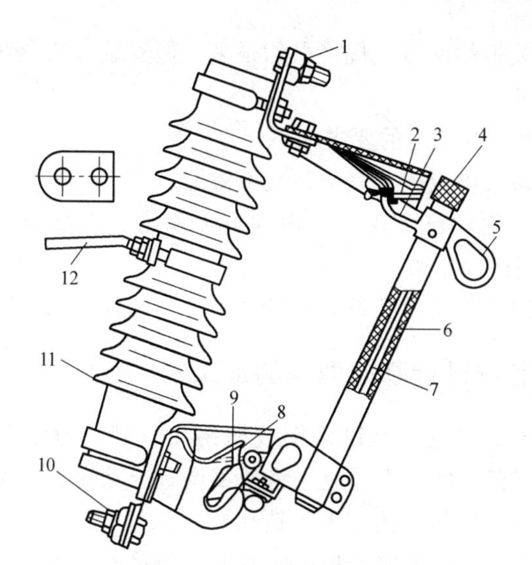

图3-13 RW4型户外高压跌落式熔断器的结构

1—上接线端子 2—上静触头 3—上动触头 4—管帽
5—操作环 6—熔管 7—铜熔丝 8—下动触头 9—下静触头
10—下接线端子 11—绝缘瓷瓶 12—固定安装板

应小于0.5m。

（7）各部元件应无裂纹或损伤，熔管不应有变形。

（8）熔丝应位于消弧管的中部偏上处。

3-21 安装配电柜对土建有什么要求？

配电柜又称开关柜，有高压开关柜与低压开关柜两种。高压开关柜有固定式和手车式之分。主要用于变配电站作为接受和分配电能之用。低压开关柜主要有固定式和抽屉式两大类。用于发电厂、变电站和企业、事业单位，频率50Hz、额定电压380V及以下的低压配电系统，作为动力、照明配电之用。常用配电柜的外形如图3-

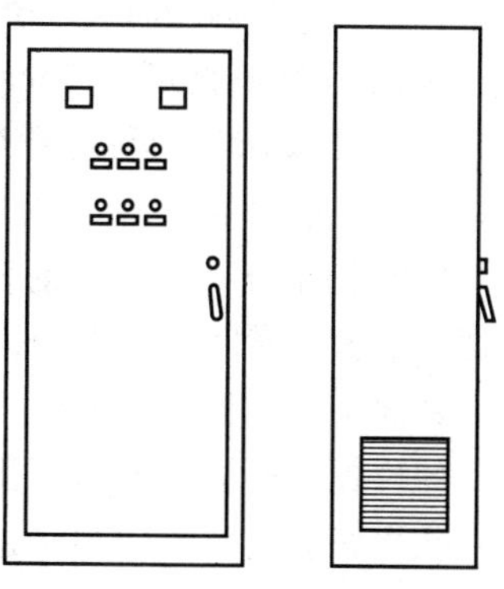

图3-14 常用配电柜的外形

14所示。开关柜的型号、规格虽然很多，但安装方法及对其安装的要求却基本相同。

安装配电柜对土建的要求如下：

（1）屋顶、楼板施工完毕，且不渗漏。

（2）室内地坪已完工，室内沟道无积水、无杂物。门窗安装完毕，屋内粉刷已经结束。

（3）预埋件与预留孔符合设计要求，预埋件牢固。

3-22 怎样进行基础型钢的加工？

配电柜的安装通常是以角钢或槽钢作基础。为便于今后维修拆换，多采用槽钢。埋设之前应先将型钢调直、除锈，按图样要求尺寸下料钻孔（不采用螺栓固定者不钻孔）。

基础型钢的下料需实测柜体底座的几何尺寸、地脚螺栓的尺寸及柜的台数，所以一般采用现场制作的方法。它主要适用于多层或高层建筑中的设备层或无法设置电缆沟的场所，其作用一是支撑柜体，二是增高柜体在地面上的高度。

（1）槽钢下料。型钢可选用10号槽钢（高100mm）与20号槽钢（高200mm或300mm），一般选用10号槽钢。基础槽钢做成矩形，下料尺寸为宽度=柜体的厚度，长度=n个柜体的宽度总和+柜体间的间隙（1~2mm）。

（2）槽钢焊接。焊接前，将槽钢的端部锯成45°角，在平台上或较平的厚钢板上对接，对接时槽钢的腿朝里，腰朝外，较平的腿面为上面，另一腿面为下面。一般先采用定位焊，测量其角度与水平度，其误差控制为平直度0.5mm/m，水平度1mm/m，全长误差不大于0.2%。符合要求后即可进行焊接，当总长超过3m时应在两柜体的衔接处放置一根加强梁，如图3-15所示。

（3）槽钢开孔。开孔前，首先要测量在土建主体施工时预埋的地脚螺栓的纵、横间距和直径，并在槽钢的下腿面上画好地脚的开孔位置；其次是测量柜体地脚螺栓的安装尺寸，并在槽钢的上腿面上画好开孔的位置。槽钢两腿的开孔位置应从同一端开始画线定位；上腿面的开孔位置应按照柜体测量进行，并考虑柜体间的1~2mm的余量和柜体的编号顺序的影响因素。

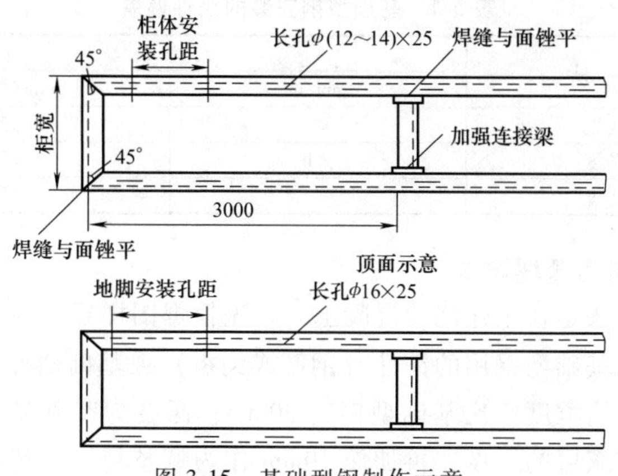

图 3-15 基础型钢制作示意

用电钻钻孔，并用锉刀将孔锉成长孔，开孔的孔径一般为 12～14mm，孔长为 25mm，上腿面的开孔要保证柜体的前面（垂线）和槽钢腰面（垂线）一致，其误差为±0.5mm。

（4）防腐处理。清除槽钢的焊渣及飞边，用钢丝刷将内外的铁锈除掉，槽钢的内外涂刷防锈漆一道，面漆两道（面漆的颜色应与柜体的颜色一致）。

3-23 如何安装基础型钢？

各种配电柜的基础安装都应该首先将基础槽钢校直、除锈，并放在安装位置。槽钢可以在土建浇注配电柜基础混凝土时直接预埋，也可以用基础螺栓固定或焊接在土建预埋件上，土建施工时先埋设预埋件，而电气施工时再安装槽钢。

1. 直接埋设

此种方法是在土建浇注混凝土时，直接将基础型钢埋设好。先在埋设位置找出型钢的中心线，再按图样的标高尺寸，测量其高度和位置，并做上记号。将型钢放在所测量的位置上，使其与记号对准，用水平尺调好水平，并应使两根型钢处在同一水平面上，且平行。型钢埋设偏差不应大于表 3-1 的规定。水平调好后即可将型钢固定，并浇注混凝土。

表 3-1　基础型钢安装的允许偏差

项　　目	允许偏差	
	mm/m	mm/全长
直线度	<1	<5
水平度	<1	<5
平行度	—	<5

2. 预留沟槽埋设法

此种方法是在土建浇注混凝土时，先根据图样要求在型钢埋设位置预埋固定基础型钢用的铁件（钢筋或钢板）或基础螺栓，同时预留出沟槽。沟槽宽度应比基础型钢宽 30mm；深度为基础型钢埋入深度减去两次抹灰层的厚度，再加深 10mm 作为调整裕度。待混凝土凝固后，将基础型钢放入预留沟槽内，加垫铁调平后与预埋件焊接或用基础螺栓固定。型钢周围用混凝土填实。基础型钢安装好后，其顶部宜高出抹平地面 10mm（手车式柜除外）。

 3-24　怎样搬运成套配电柜？

搬运成套配电柜（盘）时应注意：

（1）按配电柜的重量及形体大小，结合现场施工条件，由施工员决定采用吊车、汽车或人力搬运。

（2）柜体上有吊环者，吊索应穿过吊环；无吊环者，吊索最好挂拴在四角主要承力结构处。不许将吊索挂在设备部件（如开关拉杆等）上。

（3）搬运配电柜应在无雨时进行，以防受潮。

（4）运输中要固定牢靠，防止磕碰，避免元件、仪表及油漆的损坏，必要时可拆下柜上的精密仪表和继电器单独搬运。

（5）在搬运过程中，配电柜不允许倒放或侧放，而且要防止翻到，也不能使配电柜受到冲击或剧烈振动。

 3-25　安装前如何对成套配电柜进行检查？

配电柜（盘）到达现场后，按进度情况进行开箱检查，开箱时要小心谨慎。主要检查以下内容并填写“设备开箱检查记录”。

（1）检查有无出厂图样及技术文件，规格、型号是否与设计相符。

（2）配电柜（盘）上零件和备品是否齐全。

（3）检查所有电器元件有无损坏、受潮、生锈。

（4）对柜内仪表、继电器要重点检查，必要时可从柜上拆下送交实验室进行检查和调校，待配电柜安装固定后再装回。

3-26　成套配电柜应如何安装固定？

在浇注基础型钢的混凝土凝固以后，即可将配电柜就位（俗称立柜）。立柜前，应先按照图样规定顺序将配电柜标记，然后用人力或机械将柜轻轻平放在安装位置上。就位时应根据设计图示和现场条件确定就位次序，一般情况下以不妨碍其他配电柜为原则，先内后外、先靠墙处后入口处，依次将配电柜安装在指定的位置上。高、低压配电柜在地坪上的安装尺寸如图 3-16 所示。

配电柜就位后，应先调到大致水平位置，然后再进行精调。当柜

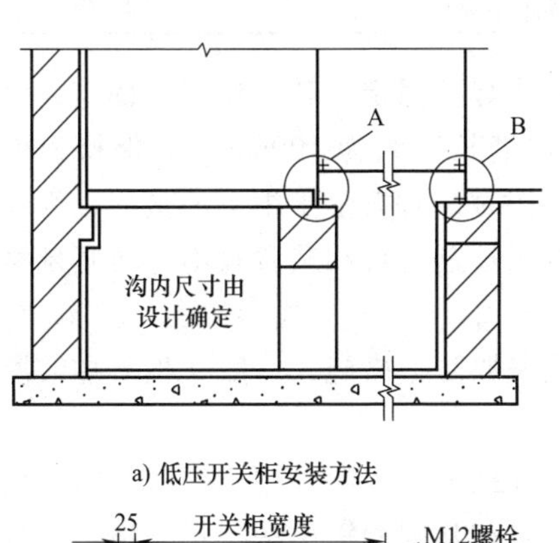

a) 低压开关柜安装方法

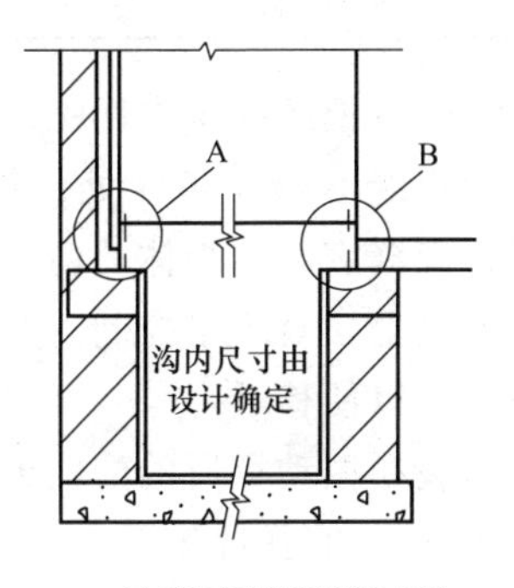

b) 高压开关柜安装方法

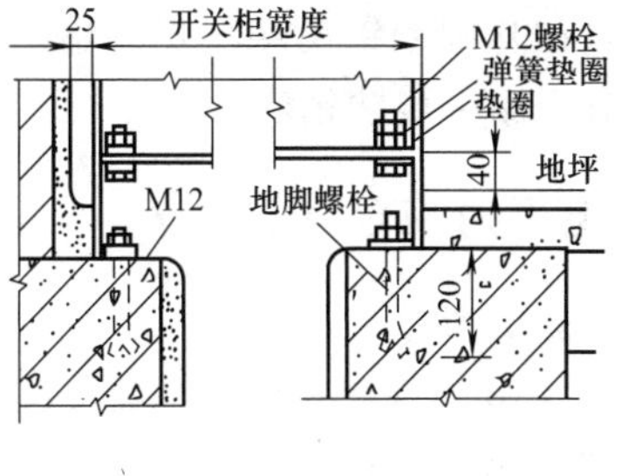

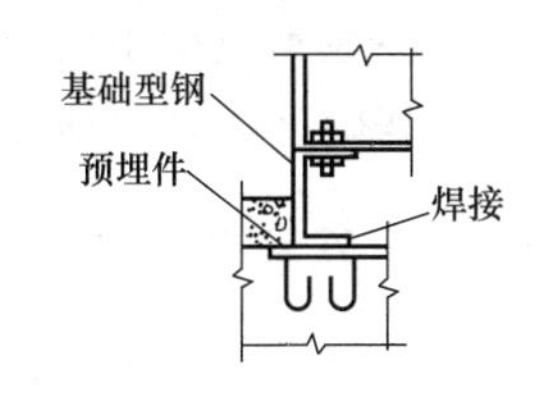

c) 开关柜基础安装方法

A详图　　B详图

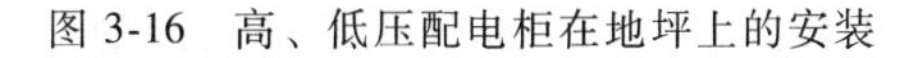

图 3-16　高、低压配电柜在地坪上的安装

较少时，先精确地调整第一台柜，再以第一台为标准逐个调整其余柜，使柜面一致，排列整齐，间隙均匀。当柜较多时，可先安装中间一台柜，将其调整好，然后再安装调整两侧其余的柜。调整时可在下面加垫铁片（同一处不宜超过 3 块）。直到满足表 3-2 的要求，即可进行固定。

表 3-2　盘、柜安装的允许偏差

项　　目	允许偏差/mm	
垂直度(每米)	<1.5	
水平度	相邻两柜顶部	<2
	成列柜顶部	<5
平面度	相邻两柜面	<1
	成列柜面	<5
柜间缝隙	柜间缝隙	<12

配电柜的固定多用螺栓固定或焊接固定。若采用焊接固定，每台柜的焊缝不应少于 4 处，每处焊缝长度约为 100mm。为保持柜面美观，焊缝宜放在柜体的内侧。焊接时，应把垫于柜下的垫片也焊在基础型钢上。对于主控制盘、继电保护盘、自动装置盘不宜与基础型钢焊死，以便移迁。

装在振动场所的配电柜，应采取防振措施，一般在柜下加装厚度约 100mm 的弹性垫。

配电装置的基础型钢应作良好接地，一般采用扁钢将其与接地网焊接，且接地不应少于两处，一般在基础型钢两端各焊一扁钢与接地网相连。基础型钢露出地面的部分应涂一层防锈漆。

 3-27　安装抽屉式成套配电柜时应注意什么？

安装抽屉式成套配电柜时的注意事项如下：

（1）抽屉推拉应灵活轻便，无卡阻、碰撞现象，抽屉应能互换。

（2）抽屉的机械联锁或电气联锁装置动作应正确可靠，断路器分闸后，隔离触头才能分开。

（3）抽屉与柜体间的二次回路连接插件应接触良好。

（4）动触头与静触头的中心线应一致，触头接触应紧密。

（5）抽屉与柜体间的接地触头应接触紧密；当抽屉推入时，抽屉的接地触头应比主触头先接触，拉出时程序应相反。

3-28 安装手车式成套配电柜时应注意什么？

安装手车式成套配电柜时的注意事项如下：

（1）手车推拉应灵活轻便，无卡阻、碰撞现象。

（2）手车推入工作位置后，动触头顶部与静触头底部的间隙应符合产品要求。

（3）手车和柜体间的二次回路连接插件应接触良好。

（4）安全隔离板应开启灵活，随手车的进出而相应动作。

（5）柜内控制电缆的位置不应妨碍手车的进出，并应牢固。

（6）手车与柜体间的接地触头应接触紧密，当手车推入柜内时，其接地触头应比主触头先接触，拉出时接地触头应比主触头后断开。

3-29 怎样安装配电柜上的电器？

安装配电柜上的电器时的注意事项如下：

（1）规格、型号应符合设计要求，外观应完整，且附件齐全，排列整齐，固定可靠，密封良好。

（2）各电器应能单独拆装更换而不影响其他电器及导线束的固定。

（3）发热元件宜安装于柜顶。

（4）熔断器的熔体规格应符合设计要求。

（5）信号装置回路应显示准确，工作可靠。

（6）柜（盘）上的小母线应采用直径不小于 6mm 的铜棒或铜管，小母线两侧应有标明其代号或名称的标志牌，字迹应清晰且不易脱色。

（7）柜（盘）上 1000V 及以下的交、直流母线及其分支线，其不同极的裸露载流部分之间及裸露载流部分与未经绝缘的金属体之间的电气间隙和漏电距离应符合表 3-3 的规定。

表 3-3 1000V 及以下柜（盘）裸露母线的电气间隙和漏电距离

（单位：mm）

类　　别	电气间隙	漏电距离
交、直流低压盘、电容屏、动力箱	12	20
照明箱	10	15

 3-30 配电柜上配线时应注意什么？

配电柜、盘（屏）内的配线应采用截面积不小于 1.5mm²、电压不低于 400V 的铜芯导线。但对电子元件回路、弱电回路采用锡焊连接时，在满足载流量和电压降及有足够机械强度的情况下，可使用较小截面积的绝缘导线。对于引进柜、盘（屏）内的控制电缆及其芯线应符合下列要求：

（1）引进盘、柜的电缆应排列整齐，避免交叉。

（2）引进盘、柜的电缆应固定牢固，不使所接的端子板受到机械应力。

（3）铠装电缆的钢带不应进入盘、柜内；铠装钢带切断处的端部应扎紧。

（4）用于晶体管保护、控制等逻辑回路的控制电缆，当采用屏蔽电缆时，其屏蔽层应予接地；如不采用屏蔽电缆时，则其备用芯线应有一根接地。

（5）橡胶绝缘芯线应外套绝缘管保护。

（6）柜、盘内的电缆芯线，应按垂直或水平有规律地配置，不得任意歪斜交叉连接。

（7）柜、盘内的电缆的备用芯线应留有适当余度。

 3-31 如何自制配电箱？

盘面可采用厚塑料板、包铁皮的木板或钢板。以采用钢板做盘面为例，将钢板按尺寸用方尺量好，画好切割线后进行切割，切割后用扁锉将棱角锉平。

盘面的组装配线如下：

（1）实物排列。将盘面板放平，再将全部开关电器、仪表置于其上，进行实物排列。对照设计图及电器、仪表的规格和数量，选择最佳位置使之符合间距要求，并保证操作维修方便及外形美观。

（2）加工。位置确定后，用方尺找正，画出水平线，分均孔距。然后撤去电器、仪表，进行钻孔。钻孔后除锈，刷防锈漆及灰油漆。

（3）固定电器。油漆干后装上绝缘嘴，并将全部电器、仪表摆平、找正，用螺钉固定牢固。

（4）电盘配线。根据电器、仪表的规格、容量和位置，选好导线的截面积和长度，加以剪断进行组配。盘后导线应排列整齐，绑扎成束。压头时，将导线留出适当余量，削出线芯，逐个压牢，但是多股线需用压线端子。

 3-32 配电箱的安装应符合哪些要求？

（1）安装配电箱（板）所需的木砖及铁件等均应在土建主体施工时进行预埋，预埋的各种铁件都应涂刷防锈漆。挂式配电箱（板）应采用金属膨胀螺栓固定。

（2）配电箱（板）要安装在干燥、明亮、不易受振，便于抄表、操作、维护的场所。不得安装在水池或水道阀门（龙头）的上、下侧。如果必须安装在上述地方的左右时，其净距必须在1m以上。

（3）配电箱（板）安装高度，照明配电板底边距地面不应小于1.8m；配电箱安装高度，底边距地面为1.5m。但住宅用配电箱也应使箱（板）底边距地面不小于1.8m。配电箱（板）安装垂直偏差不应大于3mm，操作手柄距侧墙面不小于200mm。

（4）在240mm厚的墙壁内暗装配电箱时，其后壁需用10mm厚石棉板及直径为2mm、孔洞为10mm的钢丝网钉牢，再用1∶2水泥砂浆抹好，以防开裂。墙壁内预留孔洞大小，应比配电箱外廓尺寸略大20mm左右。

（5）明装配电箱应在土建施工时，预埋好燕尾螺栓或其他固定件。埋入铁件应镀锌或涂油防腐。

（6）配电箱（板）安装垂直偏差不应大于3mm。暗装时，其面板四周边缘应紧贴墙面，箱体与建筑物接触部分应刷防锈漆。

（7）配电箱（板）在同一建筑物内，高度应一致，允许偏差为10mm。箱体一般宜突出墙面10~20mm，尽量与抹灰面相平。

（8）对垂直装设的刀开关及熔断器等，上端接电源，下端接负荷；水平装设时，左侧（面对盘面）接电源，右侧接负荷。

（9）配电箱（板）的开关位置应与支路相对应，下面装设卡片框，标明路别及容量。

（10）配电箱（板）上的配线应排列整齐并绑扎成束，在活动部位要用长钉固定。盘面引出及引进的导线应留有余量以便于检修。

（12）配电箱的金属箱体应通过PE线或PEN线与接地装置连接可靠，使人身、设备在通电运行中确保安全。

3-33 怎样安装落地式配电箱？

动力配电箱是为工厂车间动力配电所用，一般分为自制动力配电箱和成套动力配电箱两大类。按其安装方式有悬挂式安装和落地式安装，其中悬挂式明装及悬挂式暗装的施工方法同照明配电箱。以下仅介绍落地式动力配电箱的安装方法。

1. 落地式动力配电箱安装方式

体积较大的动力配电箱或照明总配电箱应采用落地式安装。落地式动力配电箱有两种安装方式：可以直接安装在地面上；可以安装在混凝土台上。这两种形式都是用埋设地脚螺栓的方法来固定动力配电箱的。

在安装前，一般先预制一个高出地面约100mm的混凝土空心台，这样可以方便进、出线，不进水，保证安全运行。进入配电箱的钢管应排列整齐，管口高出基础面50mm以上。安装方式如图3-17所示。

2. 落地式动力配电箱安装施工

（1）埋设地脚螺栓时，要使地脚螺栓之间的距离和配电箱的安装尺寸一致，且地脚螺栓不可倾斜，其长度要适当，使紧固后的螺栓高出螺母3~5扣为宜。

（2）配电箱安装在混凝土台上时，混凝土台的尺寸应根据贴墙或不贴墙两种安装方法而定。当其不贴墙时，四周尺寸均应超出配电箱50mm为宜；而当其贴墙安装时，除贴墙的一边外，其余各边应超出

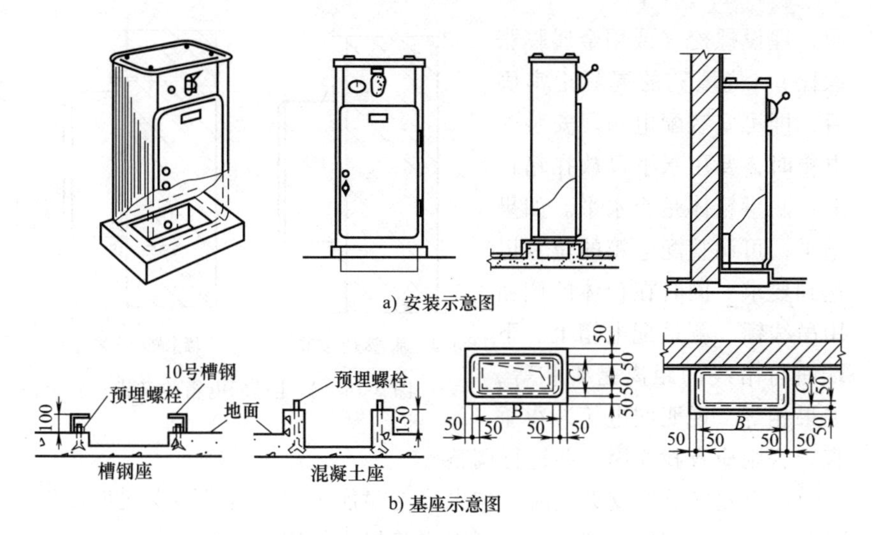

图 3-17　动力配电箱落地式安装

配电箱 50mm（超得太窄，螺栓固定点的强度不够；太宽则浪费材料，并且也不美观）。

（3）地脚螺栓或混凝土台的养护达到设计混凝土强度后，即可将配电箱就位，并进行水平和垂直的调整。水平误差不应大于其宽度的 1/1000，垂直误差不应大于其高度的 1.5/1000，符合要求后即可将螺母拧紧固定。

（4）箱体安装在振动场所时应采取防振措施，可在配电箱与基础间加以厚度适当的橡胶垫（一般不小于 10mm），以防由于振动使电器发生误动作，造成安全事故。

3-34　怎样安装悬挂式配电箱？

明装（悬挂式）配电箱可安装在墙上或柱子上，直接安装在墙上时，应先埋设固定螺栓，固定螺栓的规格应根据配电箱的型号和重量选择。其长度为埋设深度（一般为 120～150mm）加箱壁厚度以及螺母和垫圈的厚度，再加上 3～5 扣的余量长度。悬挂式配电箱的安装如图 3-18 所示。

施工时，先量好配电箱安装孔的尺寸，在墙上划好孔位，然后打洞，埋设螺栓（或用金属膨胀螺栓）。待填充的混凝土牢固后，即可安装配电箱。安装配电箱时，要用水平尺放在箱顶上，测量箱体是否水平。如果不平，可调整配电箱的位置以达到要求。同时在箱体的侧面用吊线锤，测量配电箱上、下端面与吊线的距离是否相等，如果相等，说明配电箱装得垂直。否则应查找原因，并进行调整。

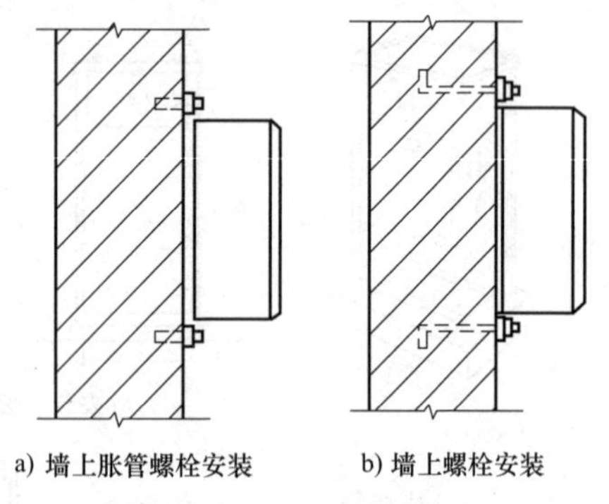

图 3-18 悬挂式配电箱的安装

配电箱安装在支架上时，应先将支架加工好，然后将支架埋设固定在地面上或固定在墙上，也可用抱箍将支架固定在柱子上，再用螺栓将配电箱安装在支架上，并调整其水平和垂直。图 3-19 为配电箱在支架上固定的示意图。

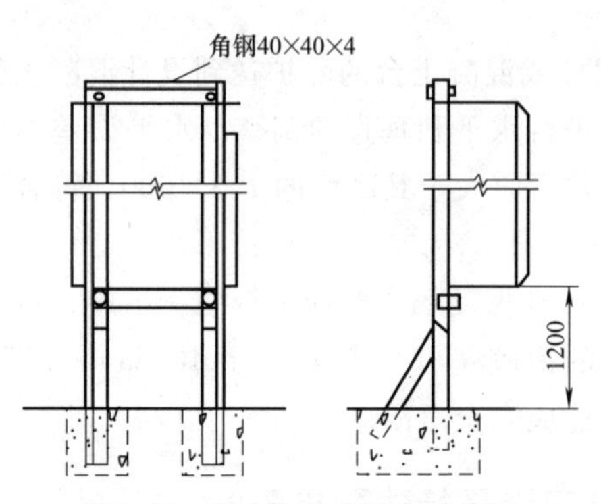

图 3-19 配电箱在支架上的安装

3-35 怎样安装嵌入式配电箱？

暗装配电箱就是将配电箱嵌入在墙壁里。按配电箱嵌入墙体的尺寸可分为嵌入式配电箱安装和半嵌入式配电箱安装。嵌入式配电箱的安装如图 3-20 所示。当墙壁的厚度不能满足嵌入式安装时，可采用半嵌入式安装，使配电箱的箱体一半在墙外，一半嵌入墙内。

施工中应配合土建共同施工，在其主体施工时进行箱体预埋，配电箱的安装部位由放线员给出建筑标高线。安装配电箱的箱门前，抹灰粉刷工作应已结束。

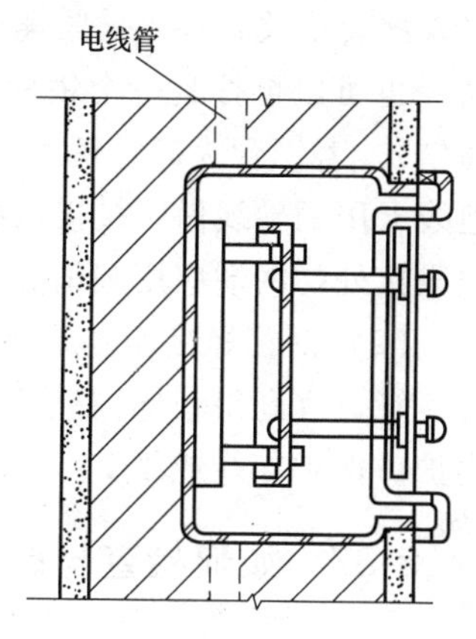

图 3-20 嵌入式配电箱的安装

嵌入式配电箱的安装程序如下：

（1）预留配电箱孔洞。一般在土建施工图样中先找到设计指定的箱体位置，当土建砌墙时就把与配电箱尺寸和厚度相等的木框架嵌在墙内，使墙上留出配电箱的孔洞。

（2）安装并调整配电箱的位置。一般在土建施工结束，电气配管及配线的预埋工作结束时，就可以敲去预埋的木框架，而将配电箱嵌入墙内，并对配电箱的水平和垂直进行校正；垫好垫片将配电箱固定好，并做好线管与箱体的连接固定。

（3）配电箱与墙体之间的固定。配电箱安装并固定好后，在箱体四周填入水泥砂浆，保证配电箱与墙体之间无缝隙，以利于后期的装修工作开展。

安装半嵌入式配电箱时，使配电箱的箱体一半在墙面外，一半嵌入墙内。在 240mm 墙上安装配电箱时，箱的后壁用 10mm 厚石棉板或用 10mm×10mm 钢丝网固定，并用 1：2 水泥砂浆抹平，以防止墙体开裂。

3-36 配管与配电箱怎样连接？

配电箱安装后，电气操作人员进行管路与配电箱的连接工作。配管进入配电箱箱体时，电源、配管应该由左到右按顺序排列，并宜和各回路编号相对应。箱体各配管之间应间距均匀、排列整齐。入箱管路较多时要把管路固定好以防止倾斜，管入箱时应使其管口的入箱长度一致，用木板在箱内把管顶平即可。配管与箱体的连接，应根据配管的种类采用不同的方法。

（1）钢管螺纹联接。钢管与配电箱采用螺纹联接时，应先将钢管口端部套螺纹，拧入锁紧螺母；然后插入箱体内，管口处再拧紧护圈帽（也可以再拧紧一个锁紧螺母，露出2~3扣的螺纹长度，拧上护圈帽）。若钢管为镀锌钢管时，其与箱体的螺纹联接宜采用专用的接地线卡用铜导线做跨接接地线；若钢管为普通钢管时，其与箱体的螺纹联接处的两端应用圆钢焊接跨接接地线，把钢管与箱体焊接起来。

（2）钢管焊接连接。暗配普通钢管与配电箱的连接采用焊接连接时，管口宜高出箱体内壁3~5mm。在管内穿线前，在管口处用塑料内护口保护导线或用PVC管加工制作喇叭口插入管口处保护导线。

3-37 如何检查与调试配电箱？

配电箱安装完毕，应检查下列项目：

（1）配电箱（板）的垂直偏差、距地面高度。

（2）配电箱周边的空隙。

（3）照明配电箱（板）的安装和回路编号。

（4）配电箱的接地或接零。

（5）柜内工具、杂物等应清理出柜，并将柜体内外清扫干净。

（6）电器元件各紧固螺钉应牢固，刀开关、断路器等操作机构应灵活，不应出现卡滞现象。

（7）检查开关电器的通断是否可靠，接触面接触是否良好，辅助触头通断是否准确可靠。

（8）母线连接应良好，其绝缘支撑件、安装件及附件应安装牢固可靠。

（9）检查熔断器的熔芯规格选用是否正确，继电器的整定值是否符合设计要求，动作是否准确可靠。

（10）绝缘测试。配电箱中的全部电器安装完毕后，用500V绝缘电阻表对线路进行绝缘测试。测试相线与相线之间、相线与零线之间、相线与地线之间的绝缘电阻时，由两人进行摇测，绝缘电阻应符合现行国家施工验收规范的规定，并做好记录且存档。

（11）在测量二次回路绝缘电阻时，不应损坏其他半导体器件，测量绝缘电阻时应将其断开。

工程竣工交接验收时，应提交变更设计的证明文件和产品说明书、合格证等技术文件。

第4章

Chapter 04

电动机的安装

4-1 选择电动机的一般原则是什么？

电动机选择的一般原则如下：

（1）选择在结构上与所处环境条件相适应的电动机，如根据使用场合的环境条件选用相适应的防护方式及冷却方式的电动机。

（2）按预定的工作制、冷却方法及负载情况确定电动机功率，电动机的温升应在限定的范围内。

（3）根据电动机的运行条件、安装方式、传动方式，选定电动机的结构、安装方式等，保证电动机可靠工作。

（4）选择电动机应满足生产机械所提出的各种机械特性要求，如速度、速度的稳定性、速度的调节以及起动、制动时间等。

（5）选择电动机的功率能被充分利用，防止出现“大马拉小车”的现象。通过计算确定出合适的电动机功率，使设备需求的功率与被选电动机的功率相接近。

（6）所选择的电动机的可靠性高并且便于维护。

（7）互换性能要好，一般情况尽量选择标准电动机产品。

（8）综合考虑电动机的极数和电压等级，使电动机在高效率、低损耗状态下可靠运行。

（9）综合考虑一次投资及运行费用，使整个驱动系统经济、节能、合理、可靠和安全。

4-2 怎样选择电动机的种类？

各种电动机具有的性能特点包括机械特性、起动性能、调速性能等，这是选择电动机种类的基本知识。常用电动机最主要的性能特点见表4-1。

表4-1 电动机最主要的性能特点

电动机种类		最主要的性能特点
直流电动机	他励、并励	机械特性硬、起动转矩大、调速性能好
	串励	机械特性软、起动转矩大、调速方便
	复励	机械特性软硬适中、起动转矩大、调速方便
三相异步电动机	普通笼型	机械特性软硬、起动转矩不太大、可以调速
	高起动转矩	起动转矩大
	多速	多(2~4)速
	绕线转子	起动电流小、起动转矩大、调速方法多、调速性能好
三相同步电动机		转速不随负载变化、功率因数可调
单相异步电动机		功率小、机械特性硬

4-3 怎样搬运电动机？

搬运电动机时，应注意不应使电动机受到损伤、受潮或弄脏。

如果电动机由制造厂装箱运来，在没有运到安装地点前，不要打开包装箱，宜将电动机存放在干燥的仓库内，也可以放置在室外，但应有防雨、防潮、防尘等措施。

中小型电动机从汽车或其他运输工具上卸下来时，可使用起重机械设备；如果没有起重机械设备，可在地面与汽车间搭斜板，慢慢滑下来。但必须用绳子将机身拖住，以防滑动太快或滑出木板。

重量在100kg以下的小型电动机，可以用铁棒穿过电动机上的吊环，由人力搬运，但不能用绳子套在电动机的带轮或转轴上，也不要穿过电动机的端盖孔来抬电动机。搬运中所用的机具、绳索、杠棒必须牢固，不能有丝毫马虎。如果搬运中使电动机转轴弯曲扭坏，使电动机内部结构变动，将直接影响电动机使用，而且修复很困难。

4-4 如何选择电动机的安装地点？

选择安装电动机的地点时一般应注意：

（1）尽量安装在干燥、灰尘较少的地方。

（2）尽量安装在通风较好的地方。

（3）尽量安装在较宽敞的地方，以便进行日常操作和维修。

4-5 电动机安装前应进行哪些检查？

电动机安装之前应进行仔细检查和清扫。

（1）检查电动机的功率、型号、电压等应与设计相符。

（2）检查电动机的外壳应无损伤，风罩风叶应完好。

（3）转子转动应灵活，无碰卡声，轴向窜动不应超过规定的范围。

（4）检查电动机的润滑脂，应无变色、变质及硬化等现象。其性能应符合电动机工作条件。

（5）拆开接线盒，用万用表测量三相绕组是否断路。引出线鼻子的焊接或压接应良好，编号应齐全。

（6）使用绝缘电阻表测量电动机的各相绕组之间以及各相绕组与机壳之间的绝缘电阻，如果电动机的额定电压在 500V 以下，则使用 500V 绝缘电阻表测量，其绝缘电阻值不得小于 0.5MΩ，如果不能满足要求应对电动机进行干燥。

（7）对于绕线转子电动机需检查电刷的提升装置。提升装置应标有“起动”“运行”的标志，动作顺序是先短路集电环，然后提升电刷。

电动机在检查中，如有下列之一时，应进行抽芯检查：①出厂日期超过制造厂保证期限者；②经外观检查或电气试验，质量有可疑时；③开启式电动机经端部检查有可疑时；④试运转时有异常情况者。

4-6 如何制作电动机底座基础？

为了保证电动机能平稳地安全运转，必须把电动机牢固地安装在固定的底座上。电动机底座的选用方法是生产机械设备上有专供安装电动机固定底座的，电动机一定要安装在上面；无固定底座的，一般中小型电动机可用螺栓安装在固定的金属底板或槽轨上，也可以将电动机紧固在事先埋入混凝土基础内的地脚螺栓或槽轨上。

（1）电动机底座基础的建造。电动机底座的基础一般用混凝土浇筑而成，底座墩的形状如图 4-1 所示。座墩的尺寸要求：*H* 一般为

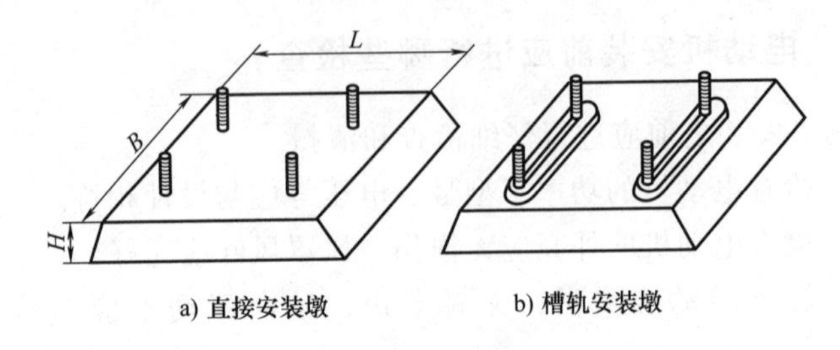

图 4-1　电动机的安装底座墩

100～150mm，具体高度应根据电动机规格、传动方法和安装条件来决定；*B* 和 *L* 的尺寸应根据底板或电动机机座尺寸来定，但四周一般要留出 50～250mm 裕度，通常外加 100mm；基础的深度一般按地脚螺栓长度的 1.5～2 倍选取，以保证埋设地脚螺栓时，有足够的强度。

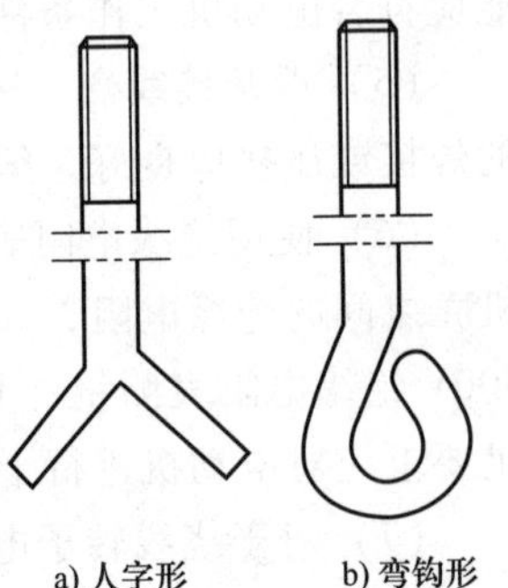

图 4-2　预埋的地脚螺栓

（2）地脚螺栓的埋设方法。为了保证地脚螺栓埋得牢固，通常将地脚螺栓做成人字形或弯钩形，如图 4-2 所示。地脚螺栓埋设时，埋入混凝土的长度一般不小于螺栓直径的 10 倍，人字开口和弯钩形的长度约是埋入混凝土内长度的一半。

4-7　怎样安装电动机？

安装电动机时，质量在 100kg 以下的小型电动机，可用人力抬到基础上；比较重的电动机，应用起重机或滑轮来安装，但要小心轻放，不要使电动机受到损伤。为了防止振动，安装时应在电动机与基础之间垫衬一层质地坚韧的木板或硬橡皮等防振物；四个地脚螺栓上均要套弹簧垫圈；拧螺母时要按对角交错次序逐个拧紧，每个螺母要拧得一样紧。电动机在基础上的安装如图 4-3 所示。

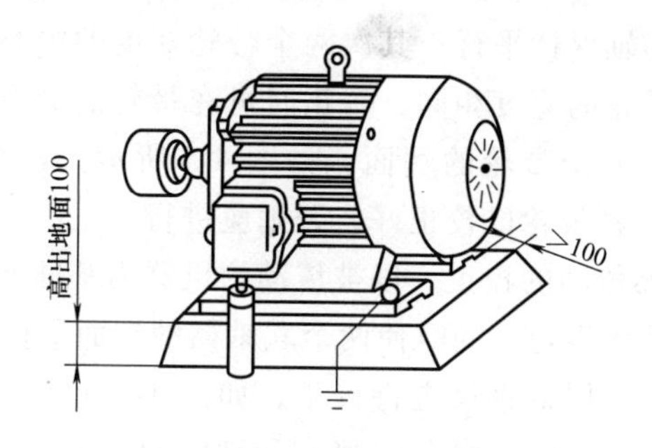

图 4-3　电动机在基础上的安装

安装时还应注意使电动机的接线盒接近电源管线的管口，再用金属软管伸入接线盒内。穿导线的钢管应在浇注混凝土前埋好，连接电动机一端的钢管，管口离地不得低于 100mm，并应使它尽量接近电动机的接线盒，如图 4-4 所示。

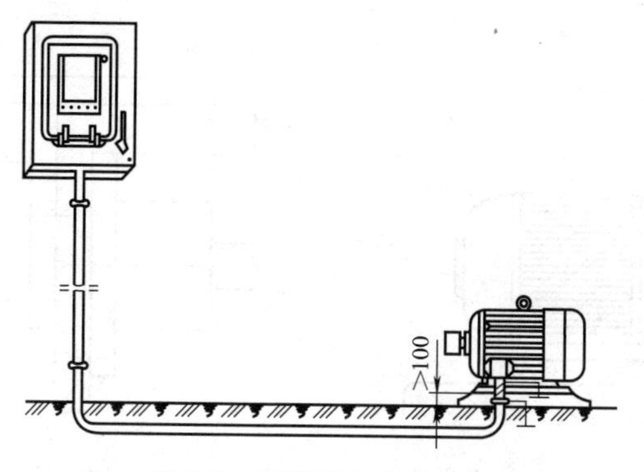

图 4-4　钢管埋入混凝土内

4-8　如何进行电动机的校正？

（1）水平校正。电动机在基础上安放好后，首先检查水平情况。通常用水准仪（水平仪）来校正电动机的纵向和横向水平。如果不平，可用 0.5～5mm 的钢片垫在机座下，直到符合要求为止。注意：不能用木片或竹片来代替，以免在拧紧螺母或电动机运行中木片或竹片变形碎裂。校正好水平后，再校正传动装置。

（2）带传动的校正。用带传动时，首先要使电动机带轮的轴与被传动机器带轮的轴保持平行；其次两个带轮宽度的中心线应在一条直线上。若两个带轮的宽度相同，校正时可在带轮的侧面进行，将一根细线拉直并紧靠两个带轮的端面，如图 4-5 所示，若细线均接触 A、B、C、D 四点，则带轮已校正好，否则应进行校正。

(3) 联轴器传动的校正。以被传动的机器为基准调整联轴器，使两个联轴器的轴线重合，同时使两个联轴器的端面平行。

校准联轴器可用钢直尺进行校正，如图 4-6 所示。将钢直尺搁在联轴器上，分别测量纵向水平间隙 a 和轴向间隙 b，再用手将电动机端的联轴器转动，每转 90°测量一次 a 与 b 的数值。若各位置上测得的 a、b 值不相同，应在机座下加垫或减垫。这样重复几次，调整后测得的 a、b 值在联轴器转动 360° 时不变即可。两个联轴器容许轴向间隙 b 值应符合表 4-2 的规定。

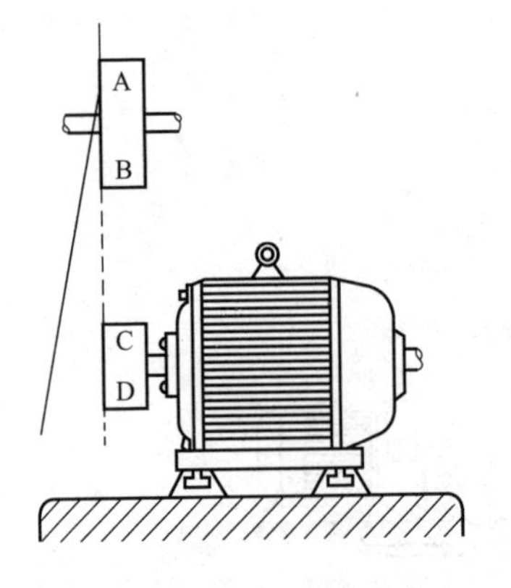

图 4-5 带轮传动的校正方法

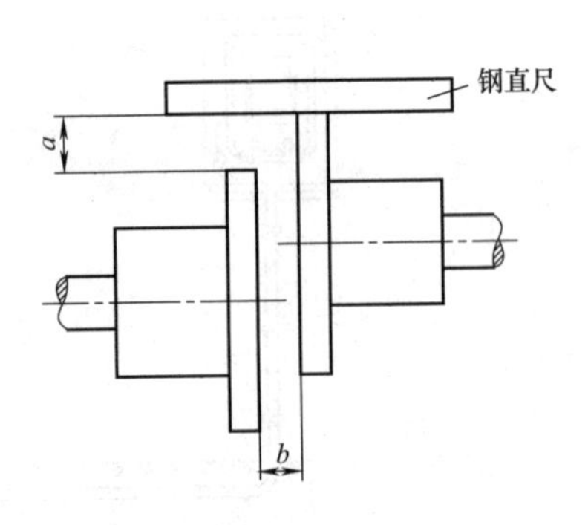

图 4-6 用钢直尺校正联轴器

表 4-2 两个联轴器容许轴向间隙 b

联轴器直径/mm	90~140	140~260	260~500
容许轴向间隙 b/mm	2.5	2.5~4	4~6

(4) 齿轮传动的校正。电动机轴与被传动机器的轴应保持平行。两个齿轮轴是否平行，可用塞尺检查两个齿轮的间隙来确定，如间隙均匀，说明两轴已平行。否则，需重新校正。一般齿轮啮合程度可用颜色印迹法来检查，应使齿轮接触部分不小于齿宽的 2/3。

4-9 三相异步电动机应怎样接线？

三相异步电动机的接法是指电动机在额定电压下，三相定子绕组6个首末端头的连接方法，常用的有星形（Y）和三角形（△）两种。

三相定子绕组每相都有两个引出线头，一个称为首端，另一个称为末端。按国家标准规定，第一相绕组的首端用 U1 表示，末端用 U2 表示；第二相绕组的首端和末端分别用 V1 和 V2 表示；第三相绕组的首端和末端分别用 W1 和 W2 表示。这 6 个引出线头引入接线盒的接线柱上，接线柱标出对应的符号，如图 4-7 所示。

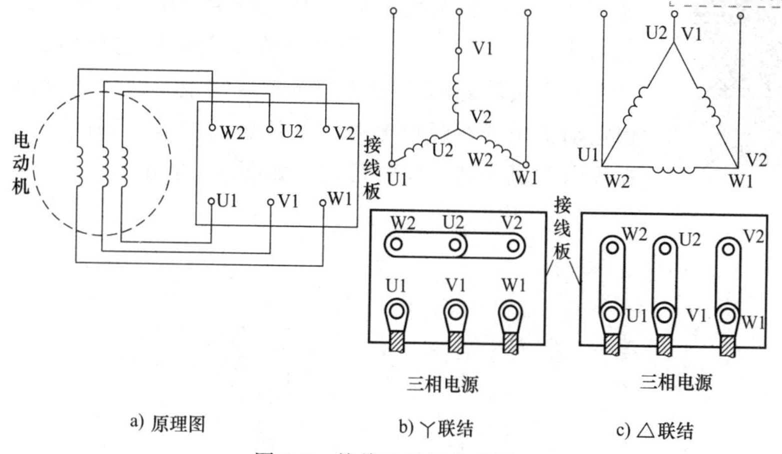

图 4-7 接线盒的接线方法

三相定子绕组的 6 根端头可将三相定子绕组接成星形（Y）或三角形（△）。星形联结是将三相绕组的末端连接在一起，即将 U2、V2、W2 接线柱用铜片连接在一起，而将三相绕组的首端 U1、V1、W1 分别接三相电源，如图 4-7b 所示。三角形联结是将第一相绕组的首端 U1 与第三相绕组的末端 W2 连接在一起，再接入一相电源；将第二相绕组的首端 V1 与第一相绕组的末端 U2 连接在一起，再接入第二相电源；将第三相绕组的首端 W1 与第二相绕组的末端 V2 连接在一起，再接入第三相电源。即在接线板上将接线柱 U1 和 W2、

V1 和 U2、W1 和 V2 分别用铜片连接起来，再分别接入三相电源，如图 4-7c 所示。一台电动机是接成星形或是接成三角形，应视生产厂家的规定而进行，可从铭牌上查得。

三相定子绕组的首末端是生产厂家事先预定好的，绝不能任意颠倒，但可以将三相绕组的首末端一起颠倒，例如将 U2、V2、W2 作为首端，而将 U1、V1、W1 作为末端。但绝对不能单独将一相绕组的首末端颠倒，如将 U1、V2、W1 作为首端，将会产生接线错误。

4-10 如何改变三相异步电动机的旋转方向？

由三相异步电动机的工作原理可知，电动机的旋转方向（即转子的旋转方向）与三相定子绕组产生的旋转磁场的旋转方向相同。若要想改变电动机的旋转方向，只要改变旋转磁场的旋转方向就可实现。即只要调换三相电动机中任意两根电源线的位置，就能达到改变三相异步电动机旋转方向的目的，如图 4-8 所示。

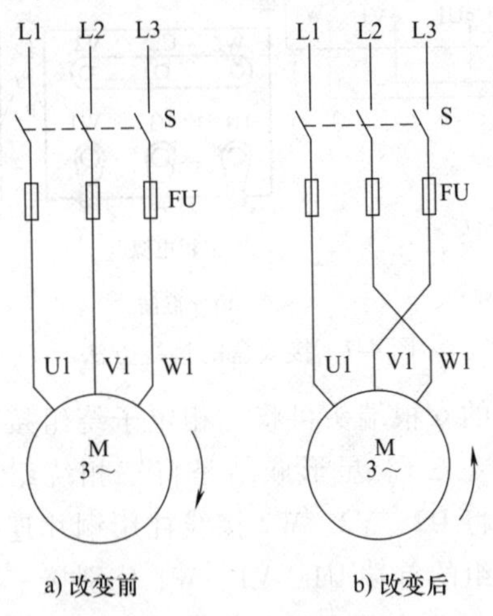

图 4-8 改变三相异步电动机旋转方向的方法

4-11 新安装或长期停用的电动机投入运行前应做哪些检查？

（1）用绝缘电阻表检查电动机绕组之间及绕组对地（机壳）的

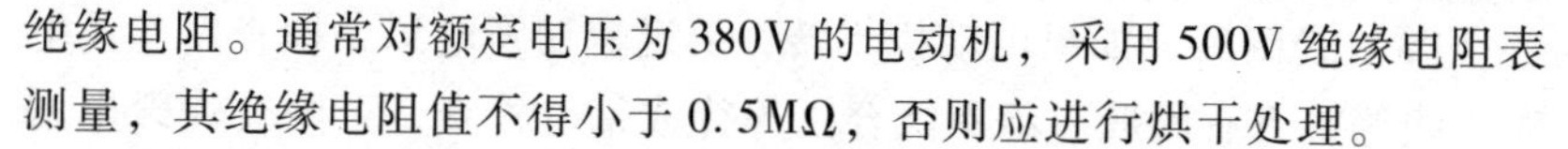

绝缘电阻。通常对额定电压为 380V 的电动机，采用 500V 绝缘电阻表测量，其绝缘电阻值不得小于 0.5MΩ，否则应进行烘干处理。

（2）按电动机铭牌的技术数据，检查电动机的额定功率是否合适，检查电动机的额定电压、额定频率与电源电压及频率是否相符，并检查电动机的接法是否与铭牌所标一致。

（3）检查电动机轴承是否有润滑油，滑动轴承是否达到规定油位。

（4）检查熔体的额定电流是否符合要求，起动设备的接线是否正确，起动装置是否灵活，有无卡滞现象，触头的接触是否良好。使用自耦变压器减压起动时，还应检查自耦变压器抽头是否选得合适，自耦变压器减压起动器是否缺油，油质是否合格等。

（5）检查电动机基础是否稳固，螺栓是否拧紧。

（6）检查电动机机座、电源线钢管以及起动设备的金属外壳接地是否可靠。

（7）对于绕线转子三相异步电动机，还应检查电刷及提刷装置是否灵活、正常。检查电刷与集电环接触是否良好，电刷压力是否合适。

4-12　正常使用的电动机起动前应做哪些检查？

（1）检查电源电压是否正常，三相电压是否平衡，电压是否过高或过低。

（2）检查线路的接线是否可靠，熔体有无损坏。

（3）检查联轴器的连接是否牢固，传动带连接是否良好，传动带松紧是否合适，机组传动是否灵活，有无摩擦、卡住、窜动等不正常的现象。

（4）检查机组周围有无妨碍运动的杂物或易燃物品。

4-13　电动机起动时有哪些注意事项？

异步电动机起动时应注意以下几点：

（1）合闸起动前，应观察电动机及拖动机械上或附近是否有异物，以免发生人身及设备事故。

（2）操作开关或起动设备时，应动作迅速、果断，以免产生较大的电弧。

(3) 合闸后，如果电动机不转，要迅速切断电源，检查熔丝及电源接线等是否有问题。绝不能合闸等待或带电检查，否则会烧毁电动机或发生其他事故。

(4) 合闸后应注意观察，若电动机转动较慢、起动困难、声音不正常或生产机械工作不正常，电流表、电压表指示异常，都应立即切断电源，待查明原因，排除故障后，才能重新起动。

(5) 应按电动机的技术要求，限制电动机连续起动的次数。对于Y系列电动机，一般空载连续起动不得超过3~5次。满载起动或长期运行至热态，停机后又起动的电动机，不得连续超过2~3次。否则容易烧毁电动机。

(6) 对于笼型电动机的星-三角起动或利用补偿器起动，若是手动延时控制的起动设备，应注意起动操作顺序和控制好延时长短。

(7) 多台电动机应避免同时起动，应由大到小逐台起动，以避免线路上总起动电流过大，导致电压下降太多。

4-14 三相异步电动机运行中应进行哪些监视？

正常运行的异步电动机，应经常保持清洁，不允许有水滴、油滴或杂物落入电动机内部；应监视其运行中的电压、电流、温升及可能出现的故障现象，并针对具体情况进行处理。

(1) 电源电压的监视。三相异步电动机长期运行时，一般要求电源电压不高于额定电压的10%，不低于额定电压的5%；三相电压不对称的差值也不应超过额定值的5%，否则应减载或调整电源。

(2) 电动机电流的监视。电动机的电流不得超过铭牌上规定的额定电流，同时还应注意三相电流是否平衡。当三相电流不平衡的差值超过10%时，应停机处理。

(3) 电动机温升的监视。监视温升是监视电动机运行状况的直接可靠的方法。当电动机的电压过低、电动机过载运行、电动机断相运行、定子绕组短路时，都会使电动机的温度不正常地升高。

所谓温升，是指电动机的运行温度与环境温度（或冷却介质温度）的差值。例如环境温度（即电动机未通电的冷态温度）为30℃，运行后电动机的温度为100℃，则电动机的温升为70℃。电动机的温升限值与电动机所用绝缘材料的绝缘等级有关。

没有温度计时，可在确定电动机外壳不带电后，用手背去试电动机外壳温度。若手能在外壳上停留而不觉得很烫，说明电动机未过热；若手不能在外壳上停留，则说明电动机已过热。

（4）电动机运行中故障现象的监视。对运行中的异步电动机，应经常观察其外壳有无裂纹，螺钉（螺栓）是否有脱落或松动、电动机有无异响或振动等。监视时，要特别注意电动机有无冒烟和异味出现，若嗅到焦煳味或看到冒烟，必须立即停机处理。

对轴承部位，要注意轴承的声响和发热情况。当用温度计法测量时，滚动轴承发热温度不许超过 95℃，滑动轴承发热温度不许超过 80℃。轴承声音不正常和过热，一般是轴承润滑不良或磨损严重所致。

对于联轴器传动的电动机，若中心校正不好，会在运行中发出响声，并伴随着电动机的振动和联轴器螺栓、胶垫的迅速磨损。这时应重新校正中心线。

对于带传动的电动机，应注意传动带不应过松而导致打滑，但也不能过紧而使电动机轴承过热。

对于绕线转子异步电动机还应经常检查电刷与集电环间的接触及电刷磨损、压力、火花等情况。如发现火花严重，应及时整修集电环表面，校正电刷弹簧的压力。

另外，还应经常检查电动机及开关设备的金属外壳是否漏电和接地不良。用验电笔检查发现带电时，应立即停机处理。

 4-15　电动机的三相电流不平衡是哪些原因造成的？

造成三相异步电动机三相电流不平衡的原因有以下几种：

（1）三相电源电压不平衡。

（2）起动设备的触头或导线接触不良。

（3）电动机定子绕组中有一条或几条支路断路。

（4）电动机绕组匝间或相间短路。

（5）三相绕组的首末端，有一相接反。

（6）笼型转子断条或断环。

（7）电动机绕组接地。

4-16 在什么情况下应测量电动机的绝缘电阻？

在下列情况下应测量电动机的绝缘电阻：

（1）新品电动机安装投入运行前。

（2）停止使用3个月及以上的电动机，再次投入运行前。

（3）做备用的电动机投入运行前。

（4）电动机大修和小修时。

（5）电动机受潮后。

对于额定电压为500V～3kV的电动机，应用1000V绝缘电阻表测量；对于额定电压在500V以下的电动机，应用500V绝缘电阻表测量。

4-17 怎样测量电动机的绝缘电阻？

用绝缘电阻表测量电动机的绝缘电阻的方法如图4-9所示，测量步骤如下：

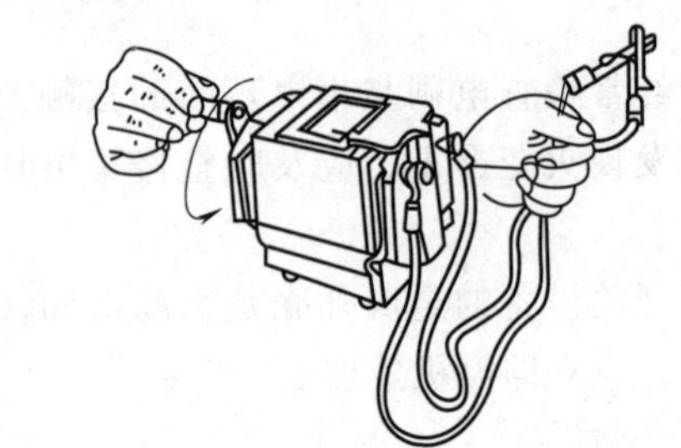

a) 校验绝缘电阻表

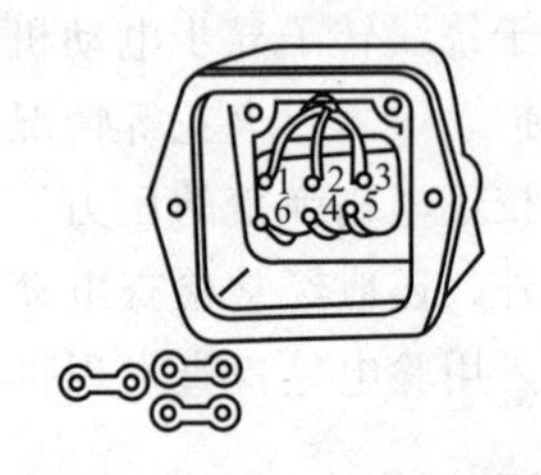

b) 拆去电动机接线盒中的连接片

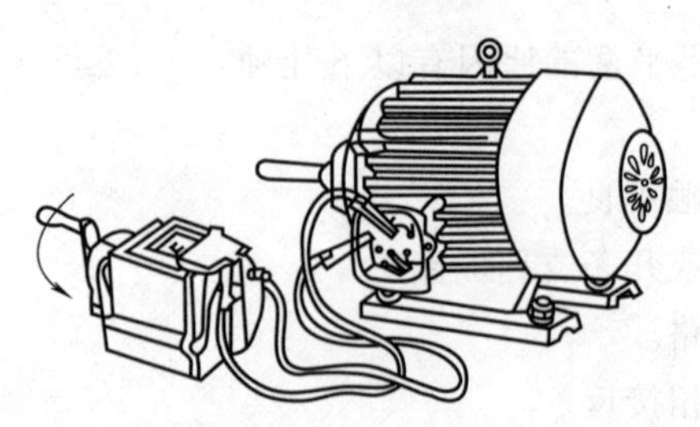

c) 测量电动机三相绕组间的绝缘电阻

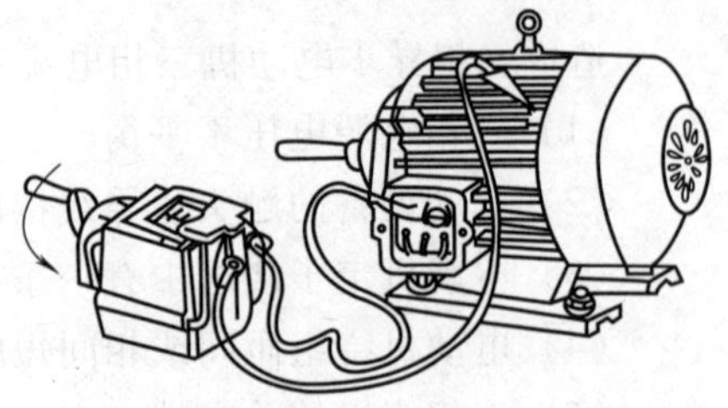

d) 测量电动机绕组对地(机壳)的绝缘电阻

图4-9 用绝缘电阻表测量电动机的绝缘电阻

（1）校验绝缘电阻表。把绝缘电阻表放平，将绝缘电阻表测试端短路，并慢慢摇动绝缘电阻表的手柄，指针应指在“0”位置上；然后将测试端开路，再摇动手柄（约 120r/min），指针应指在“∞”位置上。测量时，应将绝缘电阻表平置放稳，摇动手柄的速度应均匀。

扫码看视频

（2）将电动机接线盒内的连接片拆去。

（3）测量电动机三相绕组之间的绝缘电阻。将两个测试夹分别接到任意两相绕组的端点，以 120r/min 左右的匀速摇动绝缘电阻表 1min 后，读取绝缘电阻表指针稳定的指示值。

（4）用同样的方法，依次测量每相绕组与机壳的绝缘电阻。但应注意，绝缘电阻表上标有“E”或“接地”的接线柱应接到机壳上无绝缘的地方。

测量单相异步电动机的绝缘电阻时，应将电容器拆下（或短接），以防将电容器击穿。

4-18 电动机绝缘电阻降低的原因有哪些？应如何提高？

长期在恶劣的环境中使用或停放，电动机受到潮湿空气、水滴、灰尘、油污、腐蚀性气体等的侵袭，将导致绝缘电阻下降。若不及时检查处理，有可能引起电动机绕组击穿烧毁。

绝缘电阻降低的直接原因，除一部分是绝缘老化外，主要是受潮。若超载受潮，可将电动机两边端盖拆除，将绕组上的积尘和碳化物清除干净，将电动机放在烘干箱内烘干或采用其他方法烘干，直到绝缘电阻达到要求。如果电动机因长期过热、绝缘物质老化、裂开或脱落，应重新浸漆烘干。若是电动机引出线绝缘受损或接线盒内绝缘不良，应重新包扎加强绝缘，接线板碳化或击穿的应进行更换。

4-19 直流电动机有哪几种励磁方式？

励磁绕组的供电方式称为励磁方式。直流电动机的励磁方式有以下几种：

（1）他励式。他励式直流电动机的励磁绕组由其他电源供电，励磁绕组与电枢绕组不连接，其接线如图 4-10a 所示。永磁式直流电动机也归属这一类，因为永磁式直流电动机的主磁场由永久磁铁建立，与电枢电流无关。

（2）并励式。励磁绕组与电枢绕组并联的就是并励式。并励直流电动机的接线如图 4-10b 所示。这种接法的直流电动机的励磁电流与电枢两端的电压有关。

（3）串励式。励磁绕组与电枢绕组串联的就是串励式。串励直流电动机的接线如图 4-10c 所示，因此 $I_a=I=I_f$。

（4）复励式。复励式直流电动机既有并励绕组又有串励绕组，两种励磁绕组套在同一主极铁心上。这时，并励和串励两种绕组的磁动势可以相加，也可以相减，前者称为积复励，后者称为差复励。复励直流电动机的接线图如图 4-10d 所示。图中并励绕组接到电枢的方法可按实线接法或按虚线接法，前者称为短复励，后者称为长复励。事实上，长、短复励直流电动机在运行性能上没有多大差别，只是串励绕组的电流大小稍微有些不同而已。

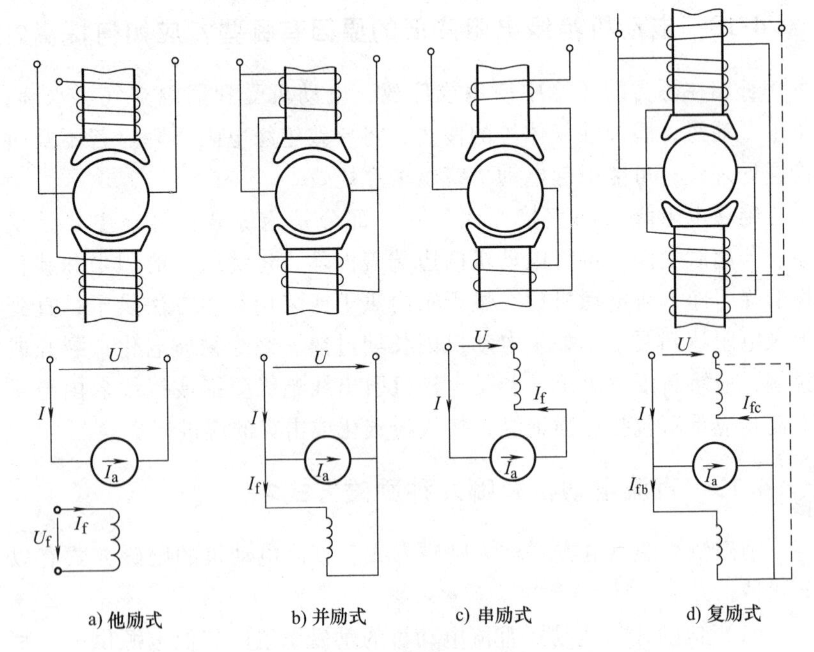

图 4-10　直流电动机励磁方式分类

直流电动机绕组种类较多，各种绕组线端标记代号见表 4-3。

表 4-3 直流电动机绕组线端标记代号

绕组名称	1965 年以前		1965~1980 年		1980 年以后	
	首端	末端	首端	末端	首端	末端
电枢绕组	S1	S2	S1	S2	A1	A2
换向绕组	H1	H2	H1	H2	B1	B2
串励绕组	C1	C2	C1	C2	D1	D2
并励绕组	F1	F2	B1	B2	E1	E2
他励绕组	W1	W2	T1	T2	F1	F2
补偿绕组	B1	B2	BC1	BC2	C1	C2

4-20 直流电动机使用前应做哪些准备及检查？

（1）清扫电动机内部及换向器表面的灰尘、电刷粉末及污物等。

（2）检查电动机的绝缘电阻，对于额定电压为 500V 以下的电动机，若绝缘电阻低于 0.5MΩ 时，需进行烘干后方能使用。

（3）检查换向器表面是否光洁，如发现有机械损伤、火花灼痕或换向片间云母凸出等，应对换向器进行保养。

（4）检查电刷边缘是否碎裂、刷辫是否完整，有无断裂或断股情况，电刷是否磨损到最短长度。

（5）检查电刷在刷握内有无卡涩或摆动情况，弹簧压力是否合适，各电刷的压力是否均匀。

（6）检查各部件的螺钉是否紧固。

（7）检查各操作机构是否灵活，位置是否正确。

4-21 如何改变直流电动机的转向？

直流电动机旋转方向由其电枢导体受力方向来决定，如图 4-11 所示。根据左手定则，当电枢电流的方向或磁场的方向（即励磁电流的方向）两者之一反向时，电枢导体受力方向即改变，电动机旋转方向随之改变。但是，如果电枢电流和磁场两者方向同时改变时，则电动机的旋转方向不变。

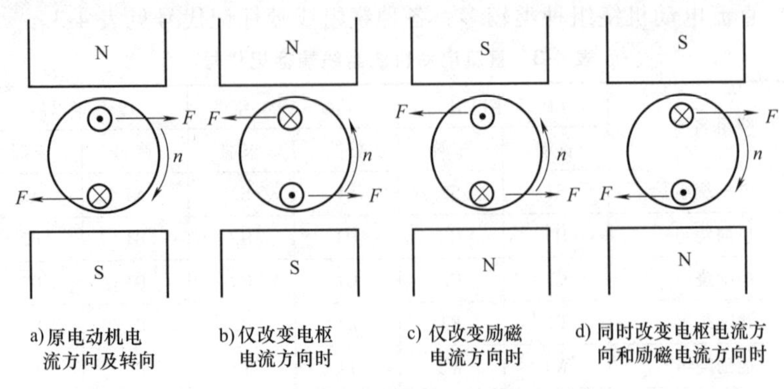

图 4-11　直流电动机的受力方向和转向

在实际工作中，常用改变电枢电流的方向来使电动机反转。这是因为励磁绕组的匝数多，电感较大，换接励磁绕组端头时火花较大，而且磁场过零时，电动机可能发生“飞车”事故。

4-22　使用直流电动机有哪些注意事项？

1. 直流电动机起动时的注意事项

直流电动机一般不宜直接起动。直流电动机的直接起动只用在容量很小的电动机中。直接起动就是电动机全压直接起动，是指不采取任何限流措施，把静止的电枢直接投入到额定电压的电网上起动。由于励磁绕组的时间常数比电枢绕组的时间常数大，为了确保起动时磁场及时建立，可采用图 4-12 的接线图。

图 4-12 所示为并励直流电动机直接起动时的接线图。起动之前先合上励磁开关 Q1，给电动机以励磁，并调节励磁电阻 R_{fj}，使励磁电流达到最大。在保证主磁场建立后，再合上开关 Q2，使电枢绕组直接加上额定电压，电动机将起动。

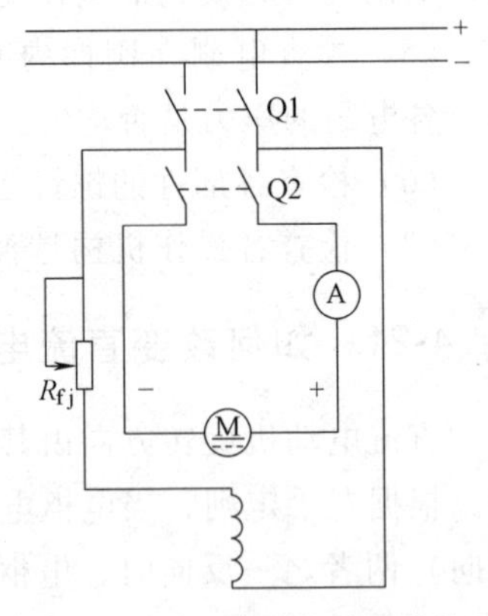

图 4-12　并励直流电动机直接起动时的接线图

2. 串励直流电动机使用注意事项

因为串励直流电动机空载或轻载

时，$I_f = I_a \approx 0$，磁通 Φ 很小，由电路平衡关系可知，电枢只有以极高的转速旋转，才能产生足够大的感应电动势 E_a 与电源电压 U 相平衡。若负载转矩为零，串励直流电动机的空载转速从理论上讲，将达到无穷大。实际上因电动机中有剩磁，串励直流电动机的空载转速达不到无穷大，但转速也会比额定情况下高出很多倍，以致达到危险的高转速，即所谓“飞车”，这是一种严重的事故，会造成电动机转子或其他机械的损坏。所以，串励直流电动机不允许在空载或轻载情况下运行，也不允许采用传动带等容易发生断裂或滑脱的传动机构传动，而应采用齿轮或联轴器传动。

 4-23　单相异步电动机有哪几种起动方式？各有什么特点？

单相异步电动机最常用的分类方法，是按起动方法进行分类的。不同类型的单相异步电动机，产生旋转磁场的方法也不同，常见的有以下几种：①单相电容分相起动异步电动机；②单相电阻分相起动异步电动机；③单相电容运转异步电动机；④单相电容起动与运转异步电动机；⑤单相罩极式异步电动机。

常用单相异步电动机的特点和典型应用见表 4-4。

表 4-4　常用单相异步电动机的特点和典型应用

电动机类型	电阻起动	电容起动	电容运转
基本系列代号	YU（JZ、BO、BO2）	YC（JY、CO、CO2）	YY（JX、DO、DO2）
接线原理图	U1 起动开关 ~ 主绕组 U2 Z2 Z1 副绕组	U1 起动开关 ~ 主绕组 起动电容 U2 Z2 Z1 副绕组	U1 ~ 主绕组 工作电容 U2 Z2 Z1 副绕组
典型应用	具有中等起动转矩和过载能力，适用于小型车床、鼓风机、医疗机械等	具有较高起动转矩，适用于小型空气压缩机、电冰箱、磨粉机、水泵及满载起动的机械等	起动转矩较低，但有较高的功率因数和效率，体积小、重量轻，适用于电风扇、通风机、录音机及各种空载起动的机械

（续）

电动机类型	电容起动与运转	罩极式
基本系列代号	YL	YJ
接线原理图	起动电容 起动开关 U1 主绕组 ~ 工作电容 U2 Z2 Z1 副绕组	U1 主绕组 ~ 短路绕组 U2
典型应用	具有较高的起动性能、过载能力、功率因数和效率，适用于家用电器、泵、小型机床等	起动转矩、功率因数和效率均较低，适用于小型风扇、电动模型及各种轻载起动的小功率电动设备

注：1. 单相电容起动与运转异步电动机，又称单相双值电容异步电动机。

2. 基本系列代号中括号内是老系列代号。

4-24　如何改变单相异步电动机转向？

1. 改变分相式单相异步电动机旋转方向的方法

分相式单相异步电动机的旋转方向与主、副绕组中电流的相位有关，由具有超前电流的绕组的轴线转向具有滞后电流的绕组的轴线。如果需要改变分相式单相异步电动机的转向，可把主、副绕组中任意一套绕组的首末端对调一下，接到电源上即可，如图 4-13 所示。

2. 改变罩极式单相异步电动机旋转方向的方法

罩极式单相异步电动机转子的转向总是从磁极的未罩部分转向被

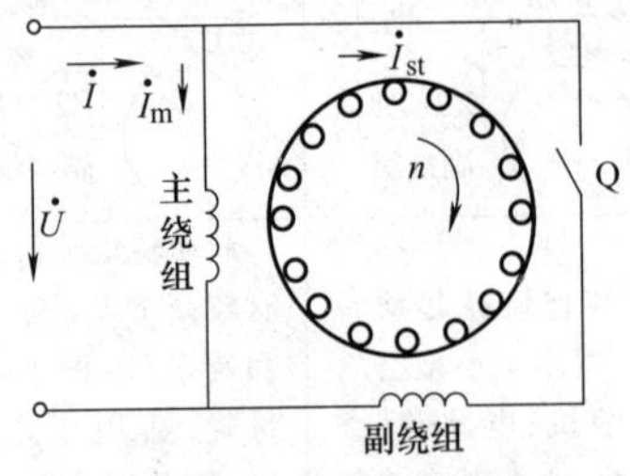

a) 原电动机为顺时针方向旋转

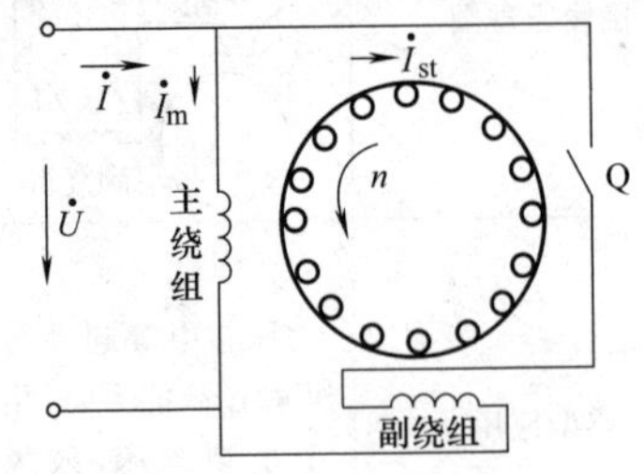

b) 将副绕组反接后为逆时针方向旋转

图 4-13　将副绕组反接改变分相式单相异步电动机的转向

罩部分，即使改变电源的接线，也不能改变电动机的转向。如果需要改变罩极式单相异步电动机的转向，则需要把电动机拆开，将电动机的定子或转子反向安装，才可以改变其旋转方向，如图 4-14 所示。

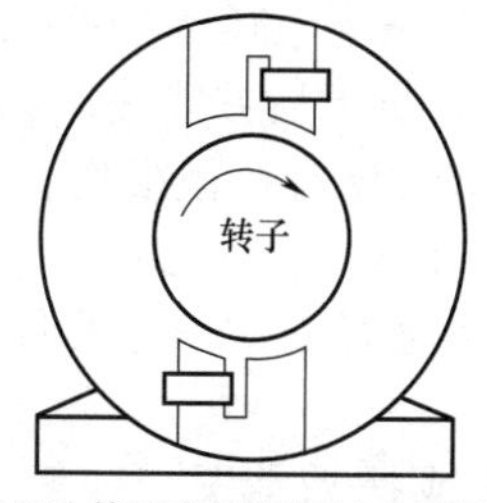

a) 调头前转子为顺时针方向旋转

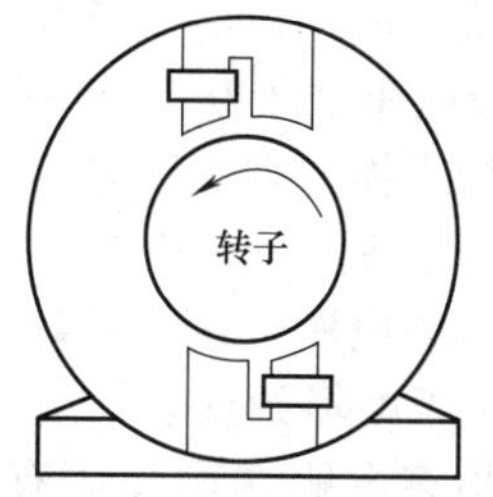

b) 调头后转子为逆时针方向旋转

图 4-14　将定子调头装配来改变罩极式单相异步电动机的转向

4-25　使用单相异步电动机有哪些注意事项？

单相异步电动机的运行和维护与三相异步电动机基本相似。但是，单相异步电动机在结构上有它的特殊性：有起动装置，包括离心开关或起动继电器；有起动绕组及电容器；电动机的功率小，定、转子之间的气隙小。如果这些部件发生了故障，必须及时进行检修。

使用单相异步电动机时应注意以下几点：

（1）改变分相式单相异步电动机的旋转方向时，应在电动机静止时或电动机的转速降低到离心开关的触头闭合后，再改变电动机的接线。

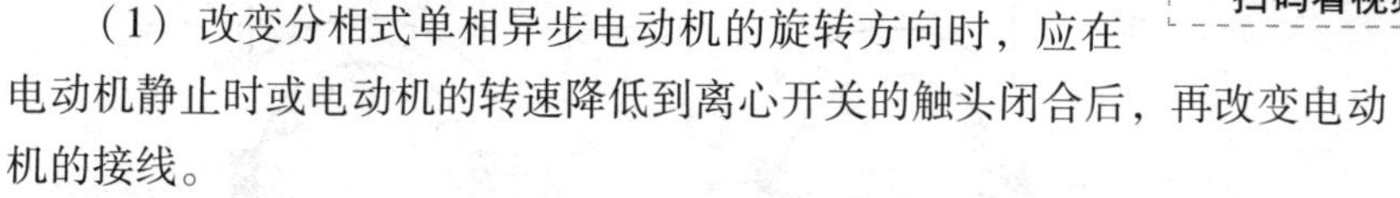

（2）单相异步电动机接线时，应正确区分主、副绕组，并注意它们的首末端。若绕组出线端的标志已脱落，电阻大的绕组一般为副绕组。

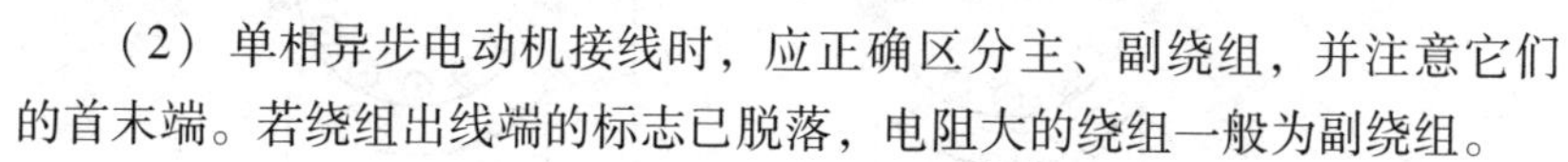

（3）更换电容器时，应注意电容器的型号、电容量和工作电压，使之与原规格相符。

（4）拆装离心开关时，用力不能过猛，以免离心开关失灵或损坏。

（5）离心开关的开关板与后端盖必须紧固，开关板与定子绕组的引线焊接必须可靠。

（6）紧固后端盖时，应注意避免后端盖的止口将离心开关的开关板与定子绕组连接的引线切断。

4-26 单相串励电动机使用前应做哪些准备及检查？

（1）清扫电动机内部及换向器表面的灰尘、电刷粉末及污物等。

（2）检查电动机的绝缘电阻，对于额定电压为500V以下的电动机，若绝缘电阻低于0.5MΩ时，需进行烘干后方能使用。

（3）检查换向器表面是否光洁，如发现有机械损伤、火花灼痕或换向片间云母凸出等，应对换向器进行保养。

（4）检查电刷边缘是否碎裂、刷辫是否完整，有无断裂或断股情况，电刷是否磨损到最短长度。

（5）检查电刷在刷握内有无卡涩或摆动情况，弹簧压力是否合适，各电刷的压力是否均匀。

（6）检查各部件的螺钉是否紧固。

（7）检查各操作机构是否灵活，位置是否正确。

4-27 如何改变单相串励电动机的转向？

在实际应用中，如果需要改变单相串励电动机的转向，只需将励磁绕组（或电枢绕组）的首末端调换一下即可，如图4-15所示。

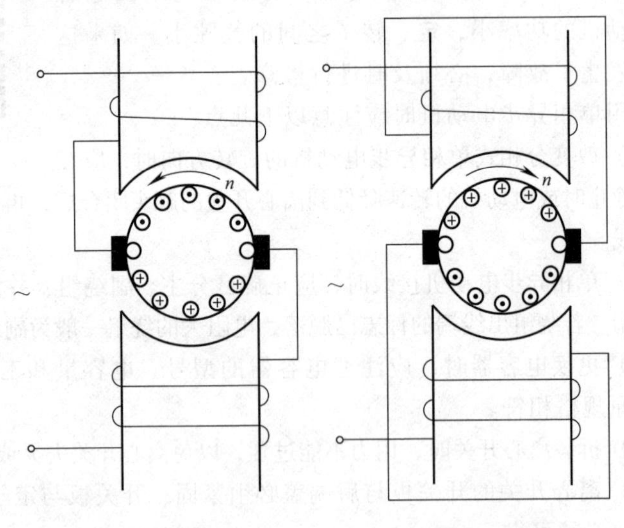

图4-15 改变单相串励电动机的转向

第5章

Chapter 05

低压电器的安装

5-1 低压电器安装前应进行哪些检查？

低压电器开箱检查应符合下列要求：

（1）部件完整，瓷件应清洁，不应有裂纹和伤痕。动作灵活、准确。

（2）控制器及主令控制器应转动灵活，触头有足够的压力。

（3）接触器、磁力起动器及断路器的接触面应平整，触头应有足够的压力，接触良好。

（4）刀开关及熔断器的固定触头的钳口应有足够的压力。刀开关合闸时，各刀片的动作应一致。熔断器的熔丝或熔片应压紧，不应有损伤。

（5）变阻器的传动装置、终端开关及信号联锁接点的动作应灵活、准确。滑动触头与固定触头间应有足够的压力，接触良好。

（6）电磁铁。制动电磁铁的铁心表面应洁净，无锈蚀。铁心吸至最终端时，不应有剧烈的冲击。交流电磁铁在带电时应无异常的响声。

（7）绝缘电阻的测量。测量部位：触头在断开位置时，同极的进线端与出线端之间；触头在闭合位置时，不同极的带电部件之间；各带电部分与金属外壳之间。

测量绝缘电阻使用的绝缘电阻表电压等级及所测得的绝缘电阻应符合《电气装置安装工程　电气设备交接试验标准》（GB 50150—2016）的规定。

5-2 低压电器的安装原则是什么？

低压电器的安装原则如下：

（1）低压电器应水平或垂直安装，特殊形式的低压电器应按产品说明的要求进行。

（2）低压电器应安装牢固、整齐，其位置应便于操作和检修。在振动场所安装低压电器时，应有防振措施。

（3）在有易燃、易爆、腐蚀性气体的场所，应采用防爆等特殊类型的低压电器。

（4）在多尘和潮湿及人易触碰和露天的场所，应采用封闭型的低压电器，若采用开启式的低压电器应加保护箱。

（5）一般情况下，低压电器的静触头应接电源，动触头应接负荷。

（6）落地安装的低压电器，其底部应高出地面100mm。

（7）安装低压电器的盘面上，一般应标明安装设备的名称及回路编号或路别。

5-3 如何选择刀开关？

1. 结构型式的确定

选用刀开关时，首先应根据其在电路中的作用和其在成套配电装置中的安装位置，确定其结构型式。如果电路中的负载由低压断路器、接触器或其他具有一定分断能力的开关电器（包括负荷开关）来分断，即刀开关仅仅是用来隔离电源时，则只需选用没有灭弧罩的产品；反之，如果刀开关必须分断负载，就应选用带有灭弧罩，而且是通过杠杆操作的产品。此外，还应根据操作位置、操作方式和接线方式来选用。

2. 规格的选择

刀开关的额定电压应等于或大于电路的额定电压。刀开关的额定电流一般应等于或大于所分断电路中各个负载额定电流的总和。若负载是电动机，就必须考虑电动机的起动电流为额定电流的4~7倍，甚至更大，故应选用额定电流大一级的刀开关。此外，还要考虑电路中可能出现的最大短路电流（峰值）是否在该额定电流等级所对应的电动稳定性电流（峰值）以下。如果超出，就应当选用额定电流更大一级的刀开关。

 5-4　怎样安装刀开关？

刀开关也叫闸刀开关。常用的刀开关有 HD 系列单投刀开关和 HS 系列双投刀开关。常用刀开关的外形如图 5-1 所示。

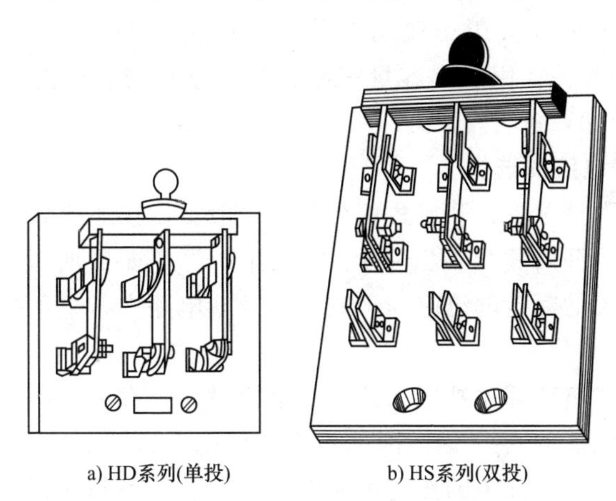

图 5-1　HD、HS 系列三极刀开关

刀开关由手柄、触刀、静插座（简称插座）、铰链支座和绝缘底板所组成。与一般开关电器比较，刀开关的触刀相当于动触头，而静插座相当于静触头。

安装刀开关时应注意：

（1）刀开关应垂直安装在开关板上，并要使静插座位于上方。若静插座位于下方，则当刀开关的触刀拉开时，如果铰链支座松动，触刀等运动部件可能会在自重作用下向下掉落，同静插座接触，发生误动作而造成严重事故。

（2）电源进线应接在开关上方的静触头进线座，接负荷的引出线应接在开关下方的出线座，不能接反，否则更换熔体时易发生触电事故。

（3）动触头与静触头要有足够的压力、接触应良好，双投刀开关在分闸位置时，刀片应能可靠固定。

(4) 安装杠杆操作机构时，应合理调节杠杆长度，使操作灵活可靠。

(5) 合闸时要保证开关的三相同步，各相接触良好。

5-5 如何选择开启式负荷开关？

1. 额定电压的选择

开启式负荷开关用于照明电路时，可选用额定电压为220V或250V的二极开关；用于小容量三相异步电动机时，可选用额定电压为380V或500V的三极开关。

2. 额定电流的选择

在正常的情况下，开启式负荷开关一般可以接通或分断其额定电流。因此，当开启式负荷开关用于普通负载（如照明或电热设备）时，负荷开关的额定电流应等于或大于开断电路中各个负载额定电流的总和。

当开启式负荷开关被用于控制电动机时，考虑到电动机的起动电流可达额定电流的4~7倍，因此不能按照电动机的额定电流来选用，而应把开启式负荷开关的额定电流选得大一些，换句话说，即负荷开关应适当降低容量使用。根据经验，负荷开关的额定电流一般可选为电动机额定电流的3倍左右。

3. 熔丝的选择

(1) 对于电热器和照明电路，熔丝的额定电流宜等于或稍大于实际负载电流。

(2) 对于配电线路，熔丝的额定电流宜等于或略小于线路的安全电流。

(3) 对于电动机，熔丝的额定电流一般为电动机额定电流的1.5~2.5倍。在重载起动和全电压起动的场合，应取较大的数值；而在轻载起动和减压起动的场合，则应取较小的数值。

5-6 安装开启式负荷开关时应注意什么？

开启式负荷开关又叫胶盖瓷底刀开关（俗称胶盖闸），是由刀开

关和熔丝组合而成的一种电器。开启式负荷开关按极数分为两极和三极两种。常用开启式负荷开关的结构如图5-2所示。

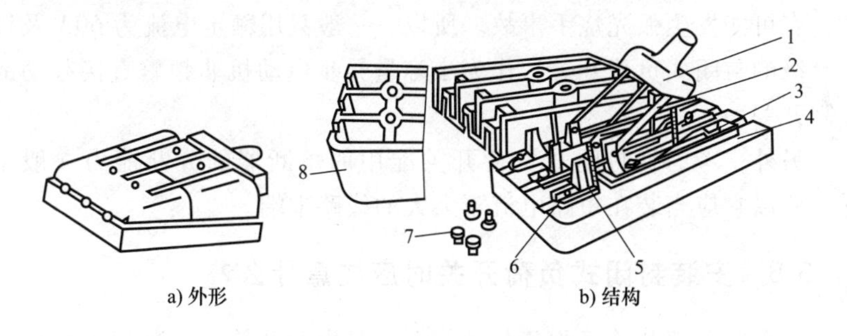

图5-2　HK系列开启式负荷开关

1—瓷柄　2—动触头　3—出线座　4—瓷底座　5—静触头
6—进线座　7—胶盖紧固螺钉　8—胶盖

安装开启式负荷开关时应注意：

(1) 开启式负荷开关必须垂直地安装在控制屏或开关板上，并使进线座在上方（即在合闸状态时，手柄应向上），不准横装或倒装，更不允许将负荷开关放在地上使用。

(2) 接线时，电源进线应接在上端进线座，而用电负载应接在下端出线座。这样当开关断开时，触刀（闸刀）和熔丝上均不带电，以保证换装熔丝时的安全。

(3) 刀开关和进出线的连接螺钉应牢固可靠、接触良好，否则接触处温度会明显升高，引起发热甚至发生事故。

5-7　如何选择封闭式负荷开关？

1. 额定电压的选择

当封闭式负荷开关用于控制一般照明、电热电路时，开关的额定电流应等于或大于被控制电路中各个负载额定电流之和。当用封闭式负荷开关控制异步电动机时，考虑到异步电动机的起动电流为额定电流的4~7倍，故开关的额定电流应为电动机额定电流的1.5倍左右。

2. 与控制对象的配合

由于封闭式负荷开关不带过载保护，只有熔断器用作短路保护，很可能因一相熔断器熔断，而导致电动机断相运行（又称单相运行）故障。另外，根据使用经验，用负荷开关控制大容量的异步电动机时，有可能发生弧光烧手事故。所以，一般只用额定电流为60A及以下等级的封闭式负荷开关，作为小容量异步电动机非频繁直接起动的控制开关。

另外，考虑到封闭式负荷开关配用的熔断器的分断能力一般偏低，所以它应当装在短路电流不太大的线路末端。

 5-8 安装封闭式负荷开关时应注意什么？

封闭式负荷开关简称负荷开关，它是由刀开关和熔断器组合而成的一种电器。封闭式负荷开关主要由触头及灭弧系统、熔断器以及操作机构等三部分共装于一个防护外壳内构成。常用封闭式负荷开关的外形和结构如图5-3所示。

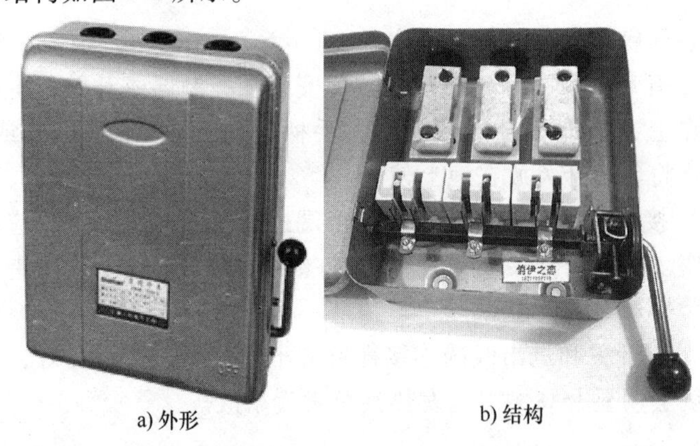

a) 外形　　b) 结构

图5-3　封闭式负荷开关

安装封闭式负荷开关时应注意：

（1）尽管封闭式负荷开关设有联锁装置以防止操作人员触电，但仍应当注意按照规定进行安装。开关必须垂直安装在配电板上，安装高度以安全和操作方便为原则，严禁倒装和横装，更不允许放在地上，以免发生危险。

（2）开关的金属外壳应可靠接地或接零，严禁在开关上方放置金属零件，以免掉入开关内部发生相间短路事故。

（3）开关的进出线应穿过开关的进出线孔并加装橡胶垫圈，以防检修时因漏电而发生危险。

（4）接线时，应将电源线牢靠地接在电源进线座的接线端子上，如果接错了将会给检修工作带来不安全因素。

（5）保证开关外壳完好无损，机械联锁正确。

5-9 如何选择组合开关？

组合开关是一种体积小、接线方式多、使用非常方便的开关电器。选择组合开关时应注意以下几点：

（1）组合开关应根据用电设备的电压等级、容量和所需触头数进行选用。组合开关用于一般照明、电热电路时，其额定电流应等于或大于被控制电路中各负载电流的总和；组合开关用于控制电动机时，其额定电流一般取电动机额定电流的 1.5~2.5 倍。

（2）组合开关接线方式很多，应根据需要，正确地选择相应规格的产品。

（3）组合开关本身是不带过载保护和短路保护的，如果需要这类保护，应另设其他保护电器。

（4）虽然组合开关的电寿命比较高，但当操作频率超过 300 次/h 或负载功率因数低于规定值时，开关需要降低容量使用。否则，不仅会降低开关的使用寿命，有时还可能因持续燃弧而发生事故。

（5）一般情况下，当负载的功率因数小于 0.5 时，由于熄弧困难，不宜采用 HZ 系列的组合开关。

5-10 怎样安装组合开关？

组合开关（又称转换开关）实质上也是一种刀开关，只不过一般刀开关的操作手柄是在垂直于其安装面的平面内向上或向下转动的。而组合开关的操作手柄则是在平行于其安装面的平面内向左或向右转动而已。组合开关由于其可实现多组触头组合而得名，实际上是一种转换开关。

常用组合开关的外形和结构如图 5-4 所示。

安装组合开关时应注意下列事项：

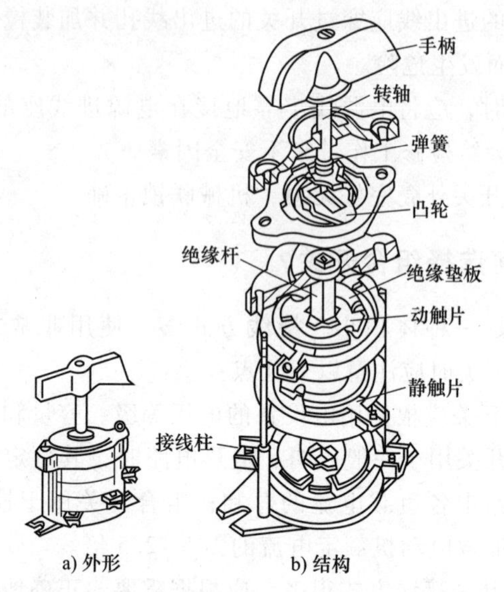

图 5-4 HZ10 系列组合开关的外形和结构

（1）组合开关安装时，应使手柄保持水平旋转位置为宜。

（2）组合开关应安装在控制箱内，其操作手柄最好是在控制箱的前面或侧面。

（3）在安装时，应按照规定接线，并将组合开关的固定螺母拧紧。

 5-11 如何选择熔断器？

1. 熔断器选择的一般原则

（1）应根据使用条件确定熔断器的类型。

（2）选择熔断器的规格时，应首先选定熔体的规格，然后再根据熔体去选择熔断器的规格。

（3）熔断器的保护特性应与被保护对象的过载特性有良好的配合。

（4）在配电系统中，各级熔断器应相互匹配，一般上一级熔体的额定电流要比下一级熔体的额定电流大 2~3 倍。

（5）对于保护电动机的熔断器，应注意电动机起动电流的影响。熔断器一般只作为电动机的短路保护，过载保护应采用热继电器。

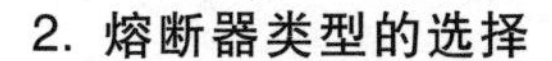

2. 熔断器类型的选择

熔断器主要根据负载的情况和电路短路电流的大小来选择类型。例如，对于容量较小的照明线路或电动机的保护，宜采用 RCIA 系列插入式熔断器或 RM10 系列无填料封闭管式熔断器；对于短路电流较大的电路或有易燃气体的场合，宜采用具有高分断能力的 RL 系列螺旋式熔断器或 RT（包括 NT）系列有填料封闭管式熔断器；对于保护硅整流器件及晶闸管的场合，应采用快速熔断器。

熔断器的形式也要考虑使用环境，例如，管式熔断器常用于大型设备及容量较大的变电场合；插入式熔断器常用于无振动的场合；螺旋式熔断器多用于机床配电；电子设备一般采用熔丝座。

3. 熔体额定电流的选择

（1）对于照明电路和电热设备等电阻性负载，因为其负载电流比较稳定，可用作过载保护和短路保护，所以熔体的额定电流（I_{rn}）应等于或稍大于负载的额定电流（I_{fn}），即

$$I_{rn}=1.1I_{fn}$$

（2）电动机的起动电流很大，因此对电动机只宜作短路保护，对于保护长期工作的单台电动机，考虑到电动机起动时熔体不能熔断，即

$$I_{rn}\geqslant(1.5\sim2.5)I_{fn}$$

式中，轻载起动或起动时间较短时，系数可取近 1.5；重载起动、起动时间较长或起动较频繁时，系数可取近 2.5。

（3）对于保护多台电动机的熔断器，考虑到在出现尖峰电流时不熔断熔体，熔体的额定电流应等于或大于最大一台电动机的额定电流的 1.5~2.5 倍，加上同时使用的其余电动机的额定电流之和，即

$$I_{rn}\geqslant(1.5\sim2.5)I_{fnmax}+\sum I_{fn}$$

式中　I_{fnmax}——多台电动机中容量最大的一台电动机的额定电流；

$\sum I_{fn}$——其余各台电动机额定电流之和。

必须说明，由于电动机负载情况不同，其起动情况也各不相同，因此，上述系数只作为确定熔体额定电流时的参考数据，精确数据需在实践中根据使用情况确定。

4. 熔断器额定电压的选择

熔断器的额定电压应等于或大于所在电路的额定电压。

5-12 怎样安装熔断器？

熔断器是在低压电路及电动机控制电路中作过载和短路保护用的电器，主要由熔体和安装熔体的底座等组成。常用的几种低压熔断器如图 5-5 所示。

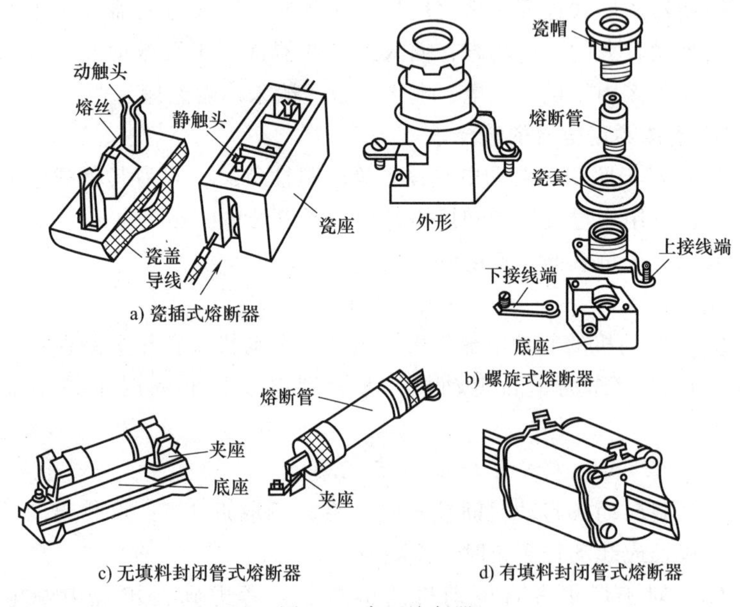

图 5-5 常用熔断器

安装熔断器时应注意：

（1）安装前，应检查熔断器的额定电压是否大于或等于线路的额定电压，熔断器的额定分断能力是否大于线路中预期的短路电流，熔体的额定电流是否小于或等于熔断器支持件的额定电流。

（2）熔断器一般应垂直安装，应保证熔体与触刀以及触刀与刀座的接触良好，并能防止电弧飞落到临近带电部分上。

（3）安装时应注意不要让熔体受到机械损伤，以免因熔体截面积变小而发生误动作。

（4）安装时应注意使熔断器周围介质温度与被保护对象周围介质温度尽可能一致，以免保护特性产生误差。

（5）安装必须可靠，以免有一相接触不良，出现相当于一相断路的情况，致使电动机因断相运行而烧毁。

（6）安装带有熔断指示器的熔断器时，指示器的方向应装在便于观察的位置。

（7）熔断器两端的连接线应连接可靠，螺钉应拧紧。

（8）两个熔断器间的距离应留有手拧的空间，不宜过近。熔断器的安装位置应便于更换熔体。

（9）安装螺旋式熔断器时，熔断器的下接线板的接线端应装在上方，并与电源线连接。连接金属螺纹壳体的接线端应装在下方，并与用电设备相连，这样更换熔体时螺纹壳体上就不会带电，以保证人身安全。

5-13　如何选择断路器？

1. 类型的选择

应根据电路的额定电流、保护要求和断路器的结构特点来选择断路器的类型。例如：

（1）对于额定电流 600A 以下，短路电流不大的场合，一般选用塑料外壳式断路器。

扫码看视频

（2）若额定电流比较大，则应选用万能式断路器；若短路电流相当大，则应选用限流式断路器。

（3）在有漏电保护要求时，还应选用漏电保护式断路器。

（4）断路器的类型应符合安装条件、保护功能及操作方式的要求。

（5）一般情况下，保护变压器及配电线路可选用万能式断路器，保护电动机可选塑料外壳式断路器。

（6）校核断路器的接线方向，如果断路器技术文件或端子上表明只能上进线，则安装时不可采用下进线，母线开关一定要选用可下进线的断路器。

2. 电气参数的确定

断路器的结构选定后，接着需选择断路器的电气参数。所谓电气参数的确定主要是指除确定断路器的额定电压、额定电流和通断能力外，怎样选择断路器过电流脱扣器的整定电流和保护特性以及配合等，以便达到比较理想的协调动作。选用的一般原则（指选用任何断路器都必须遵守的原则）如下：

（1）断路器的额定工作电压≥电路额定电压。

（2）断路器的额定电流≥电路计算负载电流。

（3）断路器的额定短路通断能力≥电路中可能出现的最大短路电流（一般按有效值计算）。

（4）断路器热脱扣器的额定电流≥电路工作电流。

（5）根据实际需要，确定电磁脱扣器的额定电流和瞬时动作整定电流。

1）电磁脱扣器的额定电流只要等于或稍大于电路工作电流即可。

2）电磁脱扣器的瞬时动作整定电流为：作为单台电动机的短路保护时，电磁脱扣器的整定电流为电动机起动电流的1.35倍（DW系列断路器）或1.7倍（DZ系列断路器）；作为多台电动机的短路保护时，电磁脱扣器的整定电流为1.3倍最大一台电动机的起动电流再加上其余电动机的工作电流。

（6）断路器欠电压脱扣器额定电压=电路额定电压。

并非所有断路器都需要带欠电压脱扣器，是否需要应根据使用要求而定。在某些供电质量较差的系统，选用带欠电压保护的断路器，反而会因电压波动而经常造成不希望的断电。在这种场合，若必须带欠电压脱扣器，则应考虑有适当的延时。

（7）断路器分励脱扣器的额定电压=控制电源电压。

（8）电动传动机构的额定工作电压=控制电源电压。

需要注意的是，选用时除一般选用原则外，还应考虑断路器的用途。配电用断路器和电动机保护用断路器以及照明、生活用导线保护断路器，应根据使用特点予以选用。

5-14 断路器有哪几种类型？如何安装断路器？

断路器曾称自动开关，断路器是一种可以自动切断故障线路的保护开关。断路器按结构型式，可分为万能式（曾称框架式）和塑料外壳式（曾称装置式）。常用低压断路器的外形如图 5-6 所示。

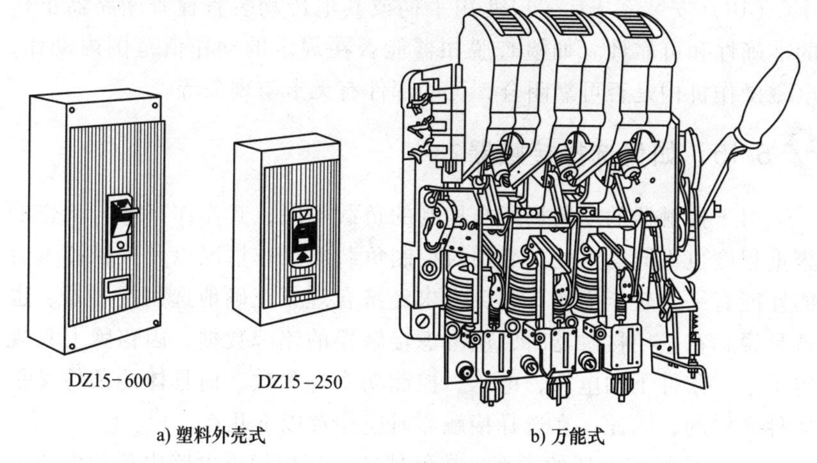

a) 塑料外壳式　　b) 万能式

图 5-6　常用低压断路器的外形

安装低压断路器时应注意以下几点：

（1）安装前应先检查断路器的规格是否符合使用要求。

（2）安装前先用 500V 绝缘电阻表检查断路器的绝缘电阻，在周围空气温度为（20±5）℃和相对湿度为 50%～70%时，绝缘电阻应不小于 10MΩ，否则应烘干。

（3）安装时，电源进线应接于上母线，用户的负载侧出线应接于下母线。

（4）安装时，断路器底座应垂直于水平位置，并用螺钉固定紧，且断路器应安装平整，不应有附加机械应力。

（5）外部母线与断路器连接时，应在接近断路器母线处加以固定，以免各种机械应力传递到断路器上。

（6）安装时，应考虑断路器的飞弧距离，即在灭弧罩上部应留有飞弧空间，并保证外装灭弧室至相邻电器的导电部分和接地部分的安全距离。

（7）在进行电气连接时，电路中应无电压。

（8）断路器应可靠接地。

（9）不应漏装断路器附带的隔弧板，装上后方可运行，以防止切断电路因产生电弧而引起相间短路。

（10）安装完毕后，应使用手柄或其他传动装置检查断路器工作的准确性和可靠性。如检查脱扣器能否在规定的动作值范围内动作，电磁操作机构是否可靠闭合，可动部件有无卡阻现象等。

 5-15 如何选择接触器?

由于接触器的安装场所与控制的负载不同，其操作条件与工作的繁重程度也不同。因此，必须对控制负载的工作情况以及接触器本身的性能有一个较全面的了解，力求经济合理、正确地选用接触器。也就是说，在选用接触器时，应考虑接触器的铭牌数据，因铭牌上只规定了某一条件下的电流，电压、控制功率等参数，而具体的条件又是多种多样的，因此，在选择接触器时应注意以下几点。

（1）选择接触器的类型。接触器的类型应根据电路中负载电流的种类来选择。也就是说，交流负载应使用交流接触器，直流负载应使用直流接触器，若整个控制系统中主要是交流负载，而直流负载的容量较小，也可全部使用交流接触器，但触头的额定电流应适当大些。

（2）选择接触器主触头的额定电流。主触头的额定电流应大于或等于被控电路的额定电流。

若被控电路的负载是三相异步电动机，其额定电流可按下式推算，即

$$I_N=\frac{P_N\times10^3}{\sqrt{3}U_N\cos\varphi\cdot\eta}$$

式中 I_N——电动机额定电流（A）；

U_N——电动机额定电压（V）；

P_N——电动机额定功率（kW）；

$\cos\varphi$——功率因数；

η——电动机效率。

例如，$U_N=380V$、$P_N=100kW$ 以下的电动机，其 $\cos\varphi\cdot\eta$ 约为0.7~0.82。

在频繁起动、制动和频繁正反转的场合，主触头的额定电流应选得适当增大一些。

（3）选择接触器主触头的额定电压。接触器的额定工作电压应不小于被控电路的最大工作电压。

（4）接触器的额定通断能力应大于通断时电路中的实际电流值；耐受过载电流能力应大于电路中最大工作过载电流值。

（5）应根据系统控制要求确定主触头和辅助触头的数量和类型，同时要注意其通断能力和其他额定参数。

（6）如果接触器用来控制电动机的频繁起动、正反转或反接制动时，应将接触器的主触头额定电流降低使用，通常可降低一个电流等级。

选用接触器时，还应注意以下两点：

（1）接触器线圈的额定电压应与控制回路的电压相同。

（2）因为交流接触器的线圈匝数较少，电阻较小，当线圈通入交流电时，将产生一个较大的感抗，此感抗值远大于线圈的电阻，线圈的励磁电流主要取决于感抗的大小。如果将直流电流通入时，则线圈就成为纯电阻负载，此时流过线圈的电流会很大，使线圈发热，甚至烧坏。所以，在一般情况下，不能将交流接触器作为直流接触器使用。

5-16 安装接触器时应注意哪些事项？

接触器是通过电磁结构频繁地远距离自动接通和分断主电路或控制大容量电路的开关电器。接触器分交流接触器和直流接触器两大类。交流接触器的主触头用于通、断交流电路；直流接触器的主触头用于通、断直流电路。交流接触器的结构如图 5-7 所示。

1. 接触器安装前的注意事项

（1）接触器在安装前应认真检查接触器的铭牌数据是否符合电路要求；线圈工作电压是否与电源工作电压相配合。

（2）接触器外观应良好，无机械损伤。活动部件应灵活，无卡滞现象。

（3）检查灭弧罩有无破裂、损伤。

（4）检查各极主触头的动作是否同步。触头的开距、超程、初压力和终压力是否符合要求。

（5）用万用表检查接触器线圈有无断线、短路现象。

（6）用绝缘电阻表检测主触头间的相间绝缘电阻，一般应大于 10MΩ。

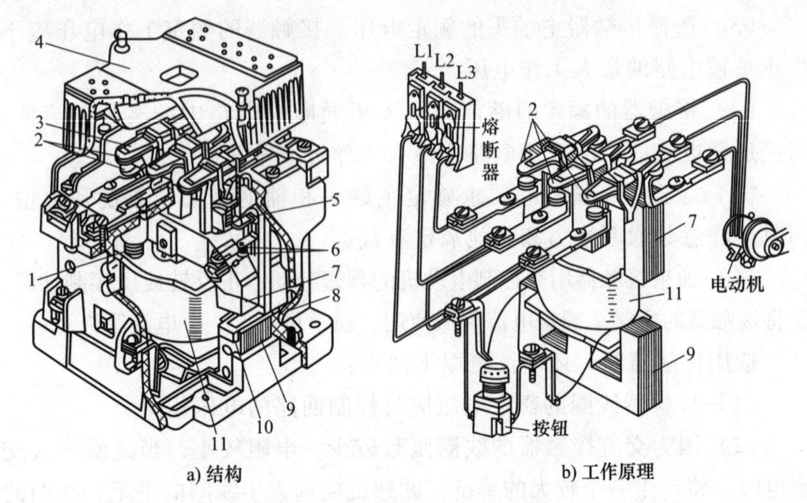

a) 结构　　b) 工作原理

图 5-7　交流接触器的结构和工作原理

1—释放弹簧　2—主触头　3—触头压力弹簧　4—灭弧罩　5—常闭辅助触头　6—常开辅助触头　7—动铁心　8—缓冲弹簧　9—静铁心　10—短路环　11—线圈

2. 接触器安装时注意事项

（1）安装时，接触器的底面应与地面垂直，倾斜度应小于5°。

（2）安装时，应注意留有适当的飞弧空间，以免烧损相邻电器。

（3）在确定安装位置时，还应考虑到日常检查和维修的方便性。

（4）安装应牢固，接线应可靠，螺钉应加装弹簧垫和平垫圈，以防松脱和振动。

（5）灭弧罩应安装良好，不得在灭弧罩破损或无灭弧罩的情况下将接触器投入使用。

（6）安装完毕后，应检查有无零件或杂物掉落在接触器上或内部，检查接触器的接线是否正确，还应在不带负载的情况下检测接触器的性能是否合格。

（7）接触器的触头表面应经常保持清洁，不允许涂油。

5-17　如何选择中间继电器？

1. 中间继电器与接触器的区别

（1）接触器主要用于接通和分断大功率负载电路，而中间继电器主要用于切换小功率的控制电路。

（2）中间继电器的触头对数多，且无主辅触头之分，各对触头所允许通过的电流大小相等。

（3）中间继电器主要用于信号的传送，还可以用于实现多路控制和信号放大（即增大触头容量）。

扫码看视频

（4）中间继电器常用以扩充其他电器的触头数目和容量。

2. 中间继电器的选择

（1）中间继电器线圈的电压或电流应适合电路的需要。

（2）中间继电器触头的种类和数目应满足控制电路的要求。

（3）中间继电器触头的额定电压和额定电流也应满足控制电路的要求。

（4）应根据电路要求选择继电器的交流或直流类型。

5-18　怎样安装中间继电器？

中间继电器是一种通过控制电磁线圈的通断，将一个输入信号变成多个输出信号或将信号放大（即增大触头容量）的继电器。

中间继电器的主要作用是，当其他继电器的触头数量或触头容量不够时，可借助中间继电器来扩大它们的触头数或增大触头容量，起到中间转换（传递、放大、翻转、分路和记忆等）作用。

中间继电器的结构和原理与交流接触器类似，只是它的触头系统中没有主、辅之分，各对触头所允许通过的电流大小是相等的。由于中间继电器触头接通和分断的是交、直流控制电路，电流很小，所以一

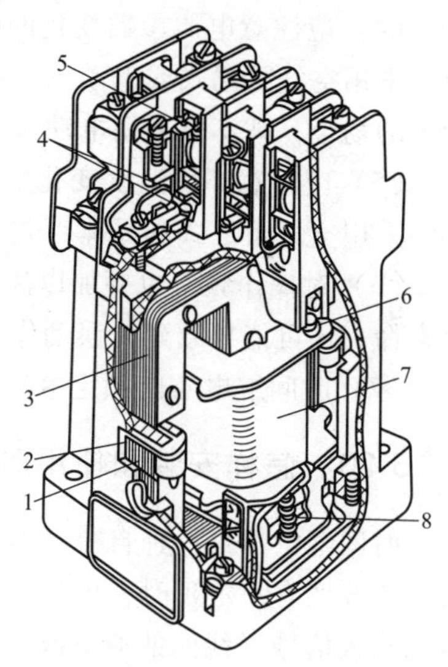

图 5-8　JZ7 系列中间继电器的结构

1—静铁心　2—短路环　3—衔铁（动铁心）　4—常开（动合）触头　5—常闭（动断）触头　6—释放（复位）弹簧　7—线圈　8—缓冲（反作用）弹簧

般中间继电器不需要灭弧装置。JZ7 系列中间继电器的结构如图 5-8 所示。

因为中间继电器的结构和原理与交流接触器类似，所以中间继电器的安装注意事项可参考交流接触器，见本章 5-16 问。

5-19　如何选择时间继电器?

（1）时间继电器延时方式有通电延时型和断电延时型两种，因此选用时应确定采用哪种延时方式更方便组成控制电路。

（2）凡对延时精度要求不高的场合，一般宜采用价格较低的电磁阻尼式（电磁式）或空气阻尼式（气囊式）时间继电器；若对延时精度要求较高，则宜采用电动机式或晶体管式时间继电器。

（3）延时触头种类、数量和瞬动触头种类、数量应满足控制要求。

（4）应注意电源参数变化的影响。例如，在电源电压波动大的场合，采用空气阻尼式或电动机式比采用晶体管式好；而在电源频率波动大的场合，则不宜采用电动机式时间继电器。

（5）应注意环境温度变化的影响。通常在环境温度变化较大处，不宜采用空气阻尼式和晶体管式时间继电器。

（6）对操作频率也要加以注意。因为操作频率过高不仅会影响电气寿命，还可能导致延时误动作。

（7）时间继电器的额定电压应与电源电压相同。

5-20　怎样安装和使用时间继电器?

时间继电器是一种自得到动作信号起至触头动作或输出电路产生跳跃式改变有一定延时，该延时又符合其准确度要求的继电器，即从得到输入信号（线圈的通电或断电）开始，经过一定的延时后才输出信号（触头的闭合或断开）的继电器。时间继电器被广泛应用于电动机的起动控制和各种自动控制系统。

时间继电器按动作原理可分为电磁式、空气阻尼式、晶体管式（又称电子式）等。晶体管式时间继电器按构成原理可分为阻容式和数字式两类。

空气阻尼式时间继电器又称气囊式时间继电器。空气阻尼式时间继电器的结构主要由电磁系统、延时机构和触头系统等三部分组成，如图5-9所示。

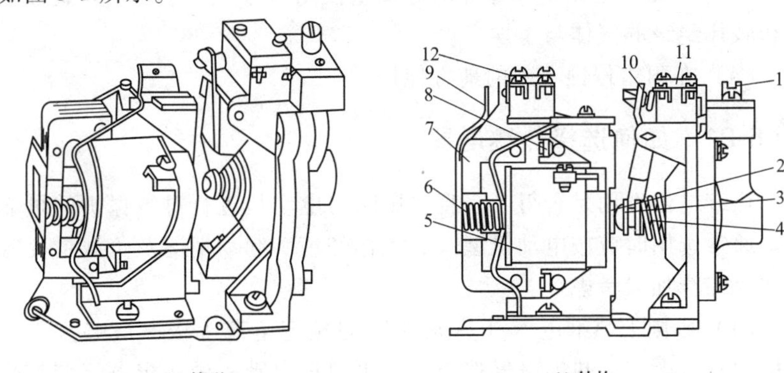

图5-9 JS7-A系列空气阻尼式时间继电器

1—调节螺钉 2—推板 3—推杆 4—塔形弹簧 5—线圈 6—反力弹簧 7—衔铁 8—铁心 9—弹簧片 10—杠杆 11—延时触头 12—瞬时触头

1. 时间继电器的安装与使用

（1）安装前，先检查额定电流及整定值是否与实际要求相符。

（2）安装后，应在主触头不带电的情况下，使吸引线圈带电操作几次，试试继电器工作是否可靠。

（3）空气阻尼式时间继电器不得倒装或水平安装，不要在环境湿度大、温度高、粉尘多的场合使用，以免阻塞气道。

（4）对于时间继电器的整定值，应预先在不通电时整定好，并在试车时校正。

（5）JS7-A系列时间继电器由于无刻度，故不能准确地调整延时时间。

2. 数字式时间继电器的使用环境

（1）安装地点的海拔不超过2000m；周围空气温度不超过40℃，且其24h内的平均温度值不超过35℃，周围空气温度的下限为-5℃；最高温度为40℃时，空气的相对湿度不超过50%；在较低的温度20℃时，允许空气的相对湿度不超过90%。对由于温度变化偶尔产生的凝露应采取特殊的措施。

（2）电源电压变化范围为85%~110%额定工作电压。

（3）在无严重振动和爆炸的介质中使用，且介质中无足以腐蚀金属和破坏绝缘的气体与尘埃。

（4）在雨雪侵蚀不到的地方使用。

5-21　如何选择热继电器？

热继电器选用是否得当，直接影响对电动机进行过载保护的可靠性。通常选用时应按电动机型式、工作环境、起动情况及负载情况等几方面综合加以考虑。

（1）原则上热继电器（热元件）的额定电流等级一般略大于电动机的额定电流。热继电器选定后，再根据电动机的额定电流调整热继电器的整定电流，使整定电流与电动机的额定电流相等。对于过载能力较差的电动机，所选的热继电器的额定电流应适当小一些，并且将整定电流调到电动机额定电流的60%~80%。当电动机因带负载起动而起动时间较长或电动机的负载是冲击性的负载（如冲床等）时，则热继电器的整定电流应稍大于电动机的额定电流。

（2）一般情况下可选用两相结构的热继电器。对于电网电压均衡性较差、无人看管的电动机或与大容量电动机共用一组熔断器的电动机，宜选用三相结构的热继电器。定子三相绕组为三角形联结的电动机，应采用有断相保护的三元件热继电器作过载和断相保护。

（3）热继电器的工作环境温度与被保护设备的环境温度的差别不应超出15~25℃。

（4）对于工作时间较短、间歇时间较长的电动机（例如，摇臂钻床的摇臂升降电动机等），以及虽然长期工作，但过载可能性很小的电动机（例如，排风机电动机等），可以不设过载保护。

（5）双金属片式热继电器一般用于轻载、不频繁起动电动机的过载保护。对于重载、频繁起动的电动机，则可用过电流继电器（延时动作型）作它的过载和短路保护。因为热元件受热变形需要时间，故热继电器不能作短路保护。

因为热继电器是利用电流热效应，使双金属片受热弯曲，推动动作机构切断控制电路起保护作用的，所以双金属片受热弯曲需要一定的时间。当电路中发生短路时，虽然短路电流很大，但热继电器可能还未来得及动作，就已经把热元件或被保护的电气设备烧坏了，因此，热继电器不能用作短路保护。

 5-22　怎样安装和使用热继电器？

热继电器是热过载继电器的简称，它是一种利用电流的热效应来切断电路的保护电器，常与接触器配合使用，热继电器具有结构简单、体积小、价格低和保护性能好等优点，主要用于电动机的过载保护、断相及电流不平衡运行的保护及其他电气设备发热状态的控制。

常用双金属片式热继电器的结构如图 5-10 所示。

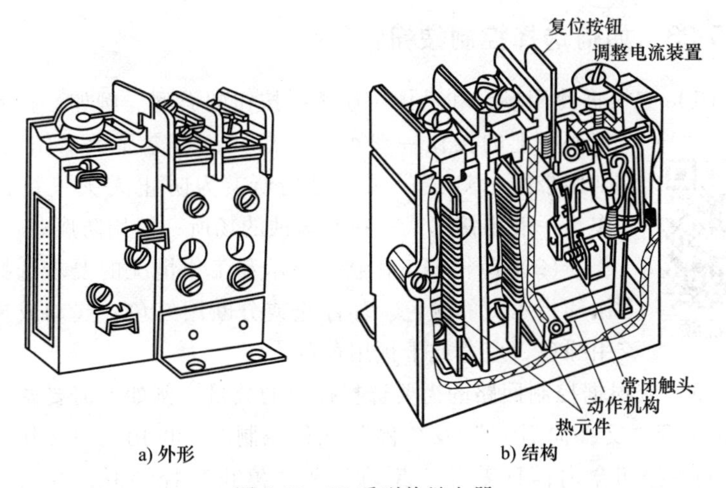

图 5-10　JR 系列热继电器

安装和使用热继电器的方法如下：

（1）热继电器必须按产品使用说明书的规定进行安装。当它与其他电器装在一起时，应将其装在其他电器的下方，以免其动作特性受到其他电器发热的影响。

（2）热继电器的连接导线应符合规定要求。

（3）安装时，应清除触头表面等部位的尘垢，以免影响继电器的动作性能。

（4）运行前，应检查接线和螺钉是否牢固可靠，动作机构是否灵活、正常。

（5）运行前，还要检查其整定电流是否符合要求。

（6）若热继电器动作后必须对电动机和设备状况进行检查，为防止热继电器再次脱扣，一般采用手动复位；而对于易发生过载的场合，一般采用自动复位。

（7）对于点动、重载起动、连续正反转及反接制动运行的电动机，一般不宜使用热继电器。

（8）使用中，应定期清除污垢，双金属片上的锈斑可用布蘸汽油轻轻擦拭。

（9）每年应通电校验一次。

5-23　如何选择控制按钮?

（1）应根据使用场合和具体用途选择按钮的类型。例如，控制台柜面板上的按钮一般可用开启式；若需显示工作状态，则用带指示灯式；在重要场所，为防止无关人员误操作，一般用钥匙式；在有腐蚀的场所一般用防腐式。

（2）应根据工作状态指示和工作情况的要求选择按钮和指示灯的颜色。如停止或分断用红色，起动或接通用绿色，应急或干预用黄色。

（3）应根据控制回路的需要选择按钮的数量。例如，需要做“正（向前）”“反（向后）”及“停”三种控制时，可用三只按钮，并装在同一按钮盒内；只需做“起动”及“停止”控制时，则用两只按钮，并装在同一按钮盒内。

（4）对于通电时间较长的控制设备，不宜选用带指示灯的按钮。

5-24　怎样安装和使用控制按钮?

按钮又称按钮开关或控制按钮，是一种短时间接通或断开小电流电路的手动控制器，一般用于电路中发出起动或停止指令，以控制电磁起动器、接触器、继电器等电器线圈电流的接通或断开，再由它们去控制主电路。

常用控制按钮的外形如图 5-11 所示。

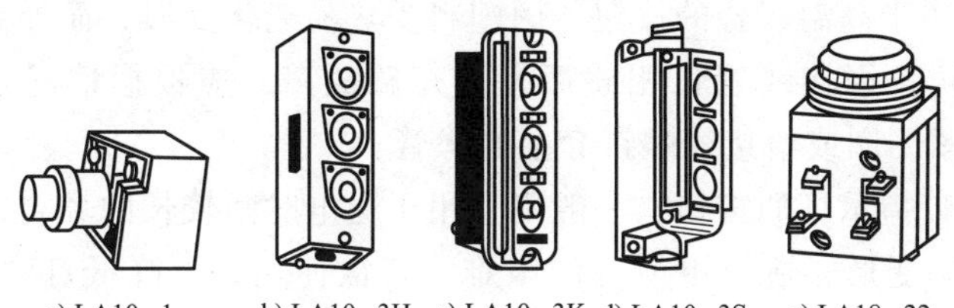

a) LA10－1　b) LA10－3H　c) LA10－3K　d) LA10－3S　e) LA18－22

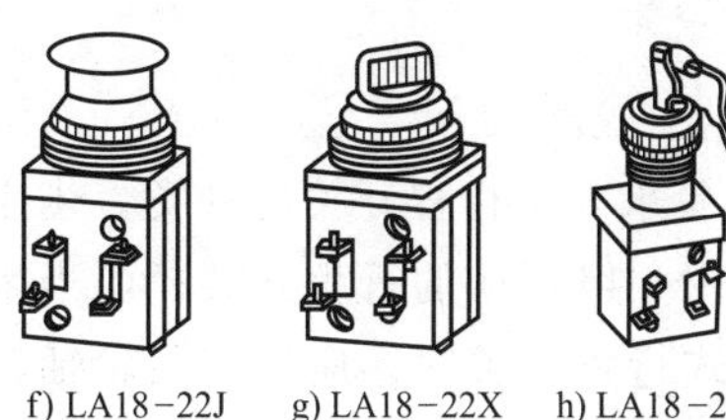

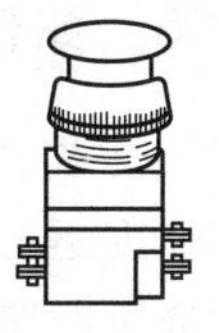

f) LA18－22J　g) LA18－22X　h) LA18－22Y　i) LA19－11　j) LA19－11J

图 5-11　常用控制按钮的外形

1. 控制按钮的安装

（1）按钮安装在面板上时，应布局合理，排列整齐。可根据生产机械或机床起动、工作的先后顺序，从上到下或从左到右依次排列。如果它们有几种工作状态（如上、下，前、后，左、右，松、紧等），应使每一组相反状态的按钮安装在一起。

（2）按钮应安装牢固，接线应正确。通常红色按钮作停止用，绿色或黑色表示起动或通电。

（3）安装按钮时，最好多加一个紧固圈，在接线螺钉处加套绝缘塑料管。

（4）安装按钮的按钮板或盒，若是采用金属材料制成的，应与机械总接地母线相连，悬挂式按钮应有专用接地线。

2. 控制按钮使用的注意事项

（1）使用前，应检查按钮帽弹性是否正常，动作是否自如，触头接触是否良好。

（2）应经常检查按钮，及时清除它上面的尘垢，必要时采取密封措施。因为触头间距较小，所以应经常保持触头清洁。

（3）若发现按钮接触不良，应查明原因；若发现触头表面有损伤

或尘垢，应及时修复或清除。

（4）用于高温场合的按钮，因塑料受热易老化变形，而导致按钮松动，为防止因接线螺钉相碰而发生短路故障，应根据情况在安装时，增设紧固圈或给接线螺钉套上绝缘管。

（5）带指示灯的按钮，一般不宜用于通电时间较长的场合，以免塑料件受热变形，造成更换灯泡困难，若欲使用，可降低灯泡电压，以延长使用寿命。

5-25 如何选择行程开关？

（1）根据使用场合和控制对象来确定行程开关的种类。当生产机械运动速度不是太快时，通常选用一般用途的行程开关；而当生产机械行程通过的路径不宜装设直动式行程开关时，应选用凸轮轴转动式行程开关；而在工作效率很高、对可靠性及精度要求也很高时，应选用接近开关。

（2）根据使用环境条件，选择开启式或保护式等防护形式。

（3）根据控制电路的电压和电流选择行程开关的系列。

（4）根据生产机械的运动特征，选择行程开关的结构型式（即操作方式）。

5-26 怎样安装和使用行程开关？

行程开关又叫限位开关或位置开关。它是实现行程控制的小电流（5A 以下）主令电器，其作用与控制按钮相同，只是其触头的动作不是靠手按动，而是利用机械运动部件的碰撞使触头动作，即将机械信号转换为电信号，通过控制其他电器来控制运动部件的行程大小、运动方向或进行限位保护。

行程开关有旋转式（滚轮式）和按钮式（直动式）两种类型，其外形如图 5-12 所示。

行程开关安装与使用时应注意以下几点：

（1）行程开关安装时位置要准确，否则不能达到行程控制和限位控制的目的。

（2）行程开关安装时应注意滚轮的方向不能装反，挡铁的位置应

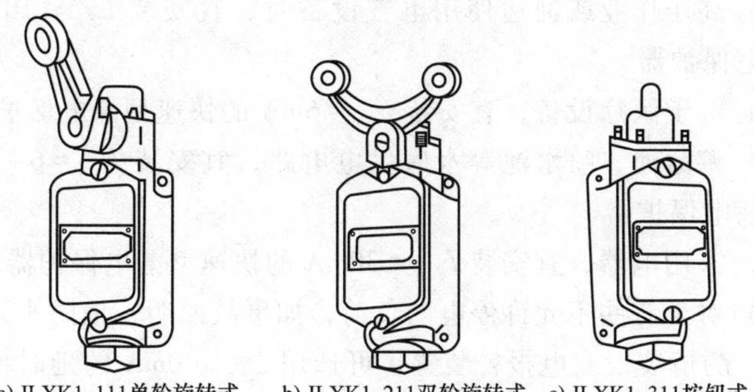

a) JLXK1-111单轮旋转式 b) JLXK1-211双轮旋转式 c) JLXK1-311按钮式

图 5-12 JLXK1 系列行程开关

符合控制电路的要求。

（3）碰撞压力要调整适中，碰块（挡铁）对开关的作用力及开关的动作行程不应大于开关的允许值。

（4）安装位置应能使开关正确动作，又不能阻碍机械部件的运动。

（5）限位用的开关应与机械装置配合调整，保证动作可靠，然后才能接入电路使用。

（6）由于行程开关一般都安装在生产机械的运动部分，在使用中有些行程开关经常动作，所以螺钉容易松动而造成控制失灵，应定期检查螺钉是否松动。

（7）有时由于灰尘或油污进入开关，引起动作不灵活，甚至接不通电路，因此要定期检查位置开关，进行检修并清除油垢和灰尘，清理触头，经常检查动作是否灵活可靠，及时排除故障。

5-27 如何选择漏电保护器？

漏电保护电器（通称漏电保护器）广泛用于中性点直接接地的低压电网线路中。单相的漏电保护器可作为低压电网线路的总保护、末端保护、单机和家庭用电保护等；三相漏电保护器可作为低压电网的三相线路的总保护等。

选择漏电保护器的类型及额定漏电动作电流 $I_{\Delta n}$ 的方法如下：

（1）潮湿场所及建筑工地的各种用电设备，手持电动工具及移动电气设备，宜安装 $I_{\Delta n}=15\sim20mA$ 的快速型漏电保护器。

（2）高压作业或河边使用电气设备时，宜安装 $I_{\Delta n} \leq 10\text{mA}$ 的快速型漏电保护器。

（3）电子医疗设备，宜安装 $I_{\Delta n}=6\text{mA}$ 的快速型漏电保护器。

（4）游泳池、喷水池等水底供电电路，宜安装 $I_{\Delta n}=6\sim10\text{mA}$ 的快速型漏电保护器。

（5）家用电器，宜安装 $I_{\Delta n} \leq 30\text{mA}$ 的快速型漏电保护器。

（6）对于有些不允许停电的负荷，如事故照明、消防水泵、消防电梯等，酌情装设漏电报警装置，可选用 $I_{\Delta n}>30\text{mA}$ 的延时型漏电保护器。

（7）对于储藏重要文物和重要财产的场所的电气线路，可安装 $I_{\Delta n}>30\text{mA}$ 的延时型漏电保护器。

（8）当人体大部分和金属物件接触（如锅炉、坑道），工作电压又大于 24V 时，宜安装 $I_{\Delta n} \leq 15\text{mA}$ 的快速型漏电保护器。

5-28 怎样安装漏电保护器？

漏电保护器是在规定的条件下，当漏电电流达到或超过给定值时，能自动断开电路的机械开关电器或组合电器。

漏电保护器按所具有的保护功能与结构特征分类，可分为以下几种：漏电继电器、漏电开关、漏电断路器等。常用漏电断路器的外形如图 5-13 所示。

1. 漏电保护器安装前的检查

（1）检查漏电保护器的外壳是否完好，接线端子是否齐全，手动操作机构是否灵活有效等。

（2）检查漏电保护器铭牌上的数据是否符合使用要求，发现不相符时应停止安装使用。

2. 漏电保护器的安装与接线

照明线路的插座支路及其他易发生触电危险的支路均需装漏电保护器，一般选用漏电动作电流为 30mA 的漏电保护器，潮湿场所则选用漏电动作电流为 15mA 的漏电保护器。三相三线漏电保护器主要用于电动机的漏电保护，三相四线漏电保护器主要用于照明干线的漏电保护。漏电保护器的接线示意图如图 5-14 所示。

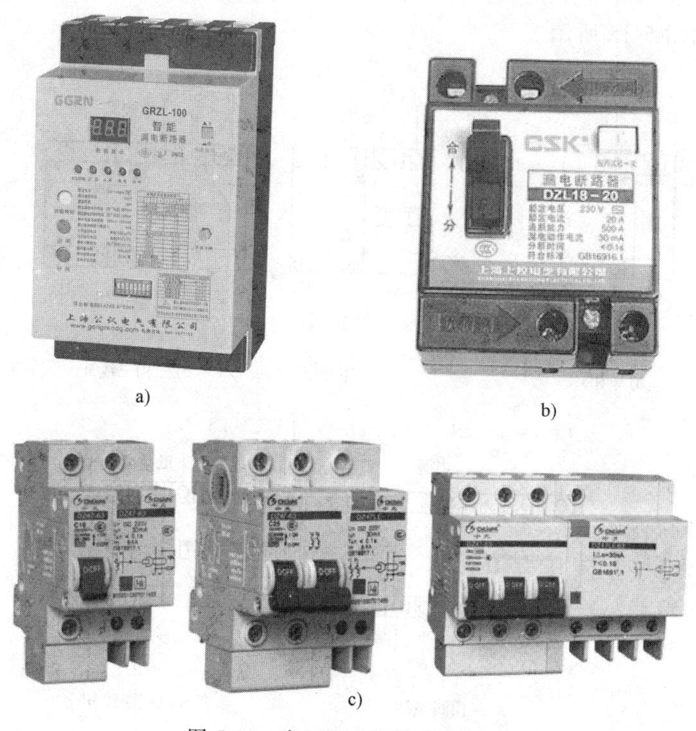

图 5-13　常用漏电断路器的外形

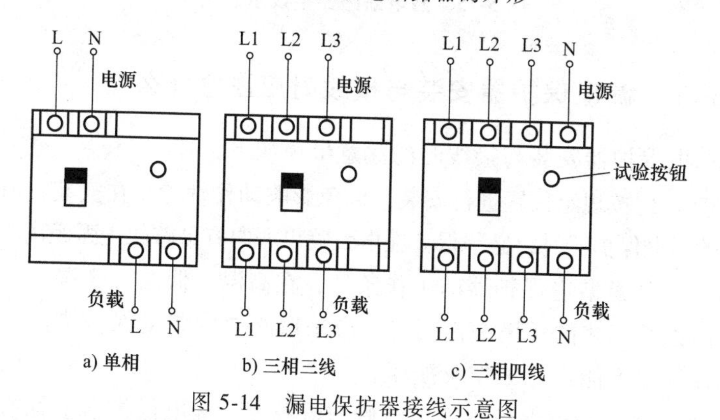

图 5-14　漏电保护器接线示意图

漏电保护器与断路器合为一个整体时，称为漏电断路器。漏电断路器有 1P+N、2P、3P、3P+N、4P 等 5 种形式，1P+N、2P 用于单相线路，3P 用于三相三线线路，3P+N、4P 用于三相四线线路。其接线原理如图 5-15 所示。

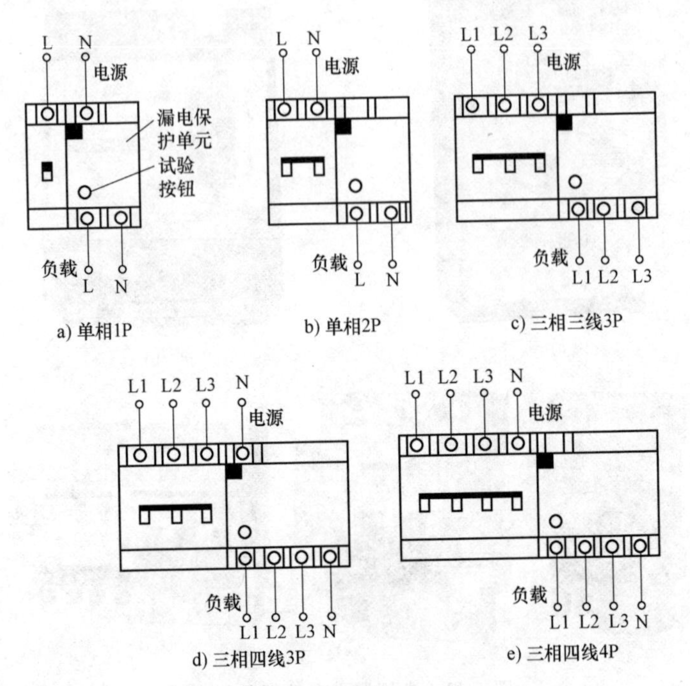

图 5-15　漏电断路器接线示意图

5-29　漏电保护器安装与接线时应注意什么？

漏电保护器安装与接线时的注意事项如下：

（1）应按规定位置进行安装，以免影响动作性能。在安装带有短路保护的漏电保护器时，必须保证在电弧喷出方向有足够的飞弧距离。

（2）注意漏电保护器的工作条件，在高温、低温、高湿、多尘以及有腐蚀性气体的环境中使用时，应采取必要的辅助保护措施，以防漏电保护器不能正常工作或损坏。

（3）注意漏电保护器的负载侧与电源侧。漏电保护器上标有负载侧和电源侧时，应按此规定接线，切忌接反。

（4）注意分清主电路与辅助电路的接线端子。对带有辅助电源的漏电保护器，在接线时要注意哪些是主电路的接线端子，哪些是辅助电路的接线端子，不能接错。

（5）注意区分工作中性线和保护线。对具有保护线的供电线路，应严格区分工作中性线和保护线。在进行接线时，所有工作相线（包括工作中性线）必须接入漏电保护器，否则，漏电保护器将会产生误动作。而所有保护线（包括保护零线和保护地线）绝对不能接入漏电保护器，否则，漏电保护器将会出现拒动现象。因此，通过漏电保护器的工作中性线和保护线不能合用。

（6）漏电保护器的漏电、过载和短路保护特性均由制造厂调整好，用户不允许自行调节。

（7）使用之前，应操作试验按钮，检验漏电保护器的动作功能，只有能正常动作方可投入使用。

5-30　漏电保护器对保护电网有什么要求？

安装漏电保护器后，对被保护电网应提出以下要求：

（1）凡安装漏电保护器的低压电网，必须采用中性点直接接地运行方式。电网的零线在漏电保护器以下不得有保护接零和重复接地，零线应保持与相线相同的良好绝缘。

（2）被保护电网的相线、零线不得与其他电路共用。

（3）被保护电网的负载应均匀分配到三相上，力求使各相泄漏电流大致相等。

（4）漏电保护器的保护范围较大时，宜在适当地点设置分段开关，以便查找故障，缩小停电范围。

（5）被保护电网内的所有电气设备的金属外壳或构架必须进行保护接地。当电气设备装有高灵敏度漏电保护器时，其接地电阻最大可放宽到 500Ω，但预期接触电压必须限制在允许的范围内。

（6）安装漏电保护器的电动机及其他电气设备在正常运行时的绝缘电阻值应不小于 0.5MΩ。

（7）被保护电网内的不平衡泄漏电流的最大值应不大于漏电保护器的额定漏电动作电流的 25%。当达不到要求时，应整修线路、调整各相负载或更换为绝缘良好的导线。

5-31 怎样安装起动器？

起动器是一种供控制电动机起动、停止、反转用的电器。除少数手动起动器外，一般由通用的接触器、热继电器、控制按钮等电器元件按一定方式组合而成，并具有过载、失电压等保护功能。在各种起动器中，电磁起动器应用最广。

起动器的种类很多，常用电磁起动器（磁力起动器）的外形和结构如图 5-16 所示；自耦减压起动器的外形和结构如图 5-17 所示。

a)

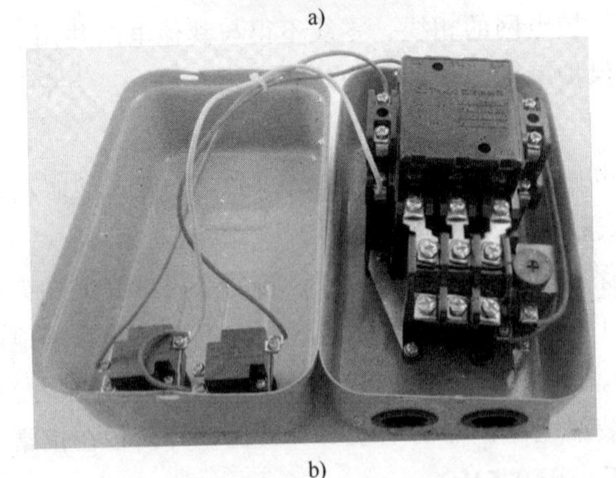

b)

图 5-16 电磁起动器的外形和结构

安装起动器时应注意以下几点：

（1）安装前，应对起动器内各组成元器件进行全面检查与调整，保证各参数合格。

（2）检查内部接线是否正确，螺钉是否拧紧。

（3）清除元器件上的油污与灰尘，将极面上的防锈油脂擦拭干净。

（4）在转动部分加上适量的润滑油，以保证各元器件动作灵活，无卡住与损坏现象。

（5）应按产品使用说明书规定的安装方式进行安装。手动式起动器一般应安装在墙上，并保持一定高度，以利操作。

（6）充油式起动器的油箱倾斜度不得超过 5°，而且油箱内应充入质量合格的变压器油，并在运行中保持清洁，油面高度应维持在油面线以上。

（7）起动器的箱体应可靠接地，以免发生触电事故。

（8）若自装起动设备，应注意各元器件的合理布局，如热继电器宜放在其他元器件下方，以免受其他元器件的发热影响。

a)

b)

图 5-17 手动自耦减压起动器的外形和结构

（9）安装时，必须拧紧所有的安装与接线螺钉，防止零件脱落，导致短路或机械卡住事故。

（10）安装完毕后，应核对接线是否有误。

（11）对于自耦减压起动器，一般先接在 65%抽头上，若发现起动困难、起动时间过长，可改接至 80%抽头。

（12）按电动机实际起动时间调节时间继电器的动作时间，应保证在电动机起动完毕后及时地换接线路。

（13）根据被控电动机的额定电流调整热继电器的动作电流值，并进行动作试验。应既能使电动机正常起动，又能最大限度地利用电动机的过载能力，并能防止电动机因超过极限容许过载能力而烧坏。

Chapter 06

电气照明装置与电风扇的安装

6-1　对电气照明质量有什么要求？

对照明的要求，主要是由被照明的环境内所从事活动的视觉要求决定的。一般应满足下列要求：

（1）照度均匀：指被照空间环境及物体表面应有尽可能均匀的照度，这就要求电气照明应有合理的光源布置，选择适用的照明灯具。

（2）照度合理：根据不同环境和活动的需要，电气照明应提供合理的照度。

（3）限制眩光：集中的高亮度光源对人眼的刺激作用称为眩光。眩光损坏人的视力，也影响照明效果。为了限制眩光，可采用限制单只光源的亮度，降低光源表面亮度（如用磨砂玻璃罩），或选用适当的灯具遮挡直射光线等措施。实践证明，合理地选择灯具悬挂高度，对限制眩光的效果十分显著。一般照明灯具距地面最低悬挂高度的规定值见表 6-1。

表 6-1　照明灯具距地面最低悬挂高度的规定值

光源种类	灯具形式	光源功率/W	最低悬挂高度/m
白炽灯	有反射罩	≤60	2.0
		100~150	2.5
		200~300	3.5
		≥500	4.0
	有乳白玻璃漫反射罩	≤100	2.0
		150~200	2.5
		300~500	3.0

（续）

光源种类	灯具形式	光源功率/W	最低悬挂高度/m
卤钨灯	有反射罩	≤500 1000~2000	6.0 7.0
荧光灯	无反射罩	<40 >40	2.0 3.0
	有反射罩	≥40	2.0
高压汞灯	有反射罩	≤125 125~250 ≥400	3.5 5.0 6.0
	有反射罩带格栅	≤125 125~250 ≥400	3.0 4.0 5.0
金属卤化物灯	搪瓷反射罩 铝抛光反射罩	250 1000	6.0 7.5
高压钠灯	搪瓷反射罩 铝抛光反射罩	250 400	6.0 7.0

6-2 安装照明灯具应满足哪些作业条件？

照明灯具的安装分为室内和室外两种。室内灯具的安装方式通常有吸顶式、嵌入式、壁式和悬吊式。悬吊式又可分为软线吊灯、链条吊灯和钢管吊灯。室外灯具一般安装在电杆上、墙上或悬挂在钢索上。

照明灯具安装作业条件如下：

（1）在结构施工中做好电气照明装置的预埋工作，混凝土楼板应预埋螺栓，吊顶内应预放吊杆，大型灯具应预设吊钩。若无设计规定，上述固定件的承载能力应与电气照明装置的重量相匹配。

（2）建筑物的顶棚、墙面等抹灰工作应完成，地面清理工作也应结束，对灯具安装有影响的模板、脚手架应拆除。

（3）设备及器材运到施工现场后应检查技术文件是否齐全，型号、规格及外观质量是否符合设计要求。

(4) 安装在绝缘台上的电气照明装置，导线端头的绝缘部分应伸出绝缘台表面。

(5) 电气照明装置的接线应牢固，电气接触应良好；需要接地或接零的灯具、开关、插座等非带电金属部分，应有明显标志的专用接地螺钉。

(6) 在危险性较大及特殊危险场所，若灯具距地面的高度小于2.4m，应使用额定电压为36V以下的照明灯具或采用专用保护措施。

(7) 电气照明装置施工结束后，对施工中造成的建（构）筑物局部破坏部分应修补完整。

6-3 怎样安装白炽灯？

白炽灯具有结构简单、使用可靠、价格低廉、装修方便等优点，但发光效率较低、使用寿命较短，适用于照度要求较低，开关次数频繁的户内、外照明。白炽灯主要由灯头、灯丝和玻璃壳组成。灯头可分为螺口和卡口两种。

1. 螺口平灯座的安装

螺口平灯座的安装如图6-1所示。

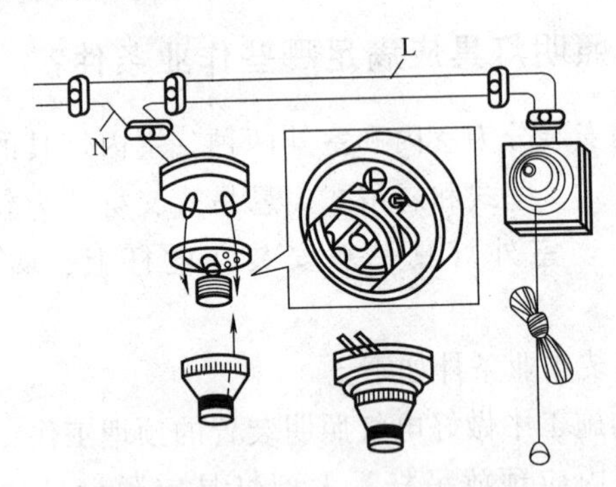

图6-1 螺口平灯座的安装

(1) 首先将导线从绝缘台（木台）的穿线孔穿出，并将绝缘台固定在安装位置。

(2) 再将导线从平灯座的穿线孔穿出，并用螺钉将平灯座固定在绝缘台上。

（3）把导线连接到平灯座的接线柱上，注意要将相线 L 接在与中心舌片相连的接线柱上，将中性线（零线）N 接在与螺口相连的接线柱上。

（4）在潮湿场所应使用瓷质平灯座，在绝缘台与建筑物墙面或顶棚之间垫橡胶垫防潮，橡胶垫厚 2~3mm，周边比绝缘台大 5m。

2. 吊灯的安装

吊灯的安装如图 6-2 所示。

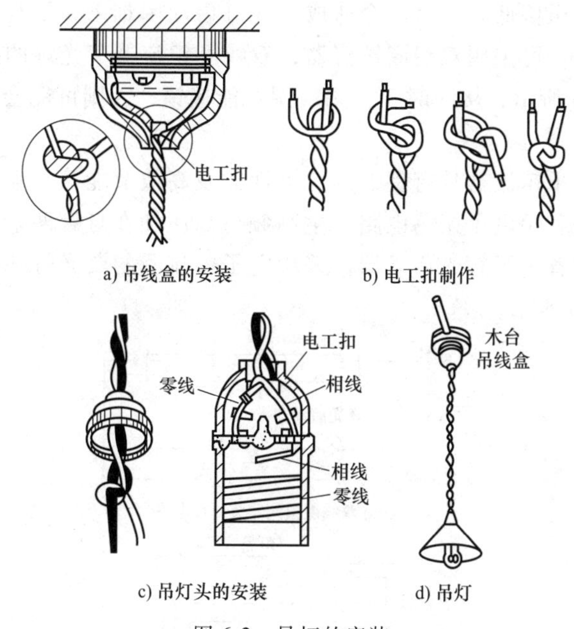

图 6-2　吊灯的安装

（1）将电源线由吊线盒的引线孔穿出，用木螺钉将吊线盒固定在绝缘台上。

（2）将电源线接在吊线盒的接线柱上。

（3）吊灯的导线应采用绝缘软线。

（4）应在吊线盒及灯座罩盖内将绝缘软线打结（电工扣），以免导线线芯直接承受吊灯的重量而被拉断。

（5）将绝缘软线的上端接吊线盒内的接线柱，下端接吊灯座的接线柱。对于螺口灯座，还应将中性线（零线）与铜螺套连接，将相线与中心簧片连接。

6-4　怎样安装荧光灯？

荧光灯又称日光灯，是应用最广的气体放电光源。荧光灯主要由灯管、辉光启动器、镇流器、灯座和灯架等组成。

1. 荧光灯的接线原理图

由于荧光灯的工作环境受温度和电源电压的影响较大，当温度过低或电源电压偏低时，可能会造成荧光灯启动困难。为了改善荧光灯的启动性能，可采用双线圈镇流器，双线圈镇流器荧光灯的接线原理图如图 6-3a 所示，接线时，主副线圈不能接错，否则可能会烧毁灯管或镇流器。

由于电子镇流器具有良好的启动性能及高效节能等优点，其基本工作原理是利用电子振荡电路产生高频、高压加在灯管两端，而直接点燃灯管，省去了辉光启动器。采用电子镇流器的荧光灯的接线原理图如图 6-3b 所示。

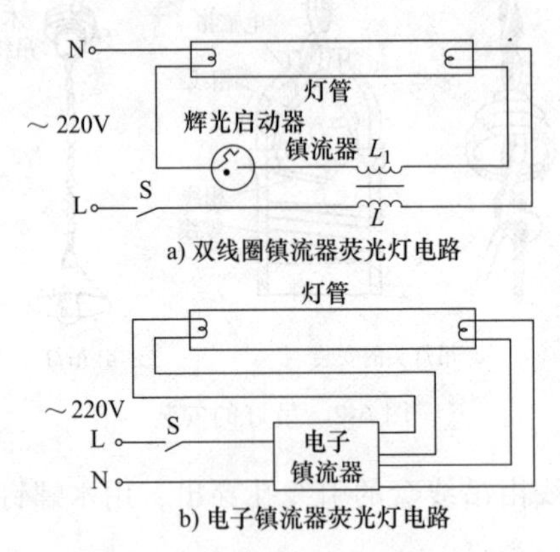

图 6-3　直管形荧光灯的接线原理图

2. 荧光灯的安装方法

荧光灯的安装形式有多种形式，但一般常采用吸顶式和吊链式。荧光灯的安装示意图如图 6-4 所示。

安装荧光灯时应注意以下几点：

（1）安装荧光灯时，应按图正确接线。

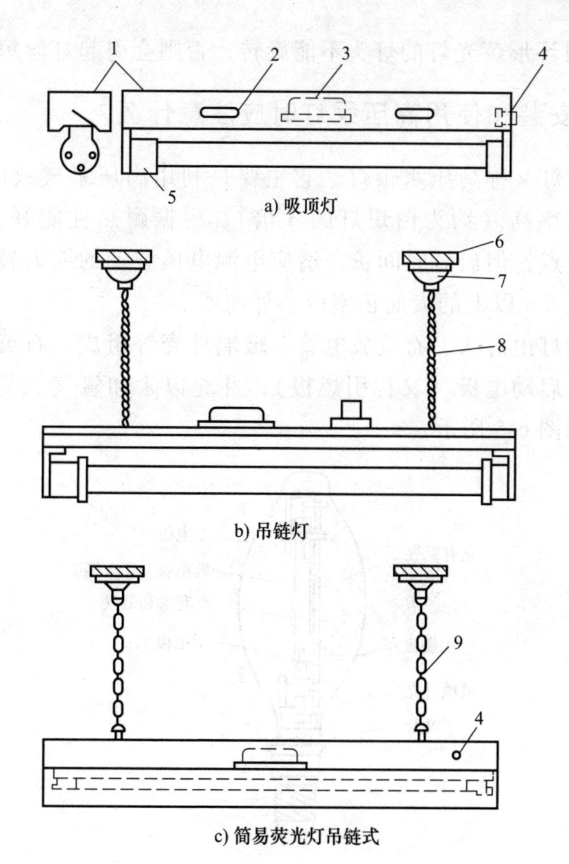

图 6-4　荧光灯的安装示意图

1—外壳　2—通风孔　3—镇流器　4—辉光启动器　5—灯座　6—圆木　7—吊线盒　8—吊线　9—吊链

（2）镇流器必须与电源电压、荧光灯功率相匹配，不可混用。

（3）辉光启动器的规格应根据荧光灯的功率大小来决定，辉光启动器应安装在灯架上便于检修的位置。

（4）灯管应采用弹簧式或旋转式专用的配套灯座，以保证灯脚与电源线接触良好，并可使灯管固定。

（5）为防止灯管脚松动脱落，应采用弹簧安全灯脚或用扎线将灯管固定在灯架上，不得用电线直接连接在灯脚上，以免产生不良后果。

（6）荧光灯配用电线不应受力，灯架应用吊杆或吊链悬挂。

（7）对环形荧光灯的灯头不能旋转，否则会引起灯丝短路。

6-5 安装和使用高压汞灯时应注意什么？

高压汞灯又称高压水银灯，它主要是利用高压汞气放电而发光，具有发光效率高（约为白炽灯的3倍）、耐振耐热性能好、耗电低、寿命长等优点，但启辉时间长，适应电源电压波动的能力较差，适用于悬挂高度5m以上的大面积室内、外照明。

高压汞灯由灯头、石英放电管、玻璃外壳等组成。石英放电管内有主电极、启动电极（又称引燃极），并充以汞和氩气。荧光高压汞灯的结构如图6-5所示。

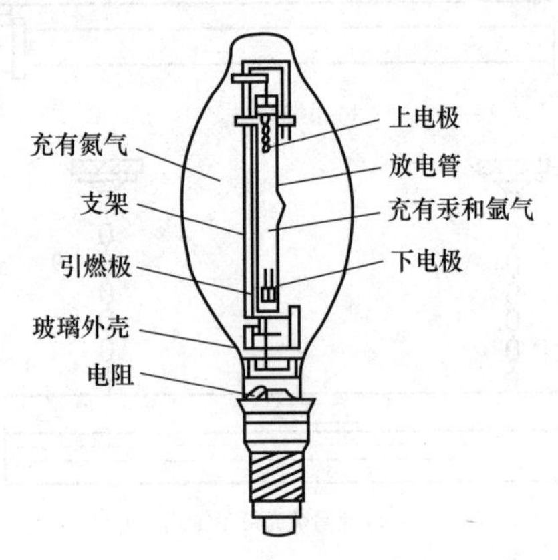

图6-5 荧光高压汞灯的结构

安装和使用高压汞灯时应注意以下几点：

（1）安装接线时，一定要分清楚高压汞灯是外接镇流器，还是自镇流式。需接镇流器的高压汞灯，镇流器的功率必须与高压汞灯的功率一致，应将镇流器安装在灯具附近人体触及不到的位置，并注意有利于散热和防雨。自镇流式高压汞灯则不必接入镇流器。

（2）高压汞灯以垂直安装为宜，水平安装时，其光通量输出（亮度）要减少7%左右，而且容易自灭。

（3）由于高压汞灯的外玻璃壳温度很高，所以必须安装散热良好的灯具，否则会影响灯的性能和寿命。

（4）高压汞灯的外玻璃壳破碎后仍能发光，但有大量的紫外线辐

射，对人体有害。所以玻璃壳破碎的高压汞灯应立即更换。

（5）高压汞灯的电源电压应尽量保持稳定。当电压降低时，灯就可能自灭，而再行启动点燃的时间较长。所以，高压汞灯不宜接在电压波动较大的线路上，否则应考虑采取调压或稳压措施。

6-6　安装和使用高压钠灯时应注意什么？

高压钠灯的结构与高压汞灯相似。高压钠灯的结构如图 6-6 所示。

高压钠灯的工作原理是，当高压钠灯接入电源后，电流首先通过加热元件，使双金属片受热弯曲，从而断开电路，在此瞬间镇流器两端产生很高的自感电动势，灯管启动后，放电热量使双金属片保持断开状态。当电源断开，灯熄灭后，即使立刻恢复供电，灯也不会立即点燃，约需 10～15min 待双金属片冷却后，回到闭合状态后，方可再启动。

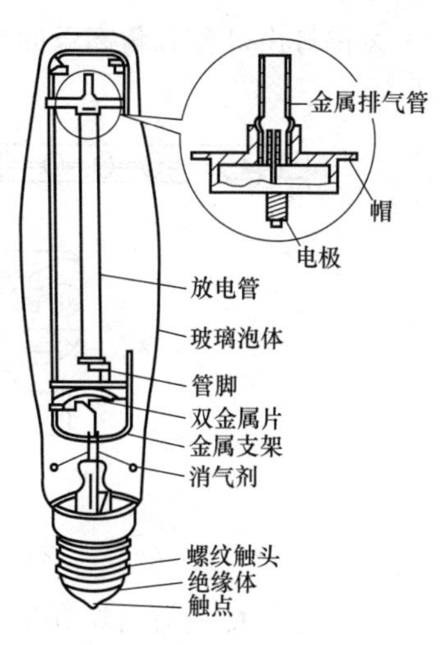

图 6-6　高压钠灯的结构

高压钠灯也需要镇流器，其接线和高压汞灯相同。安装和使用高压钠灯应注意以下几点：

（1）线路电压与钠灯额定电压的偏差不宜大于±5%。

（2）灯泡必须与相应的专用镇流器、触发器配套使用。

（3）镇流器端应接相线，若错接成中性线，将会降低触发器所产生的脉冲电压，有可能不能使灯启动。

（4）灯泡的玻璃壳温度较高，安装时必须配用散热良好的灯具。

（5）在点燃时，经灯具反射的光不应集中到灯泡上，以免影响灯泡的正常点燃及寿命。

（6）在重要场合及安全性要求高的场合使用时，应选用密封型、防爆型灯具。

（7）因高压钠灯的再启动时间长，故不能用于要求迅速启动的场所。

6-7　安装和使用卤钨灯时应注意什么？

卤钨灯是在白炽灯灯泡中充入微量卤化物，灯丝温度比一般白炽灯高，使蒸发到玻璃壳上的钨与卤化物形成卤钨化合物，遇灯丝高温分解把钨送回钨丝，如此再生循环，既提高发光效率又延长使用寿命。卤钨灯有两种：一种是石英卤钨灯；另一种是硬质玻璃卤钨灯。石英卤钨灯由于卤钨再生循环好，灯的透光性好，光通量输出不受影响，而且石英的膨胀系数很小，即使点亮的灯碰到水也不会炸裂。

卤钨灯由灯丝和耐高温的石英玻璃管组成。其结构如图 6-7 所示。

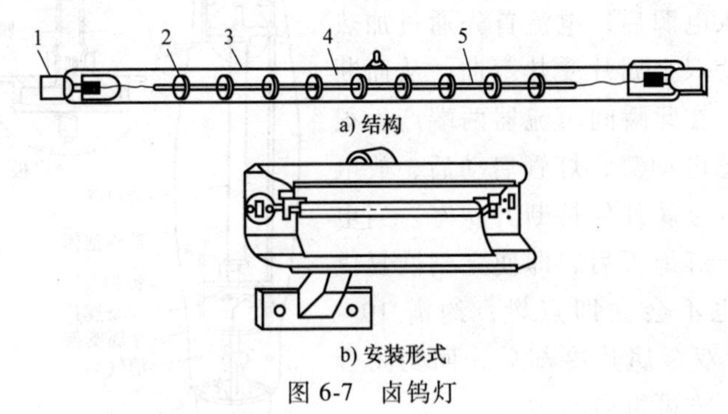

a) 结构

b) 安装形式

图 6-7　卤钨灯

1—灯脚　2—灯丝支持架　3—石英管　4—碘蒸气　5—灯丝

卤钨灯的接线与白炽灯相同，不需任何附件，安装和使用卤钨灯时应注意以下几点：

（1）电源电压的变化对灯管寿命影响很大，当电压超过额定值的5%时，寿命将缩短一半。所以电源电压的波动一般不宜超过±2.5%。

（2）卤钨灯使用时，灯管应严格保持在水平位置，其斜度不得大于 4°，否则会损坏卤钨的循环，严重影响灯管的寿命。

（3）卤钨灯不允许采用任何人工冷却措施，以保证在高温下的卤钨循环。

（4）卤钨灯在正常工作时，管壁温度高达 500～700℃，故卤钨灯应配用成套供应的金属灯架，并与易燃的厂房结构保持一定距离。

（5）使用前要用酒精擦去灯管外壁的油污，否则会在高温下形成污斑而降低亮度。

（6）卤钨灯的灯脚引线必须采用耐高温的导线，不得随意改用普通导线。电源线与灯线的连接须用良好的瓷接头。靠近灯座的导线需套耐高温的瓷套管或玻璃纤维套管。灯脚固定必须良好，以免灯脚在高温下被氧化。

（7）卤钨灯耐振性较差，不宜用在振动性较强的场所，更不能作为移动光源来使用。

6-8 LED 灯有什么特点？怎样安装 LED 灯？

1. LED 灯的特点

LED 是一种新型半导体固态光源。它是一种不需要钨丝和灯管的颗粒状发光元件。

在某些半导体材料的 PN 结中，注入的少数载流子与多数载流子复合时会把多余的能量以光的形式释放出来，从而把电能直接转换为光能。PN 结加反向电压，少数载流子难以注入，故不发光。这种利用注入式电致发光原理制作的二极管叫发光二极管（Light Emitting Diode，LED）。

LED 与普通二极管一样，仍然由 PN 结构成，同样具有单向导电性。LED 工作在正偏状态，在正向导通时能发光，所以它是一种把电能转换成光能的半导体器件。

典型的点光源属于高指向性光源，如图 6-8 所示。如果将多个 LED 芯片封装在一个面板上，就构成了面光源，它仍具有高指向性，如图 6-9 所示。

2. LED 灯的安装方法

（1）电源电压应当与灯具标示的电压相一致，特别要注意输入电源是直流还是交流，电源线路要设置匹配的漏电及过载保护开关，确保电源的可靠性。

（2）LED 灯具在室内安装时，防水要求与在室外安装基本一致，同样要求做好产品的防水措施，以防止潮湿空气、腐蚀气体等进入线路。安装时，应仔细

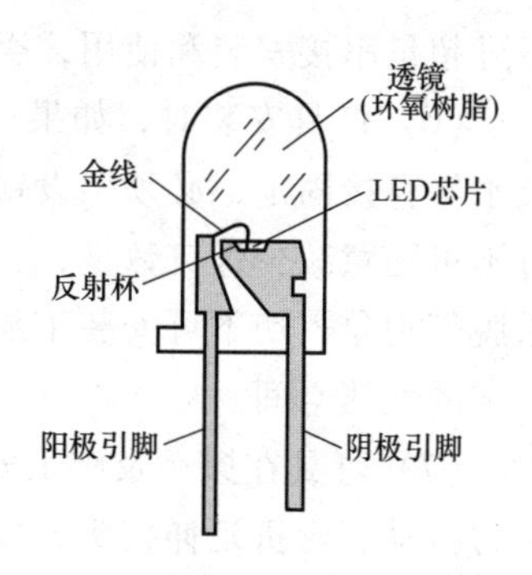

图 6-8 LED 截面图

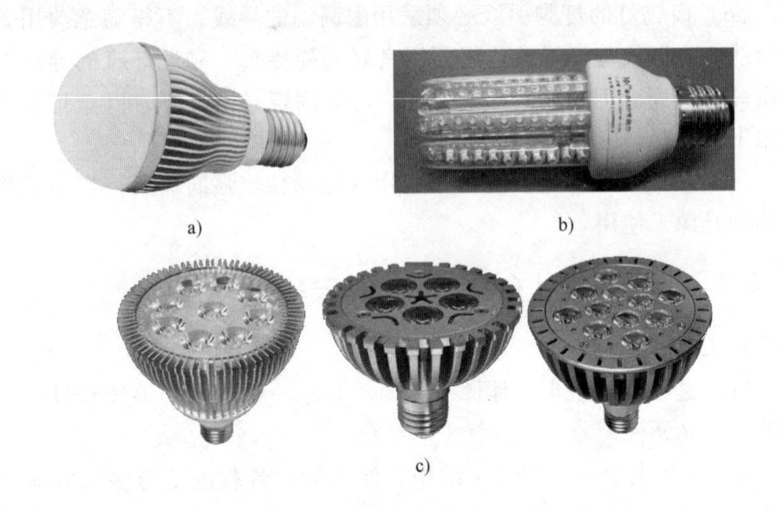

a)　　b)

c)

图 6-9　常用 LED 灯外形图

检查各个有可能进水的部位，特别是线路接头位置。

（3）LED 灯具均自带公母接头，在灯具相互串接时，先将公母接头的防水圈安装好，然后将公母接头对接，确定公母接头已插到底部后用力锁紧螺母即可。

（4）产品拆开包装后，应认真检查灯具外壳是否有破损，如有破损，请勿点亮 LED 灯具，应采取必要的修复或更换措施。

（5）对于可延伸的 LED 灯具，要注意复核可延伸的最大数量，不可超量串接安装和使用，否则会烧毁控制器或灯具。

（6）灯具安装时，如果遇到玻璃等不可打孔的地方，切不可使用胶水等直接固定，必须架设铁架或铝合金架后用螺钉固定；螺钉固定时不可随意减少螺钉数量，且安装应牢固可靠，不能有飘动、摆动和松脱等现象；切不可安装于易燃、易爆的环境中，并保证 LED 灯具有一定的散热空间。

（7）灯具在搬运及施工安装时，切勿摔、扔、压、拖灯体，切勿用力拉动、弯折延伸接头，以免拉松密封固线口，造成密封不良或内部芯线断路。

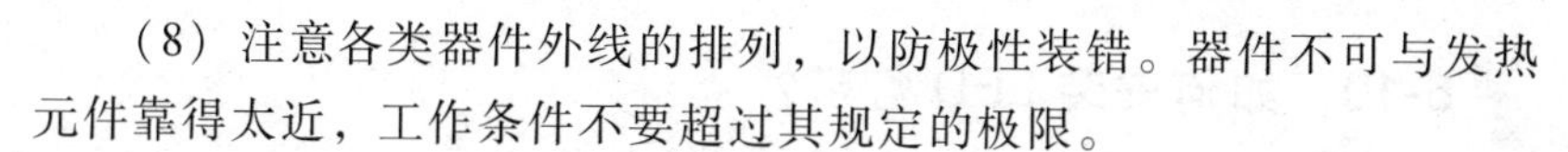

（8）注意各类器件外线的排列，以防极性装错。器件不可与发热元件靠得太近，工作条件不要超过其规定的极限。

（9）务必不要在引脚变形的情况下安装 LED。

（10）当决定在孔中安装时，计算好面板及电路板上孔距的尺寸和公差以免支架受过度的压力。

（11）安装 LED 时，在焊接温度回到正常以前，必须避免使 LED 受到任何的振动或外力。

6-9　如何安装 LED 吸顶灯？

LED 吸顶灯的灯体直接安装在房顶上，适合作整体照明用，通常用于客厅和卧室。

1. LED 吸顶灯安装前的检查

（1）引向每个灯具的导线线芯的截面积，铜芯软线不小于 0.4mm^2，否则引线必须更换。

（2）导线与灯头的连接、灯头间并联导线的连接要牢固，电气接触应良好，以免由于接触不良，出现导线与接线端之间产生火花，而发生危险。

2. 安装方法与步骤

（1）在砖石结构中安装吸顶灯时，应采用预埋螺栓，或用膨胀螺栓、尼龙塞或塑料塞固定，不可使用木楔。并且上述固定件的承载能力应与吸顶灯的重量相匹配，以确保吸顶灯固定牢固、可靠，并可延长其使用寿命。

（2）当采用膨胀螺栓固定时，应按产品的技术要求选择螺栓规格，其钻孔直径和埋设深度要与螺栓规格相符。

（3）固定灯座螺栓的数量不应少于灯具底座上的固定孔数，且螺栓直径应与孔径相配；底座上无固定安装孔的灯具（安装时自行打孔），每个灯具用于固定的螺栓或螺钉不应少于 2 个，且灯具的重心要与螺栓或螺钉的重心相吻合；只有当绝缘台的直径在 75mm 及以下时，才可采用 1 个螺栓或螺钉固定。

（4）LED 吸顶灯不可直接安装在可燃的物件上。如果灯具表面高温部位靠近可燃物时，也要采取隔热或散热措施。

6-10 如何安装LED灯带？

LED灯带是指把LED组装在带状的FPC（柔性电路板）或PCB硬板上，因其产品形状像一条带子而得名。LED灯带可分为LED硬灯条和柔性LED灯带。常用LED灯带外形如图6-10所示。

图6-10 LED灯带外形图

1. 室内安装

LED灯带用于室内装饰时，由于不必经受风吹雨打，所以安装非常简单。安装时可以直接撕去3M双面胶表面的贴纸，然后把灯条固定在需要安装的地方，用手按平即可。至于有的地方需要转角或者太长了怎么办？很简单，LED灯带是以3个LED为一组的串并联方式组成的电路结构，每3个LED即可以剪断单独使用。

2. 户外安装

户外安装由于会经受风吹雨淋，如果采用3M胶固定，时间一久就会造成3M胶黏性降低而致使LED灯带脱落，因此户外安装常采用卡槽固定的方式，需要剪切和连接的地方，方法和室内安装一样，只是需要另外配备防水胶，以巩固连接点的防水效果。

3. 电源连接方法

LED灯带一般电压为直流12V，因此需要使用开关电源供电，电源的大小根据LED灯带的功率和连接长度来定。如果不希望每条LED灯带都用一个电源来控制，可以购买一个功率比较大的开关电源做总电源，然后把所有的LED灯带输入电源全部并联起来（线材尺寸不够可以另外延长），统一由总开关电源供电。这样的好处是可以集中控制，不方便的地方是不能实现单个LED灯带的点亮效果和开关控制，

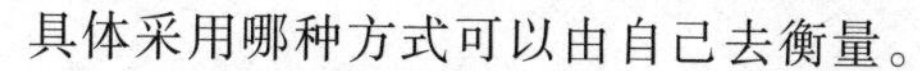

具体采用哪种方式可以由自己去衡量。

4. 控制器连接方式

LED跑马灯带和RGB全彩灯带需要使用控制器来实现变幻效果，而每个控制器的控制距离不一样，一般而言，简易控制器的控制距离为10~15m，遥控控制器的控制距离为15~20m，最长可以控制到30m距离。如果LED灯带的连接距离较长，而控制器不能控制那么长的灯带，那么就需要使用功率放大器来进行分接。

6-11 安装LED灯带应注意哪些事项？

LED灯带安装时的注意事项如下：

（1）在整卷LED灯带未拆开包装物或堆成一团的情况下，切勿通电点亮LED灯带。

（2）根据现场安装长度需裁剪LED灯带时，只能在印有剪刀标记处剪开灯带，否则会造成其中一个单元不亮，一般每个单元长度为1.5~2m。

（3）接驳电源或两截灯带串接时，先向左右弯曲LED灯头部，使灯带内的电线露出约2~3mm，用剪钳剪干净，不留毛刺，再用公针对接，以避免短路。

（4）只有规格相同、电压相同的LED灯带才能相互串接，且串接总长度不可超过最大许可使用长度。

（5）LED灯带相互串接时，每连接一段，即试点亮一段，以便及时发现正负极是否接错和每段灯带的光线射出方向是否一致。

（6）灯带的末端必须套上PVC尾塞，用夹带扎紧后，再用中性玻璃胶封住接口四周，确保安全。

（7）因LED具有单向导电性，若使用带有交直流变换器的电源线，应在完成电源连接后，先进行通电试验，确定正负极连接正确后再投入使用。

6-12 怎样安装LED平板灯？

LED平板灯的安装方法与注意事项如下：

（1）LED平板灯有嵌入式、吸顶式、悬挂式三种安装方法，先要确定使用的安装方式。

（2）准备尖嘴钳子、焊锡若干、AB胶、万用表等。

（3）还要对LED平板灯进行规格的确定，看看是否符合需求的亮度和质量如何，是否有损坏，一切没问题就可以安装了。

（4）根据选择的安装方式将灯板固定好，然后使用电烙铁进行焊接，并控制电烙铁温度维持在200℃以上，焊接时只需1s左右就可以完成，时间过长会造成电路板损坏。

（5）LED的极性要分好，有正负极的，长为正，短为负。

（6）灯具上的连线可以从钻孔中通过，灯具后面的连线可以用电线夹固定，要确保固定牢固。

（7）保证灯具的电源线有足够的长度，安装时避免拉力，不要使连线打结。输出连线要注意区分，不要和其他线混淆。

6-13 常用照明灯具有哪些安装方式?

灯具的作用是固定光源器件（灯管、灯泡等），防护光源器件免受外力损伤，消除或减弱眩光，使光源发出的光线向需要的方向照射，装饰和美化建筑物等。常用灯具按灯具安装方式分类可分为以下几类：

（1）吸顶灯。直接固定在顶棚上的灯具，吸顶灯的形式很多。为防止眩光，吸顶灯多采用乳白玻璃罩，或有晶体花格的玻璃罩，在楼道、走廊、居民住宅应用较多。

（2）悬挂式。用导线、金属链或钢管将灯具悬挂在顶棚上，通常还配用各种灯罩。这是一种应用最多的安装方式。

（3）嵌入顶棚式。有聚光型和散光型，其特点是灯具嵌入顶棚内，使顶棚简洁美观，视线开阔。在大厅、娱乐场所应用较多。

（4）壁灯。用托架将灯具直接安装在墙壁上，通常用于局部照明，也用于房间装饰。

（5）台灯和落地灯（立灯）。用于局部照明的灯具，使用时可移动，也具有一定的装饰性。

常用照明灯具的安装方式如图6-11所示。

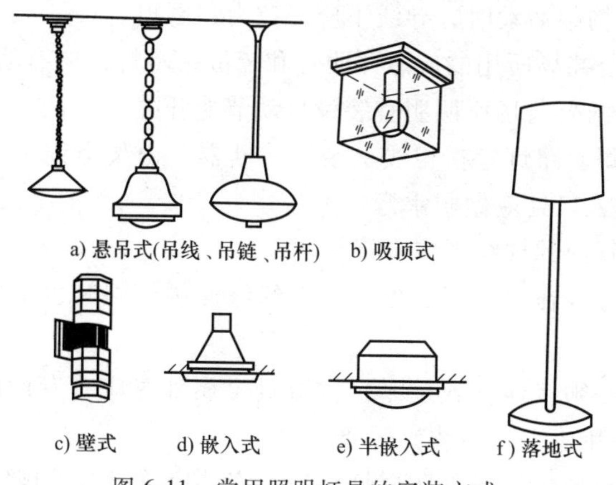

图 6-11　常用照明灯具的安装方式

6-14　安装照明灯具应满足哪些基本要求?

灯具安装时应满足的基本要求如下:

(1) 当采用钢管作灯具的吊杆时，钢管内径不应小于 10mm，钢管壁厚不应小于 1.5mm。

(2) 吊链灯具的灯线不应受拉力，灯线应与吊链编织在一起。

(3) 软线吊灯的软线两端应做保护扣，两端芯线应塘锡。

(4) 同一室内或场所成排安装的灯具，其中心线偏差应不大于 5mm。

(5) 荧光灯和高压汞灯及其附件应配套使用，安装位置应便于检查和维修。

(6) 灯具固定应牢固可靠。每个灯具固定用的螺钉或螺栓不应少于 2 个；当绝缘台直径为 75mm 及以下时，可采用 1 个螺钉或螺栓固定。

(7) 当吊灯灯具质量大于 3kg 时，应采取预埋吊钩或螺栓固定；当软线吊灯灯具质量大于 1kg 时，应增设吊链。

(8) 投光灯的底座及支架应固定牢固，枢轴应沿需要的光轴方向拧紧固定。

(9) 固定在移动结构上的灯具，其导线宜敷设在移动构架的内侧；在移动构架活动时，导线不应受拉力和磨损。

（10）公共场所用的应急照明灯和疏散指示灯，应有明显的标志。无专人管理的公共场所照明宜装设自动节能开关。

（11）每套路灯应在相线上装设熔断器。由架空线引入路灯的导线，在灯具入口处应做防水弯。

（12）管内的导线不应有接头。

（13）导线在引入灯具处，应有绝缘保护，同时也不应使其受到应力。

（14）必须接地（或接零）的灯具金属外壳应有专设的接地螺栓和标志，并和地线（零线）妥善连接。

（15）特种灯具（如防爆灯具）的安装应符合有关规定。

6-15　照明灯具应怎样布置？

布置灯具时，应使灯具高度一致、整齐美观。一般情况下，灯具的安装高度应不低于2m。

1. 均匀布置

均匀布置是将灯具做有规律的匀称排列，从而在工作场所或房间内获得均匀照度的布置方式。均匀布置灯具的方案主要有方形、矩形、菱形等几种，如图6-12所示。

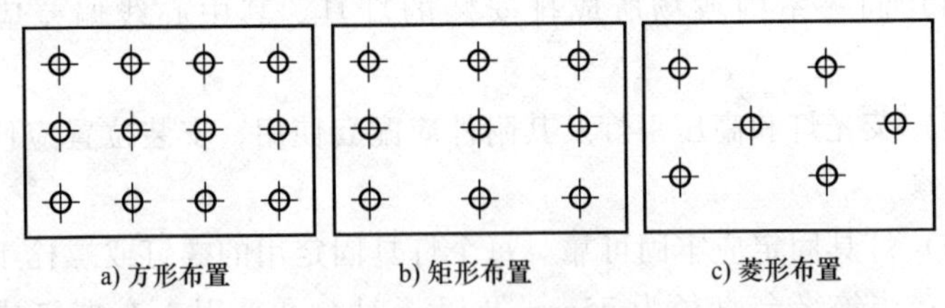

图6-12　灯具均匀布置示意图

均匀布置灯具时，应考虑灯具的距高比（L/h）在合适的范围。距高比（L/h）是指灯具的水平间距L与灯具和工作面的垂直距离h的比值。L/h的值小，灯具密集，照度均匀，经济性差；L/h的值大，灯具稀疏，照度不均匀，灯具投资小。表6-2为部分对称灯具的参考距高比值。表6-3为荧光灯具的参考距高比值。灯具离墙边的距离一

般取灯具水平间距 L 的 1/3~1/2。

2. 选择布置

选择布置是把灯具重点布置在有工作面的区域，保证工作面有足够的照度。当工作区域不大且分散时可以采用这种方式以减少灯具的数量，节省投资。

表 6-2　部分对称灯具的参考距高比值

灯具型式	距高比 L/h 值	
	多行布置	单行布置
配照型灯	1.8	1.8
深照型灯	1.6	1.5
广照型、散照型、圆球形灯	2.3	1.9

表 6-3　荧光灯具的参考距高比值

<table>
<tr><th rowspan="2">类具名称</th><th rowspan="2">灯具型号</th><th rowspan="2">光源功率/W</th><th colspan="2">距高比 L/h 值</th><th rowspan="2">备　注</th></tr>
<tr><th>A-A</th><th>B-B</th></tr>
<tr><td rowspan="3">筒式荧光灯</td><td>YG 1-1</td><td>1×40</td><td>1.62</td><td>1.22</td><td rowspan="7">A
B　B
A</td></tr>
<tr><td>YG 2-1</td><td>1×40</td><td>1.46</td><td>1.28</td></tr>
<tr><td>YG 2-2</td><td>2×40</td><td>1.33</td><td>1.28</td></tr>
<tr><td rowspan="2">吸顶荧光灯具</td><td>YG 6-2</td><td>2×40</td><td>1.48</td><td>1.22</td></tr>
<tr><td>YG 6-3</td><td>3×40</td><td>1.5</td><td>1.26</td></tr>
<tr><td rowspan="2">嵌入式荧光灯具</td><td>YG 15-2</td><td>2×40</td><td>1.25</td><td>1.2</td></tr>
<tr><td>YG 15-3</td><td>3×40</td><td>1.07</td><td>1.05</td></tr>
</table>

6-16　吊灯应怎样安装？

1. 小型吊灯的安装

小型吊灯在吊棚上安装时，必须在吊棚主龙骨上设灯具紧固装置，将吊灯通过连接件悬挂在紧固装置上。紧固装置与主龙骨的连接应可靠，有时需要在支持点处对称加设建筑物主体与棚面间的吊杆，以抵消灯具加在吊棚上的重力，使吊棚不至于下沉、变形。吊杆露出顶棚面最好加套管，这样可以保证顶棚面板的完整。安装时要保证牢固和可靠。吊灯在顶棚上的安装如图 6-13 所示。

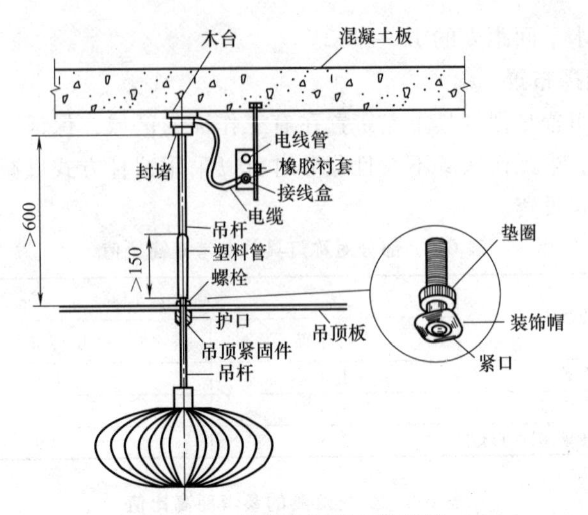

图 6-13　吊灯在顶棚上的安装

2. 大型吊灯的安装

重量较重的吊灯在混凝土顶棚上安装时，要预埋吊钩或螺栓，或者用膨胀螺栓紧固，如图 6-14 所示。大型吊灯因体积大、灯体重，必须固定在建筑物的主体棚面上（或具有承重能力的构架上），不允许在轻钢龙骨吊棚上直接安装。采用膨胀螺栓紧固时，膨胀螺栓规格不

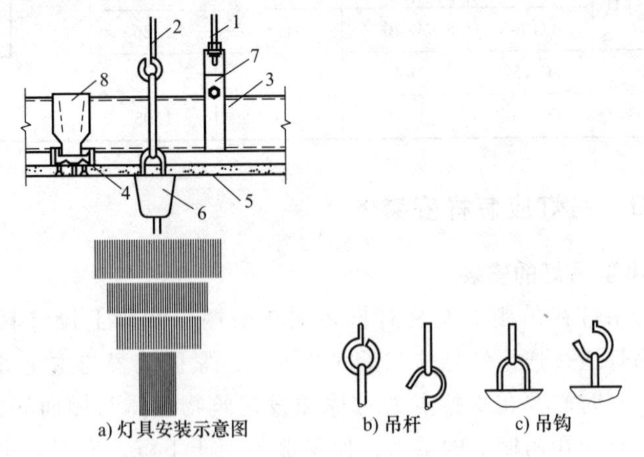

图 6-14　大（重）型吊灯的安装

1—吊杆　2—灯具吊钩　3—大龙骨　4—中龙骨　5—纸面石膏板　6—灯具
7—大龙骨垂直吊挂件　8—中龙骨垂直吊挂件

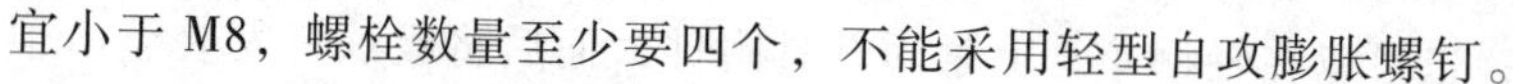

宜小于 M8，螺栓数量至少要四个，不能采用轻型自攻膨胀螺钉。

6-17　吸顶灯应怎样安装？

1. 吸顶灯在混凝土顶棚上的安装

吸顶灯在混凝土顶棚上安装时，可以在浇筑混凝土前，根据图样要求把木砖预埋在里面，也可以安装金属膨胀螺栓，如图 6-15 所示。在安装灯具时，把灯具的底台用木螺钉安装在预埋木砖上，或者用紧固螺栓将底盘固定在混凝土顶棚的膨胀螺栓上，再把吸顶灯与底台、底盘固定。圆形底盘吸顶灯紧固螺栓数量一般不得少于 3 个；方形或矩形底盘吸顶灯紧固螺栓一般不得少于 4 个。

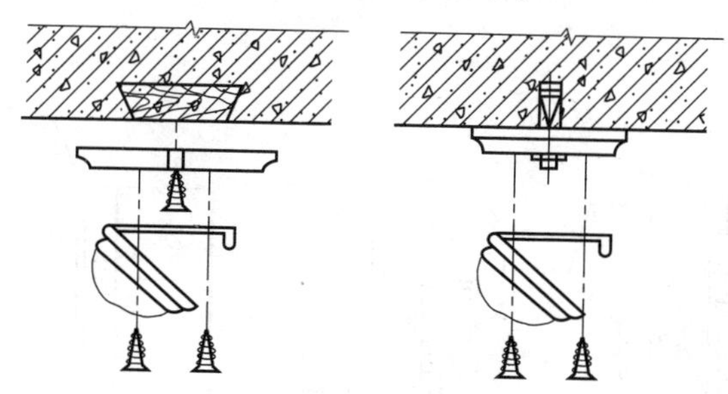

图 6-15　吸顶灯在混凝土顶棚上的安装

2. 吸顶灯在吊顶棚上的安装

小型、轻型吸顶灯可以直接安装在吊顶棚上，但不得用吊顶棚的罩面板作为螺钉的紧固基面。安装时应在罩面板的上面加装木方，木方要固定在吊棚的主龙骨上。安装灯具的紧固螺钉拧紧在木方上，如图 6-16 所示。较大型吸顶灯安装，可以用吊杆将灯具底盘等附件装置悬吊固定在建筑物主体顶棚上，或者固定在吊棚的主龙

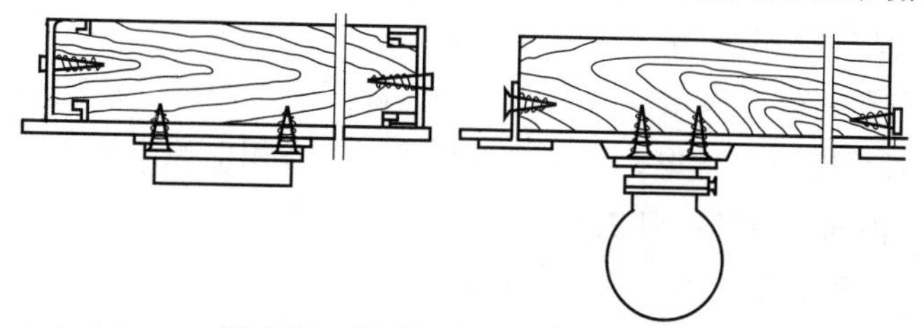

图 6-16　吸顶灯在吊顶棚上的安装

骨上；也可以在轻钢龙骨上紧固灯具附件，而后将吸顶灯安装至吊顶棚上。

6-18　壁灯应怎样安装？

壁灯一般安装在墙上或柱子上。当装在砖墙上时，一般在砌墙时应预埋木砖，但是禁止用木楔代替木砖。当然也可用预埋金属件或打膨胀螺栓的办法来解决。当采用梯形木砖固定壁灯灯具时，木砖须随墙砌入。

在柱子上安装壁灯，可以在柱子上预埋金属构件或用抱箍将灯具固定在柱子上，也可以用膨胀螺栓固定的方法。壁灯的安装如图 6-17 所示。

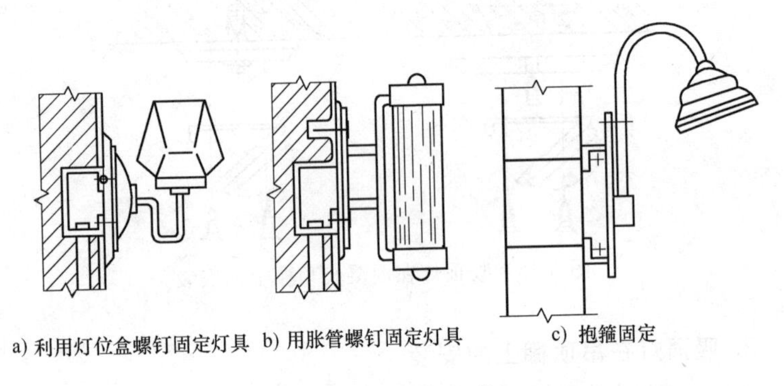

a) 利用灯位盒螺钉固定灯具　b) 用胀管螺钉固定灯具　c) 抱箍固定

图 6-17　壁灯的安装

6-19　应急照明灯应怎样安装？

应急照明灯包括备用照明、疏散照明和安全照明，是建筑物中为保障人身安全和财产安全的安全设施。

应急照明灯应采用双路电源供电，除正常电源外，还应有另一路电源（备用电源）供电，正常电源断电后，备用电源应能在设计时间（几秒）内向应急照明灯供电，使之点亮。

1. 备用照明

备用照明是当正常照明出现故障而工作和活动仍需继续进行时，

而设置的应急照明。备用照明宜安装在墙面或顶棚部位。应急照明灯具中，运行时温度大于60℃的灯具，靠近可燃物时应采用隔热、散热等防火措施。采用白炽灯、卤钨灯等光源时，不可直接安装在可燃物上。

2. 疏散照明

疏散照明是在紧急情况下将人安全地从室内撤离所使用的照明。按其安装位置分为应急出口（安全出口）照明和疏散走道照明。

（1）灯具可采用荧光灯或白炽灯。

（2）疏散照明灯具宜设在安全出口的顶部及楼梯间、疏散走道口转角处，以及距地面1m以下的墙面上。

（3）当在交叉口处的墙面底侧安装难以明确表示疏散方向时，也可将疏散灯安装在顶部。

（4）疏散走道上的标志灯，应有指示疏散方向的箭头标志，标志灯间距不宜大于20m（人防工程中不宜大于10m）。

（5）楼梯间的疏散标志灯宜安装在休息平台板上方的墙角处或墙壁上，并应用箭头及阿拉伯数字清楚标明上、下层的层号。

3. 安全照明

安全照明是在正常照明出现故障时，能使操作人员或其他人员解脱危险的照明。

（1）安全出口标志灯宜安装在疏散门口的上方，在首层的疏散楼梯应安装于楼梯口的里侧上方。

（2）安全出口标志灯距地面高度宜不小于2m。

（3）疏散走道上的安全出口标志灯可明装，而在厅室内宜暗装。

（4）安全出口标志灯应有图形和文字符号。在有无障碍设计要求时，宜同时设有音响指示信号。

（5）安全照明可采用卤钨灯，或采用瞬时可靠点燃的荧光灯。

（6）可调光的安全出口标志灯宜用于影剧院内的观众厅。在正常情况下可减光使用，火灾事故时应自动接通至全亮状态。

疏散、安全出口标志灯的安装如图6-18所示。

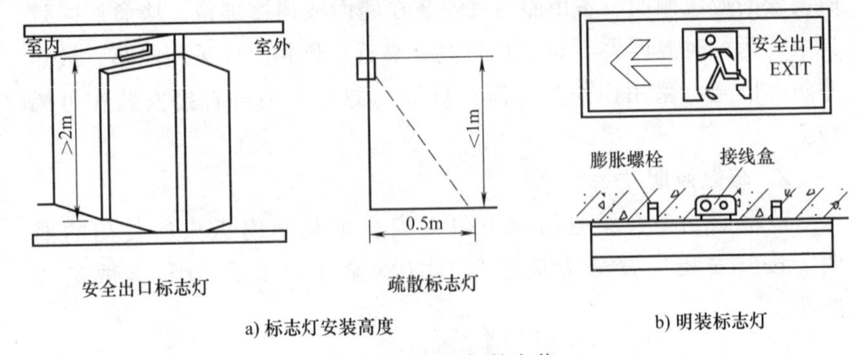

图 6-18　标志灯的安装

6-20　防爆灯具应怎样安装?

防爆灯具的安装要求如下：

(1) 灯具的防爆标志、外壳防护等级和温度组别与爆炸危险环境相适配。当设计无要求时，灯具种类和防爆结构的选型应符合表 6-4 的规定。

表 6-4　灯具种类和防爆结构的选型

照明设备种类 \ 爆炸危险区域 / 防爆结构	Ⅰ区		Ⅱ区	
	隔爆型 d	增安型 e	隔爆型 d	增安型 e
固定式灯	○	×	○	○
移动式灯	△	—	○	—
携带式电池灯	○	—	○	—
镇流器	○	△	○	○

注：○为适用；△为慎用；×为不适用。

(2) 灯具配套齐全，不得使用非防爆零件替代防爆灯具的配件（金属护网、灯罩、接线盒等）。

(3) 开关安装位置要便于操作，离地面高度 1.3m 左右。

(4) 灯具的安装位置离开释放源，且不在各种管道的泄压口及排放口上、下方安装灯具。

(5) 灯具及开关的安装应牢固、可靠，灯具吊管及开关与接线盒

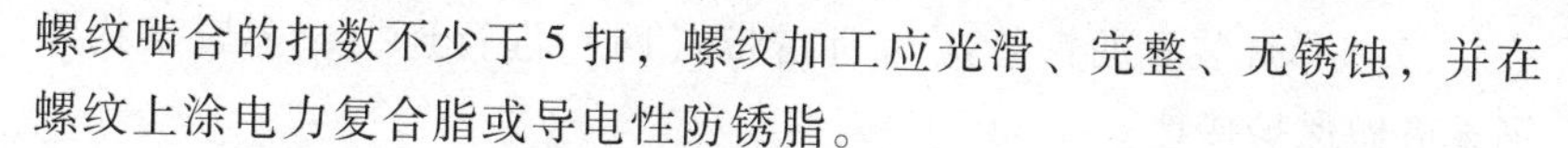

螺纹啮合的扣数不少于 5 扣，螺纹加工应光滑、完整、无锈蚀，并在螺纹上涂电力复合脂或导电性防锈脂。

（6）灯具及开关的紧固螺栓无松动、无锈蚀，密封垫圈应完好。

（7）灯具及开关的外壳应完整，无损伤、凹陷或沟槽，灯罩无裂纹，金属护网无扭曲变形，防爆标志清晰。

6-21　如何安装建筑物彩灯？

在临街的大型建筑物上，沿建筑物轮廓装设彩灯，以便晚上或节日期间使建筑物显得更为壮观，增添节日气氛。安装要求如下：

（1）建筑物顶部彩灯灯具应使用具有防雨性能的灯具，安装时应将灯罩装紧。

（2）装彩灯时，应使用钢管敷设，管路应按照明管敷设工艺安装，并应具有防雨水功能。管路连接和进入灯头盒均应采用螺纹联接，螺纹应缠防水胶带或缠麻抹铅油，如图 6-19 所示。

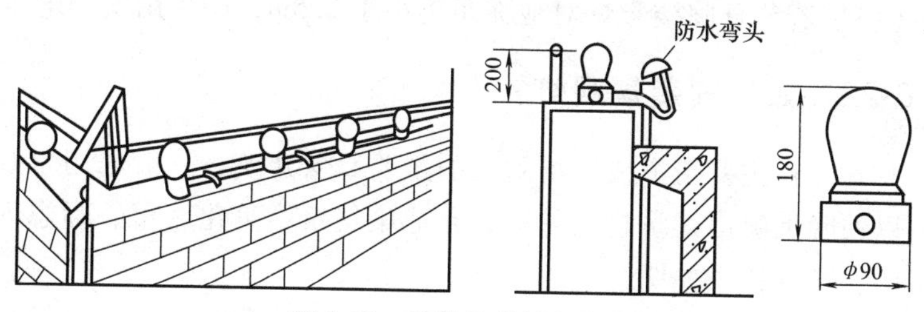

图 6-19　建筑物彩灯的安装

（3）土建施工完成后，顺线路的敷设方向拉线定位。根据灯具位置及间距要求，沿线打孔埋入塑料胀管。将组装好的灯底座及连接钢管一起放到安装位置，用膨胀螺栓把灯座固定。

（4）垂直彩灯悬挂挑臂应采用 10 号槽钢，开口吊钩螺栓直径≥10mm，上、下均附平垫圈，弹簧垫圈、螺母安装紧固。

（5）钢丝绳直径应≥4.5mm，底盘可参照拉线底盘安装，底把≥16mm圆钢。

（6）布线可参照钢索室外明配线工艺，灯口应采用防水吊线灯口。

(7) 彩灯装置的钢管应与避雷带（网）进行连接，金属架构及钢索应做保护接地。

(8) 悬挂式彩灯一般采用防水吊线灯口，同线路一起悬挂于钢丝绳上。悬挂式彩灯导线应采用绝缘强度不低于500V的橡胶铜导线，截面积不应小于$4mm^2$。灯头线与干线的连接应牢固，绝缘包扎紧密。

(9) 安装固定的彩灯时，灯间距离一般为600mm，每个灯泡的功率不宜超过15W，节日彩灯每一单相回路不宜超过100个。各个支路工作电流不应超过10A。

(10) 节日彩灯线路敷设应使用绝缘软铜线，干线路、分支线路的最小截面积不应小于$2.5mm^2$，灯头线不应小于$1mm^2$。

(11) 节日彩灯除统一控制外，每个支路应有单独控制开关及熔断器保护，导线不能直接承力，所有导线的支持物应安装牢固。

(12) 对人能触及到的水平敷设的节日彩灯导线，应设置“电气危险”的警告牌。垂直敷设时，对地面距离不应小于3m。

(13) 若节日牌楼彩灯对地面距离小于2.5m，应采用安全电压。

6-22 如何安装景观灯？

对耸立在主要街道或广场附近的重要高层建筑，一般采用景观照明，以便晚上突出建筑物的轮廓，是渲染气氛、美化城市、标志人类文明的一种宣传性照明。

建筑物景观照明主要有建筑物投光灯、玻璃幕墙射灯、草坪射灯和其他射灯等。建筑物的景观照明，可采用在建筑物本体或在相邻建筑物上设置灯具的布置方式，或者把两种方式相结合，也可将灯具设置在地面绿化带中，如图6-20所示。建筑物投光灯的安装方式如图6-21所示。

景观照明安装要求如下：

(1) 在人行道等人员密集来往场所安装的落地式灯具，无围栏防护的安装高度距地面应在2.5m以上。

(2) 在离开建筑物处地面安装泛光灯时，为了能得到较均匀的亮度，灯和建筑物的距离D与建筑物高度H之比不应小于1/10，即$D/H \geq 1/10$。

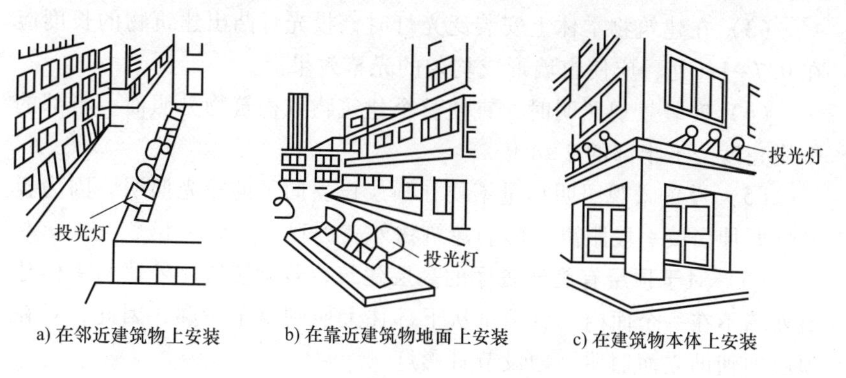

a) 在邻近建筑物上安装　b) 在靠近建筑物地面上安装　c) 在建筑物本体上安装

图 6-20　建筑物投光灯的布置方式

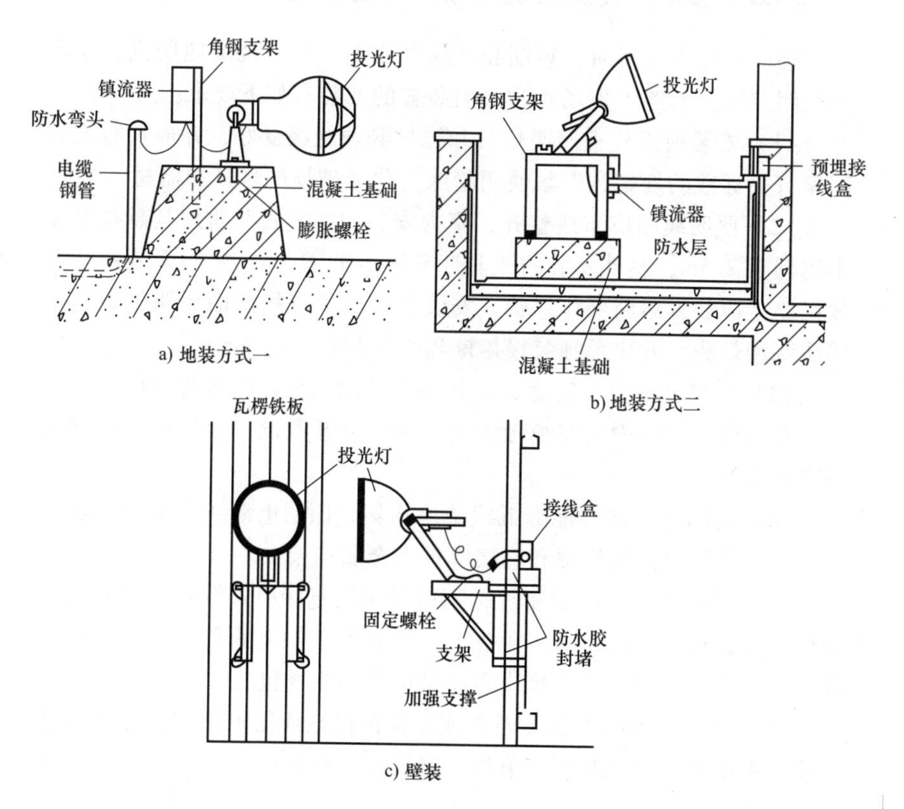

a) 地装方式一

b) 地装方式二

c) 壁装

图 6-21　建筑物投光灯的安装

(3) 在建筑物本体上安装泛光灯时，投光灯凸出建筑物的长度应在 0.7~1m 处，应使窗墙形成均匀的光幕效果。

(4) 安装景观照明时，宜使整个建筑物或构筑物受照面上半部的平均亮度为下半部的 2~4 倍。

(5) 设置景观照明尽量不要在顶层设立向下的投光照明，因为投光灯要伸出墙一段距离，影响建筑物外表美观。

(6) 对于顶层有旋转餐厅的高层建筑，若旋转餐厅外墙与主体建筑外墙不在一个面内，就很难从下部往上照到整个轮廓，因此，宜在顶层加辅助立面照明，增设节日彩灯。

6-23 怎样安装施工现场临时照明装置?

临时用电应是暂时、短期和非周期用电。施工现场照明则属于临时照明装置。对施工现场临时照明装置的安装有如下要求：

(1) 安装前应检查照明灯具和器材必须绝缘良好，并应符合现行国家有关标准的规定，严禁使用绝缘老化或破损的灯具和器材。

(2) 照明线路应布线整齐，室内安装的固定式照明灯具悬挂高度不得低于 2.5m，室外安装的照明灯具不得低于 3m，照明系统每一单相回路上应装设熔断器作保护。安装在露天工作场所的照明灯具应选用防水型灯头，并应单独装设熔断器作保护。

(3) 现场办公室、宿舍、工作棚内的照明线，除橡套软电缆和塑料护套线外，均应固定在绝缘子上，并应分开敷设；导线穿过墙壁时应套绝缘管。

(4) 为防止绝缘性能降低或绝缘损坏，照明电源线路不得接触潮湿地面，也不得接近热源和直接绑挂在金属构架上。

(5) 照明开关应控制相线，不得将相线直接引入灯具。当采用螺口灯头时，相线应接在中心触头上，防止产生触电的危险。灯具内的接线必须牢固，灯具外的接线必须做可靠的绝缘包扎。

(6) 照明灯具的金属外壳必须作保护接地或保护接零。灯头的绝缘外壳不得有损伤和漏电。单相回路的照明开关箱（板）内必须装设漏电保护器。

(7) 施工现场照明应采用高光效、长寿命的照明光源。照明灯具与易燃物之间应保持一定的安全距离。

（8）暂设工程照明灯具、开关安装位置应符合以下要求：

1）拉线开关距地面高度为 2～3m，临时照明灯具宜采用拉线开关。

2）其他开关距地面高度为 1.3m。

3）严禁在床上装设开关。

（9）对于夜间影响飞机或车辆通行的在建工程或机械设备，必须设置醒目的红色信号灯，其电源应设在施工现场电源总开关的前侧。

6-24　怎样对建筑物照明进行通电试运行?

灯具安装完成，并经绝缘试验检查合格后，方可通电试运行。如有问题，可断开回路，分区测量直至找到故障点。通电后应仔细检查和巡视，如发现问题应立即断电，查出原因并进行修复。

1. 通电试运行前检查

（1）复查总电源开关到各照明回路进线电源开关是否正确。

（2）照明配电箱和回路标识应正确一致。

（3）检查漏电保护器接线是否正确。

（4）检查开关箱内各接线端子连接是否正确可靠。

（5）断开各回路分电源开关，合上总进线开关，检查漏电测试按钮是否灵敏有效。

2. 分回路通电试运行

（1）必须做好电气安全检查及相关准备工作后方可进行通电试运行。

（2）将各回路灯具等用电设备开关全部置于断开位置。

（3）逐次合上各分回路电源开关。

（4）分回路逐次合上灯具的控制开关，检查灯具的控制是否灵活、准确；检查开关和灯具控制顺序是否对应。

（5）用验电笔检查各插座相序连接是否正确，带开关插座的开关是否能正确关断相线。

如发现问题应立即断电。对检查中发现的问题应采取分回路隔离排除法予以解决。严禁带电作业。对于开关刚送电，漏电保护就跳闸的现象，应重点检查工作零线和保护零线是否混接，导线是否绝缘不良等。

3. 系统通电连续试运行

公用建筑照明系统通电连续试运行时间应为 24h，民用住宅照明系统通电连续试运行时间应为 8h。所有照明灯具均应开启，并且每 2h 记录运行状态一次，连续试运行时间内应没有故障。

4. 送电及试灯的注意事项

（1）送电时先合总闸，再合分闸，最后合支路开关。

（2）试灯时先试支路负载，再试分路，最后试总路。

（3）使用熔丝作保护的开关，其熔丝应按负载额定电流的 1.1 倍选择。

（4）送电前应将总闸、分闸、支路开关全部关掉。

6-25 怎样安装吊扇？

（1）吊扇的安装需要在土建施工中，根据图样预埋吊钩。吊钩不应小于悬挂销钉的直径，且应用不小于 8mm 的圆钢制作。在不同的建筑结构中，吊钩的安装方法也不同。

（2）吊扇的规格、型号必须符合设计要求，并有产品合格证。吊扇叶片应无变形，吊杆长度应合适。

（3）组装吊扇时应根据产品说明书进行，注意不要改变扇叶的角度。扇叶的固定螺钉应装防松装置。

（4）吊扇与吊杆之间、吊杆与电动机之间，螺纹连接啮合长度不得小于 20mm，并必须有防松装置。吊扇吊杆上的悬挂销钉必须装设防振橡皮垫，销钉的防松装置应齐全、可靠。

（5）安装前检查、清理接线盒，注意检查接线盒预埋安装位置是否接错。

（6）吊扇接线时注意区分导线的颜色，应与系统穿线颜色一致，以区别相线、零线及保护地线。

（7）将吊扇通过减振橡胶耳环挂牢在预埋的吊钩上，吊钩挂上吊扇后，一定要使吊扇的重心和吊钩垂直部分在同一垂线上。吊钩伸出建筑物的长度应以盖住风扇吊杆护罩后能将整个吊钩全部罩住为宜，如图 6-22 所示。

（8）用压接帽接好电源接头，将接头扣于扣碗内，紧贴顶棚后拧紧固定螺钉。按要求安装好扇叶，扇叶距地面高度不应低于 2.5m。

（9）吊扇调速开关安装高度应为 1.3m。同一室内并列安装的吊扇开关高度应一致，且控制有序不错位。

（10）吊扇运转时扇叶不应有明显的颤动和异常声响。

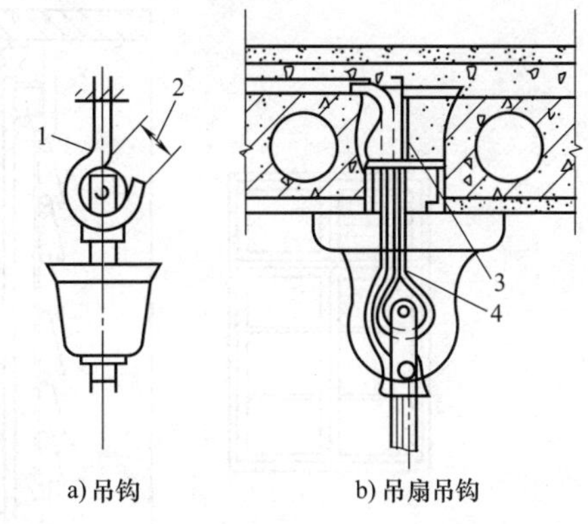

图 6-22　吊扇吊钩的安装

1—吊钩曲率半径　2—吊扇橡胶轮直径

3—水泥砂浆　4—ϕ8 圆钢

6-26　怎样安装换气扇？

换气扇一般在公共场所、卫生间及厨房内墙体或窗户上安装。电源插座、控制开关须使用防溅型开关、插座。换气扇在墙上、窗上的安装方法如图 6-23 和图 6-24 所示。

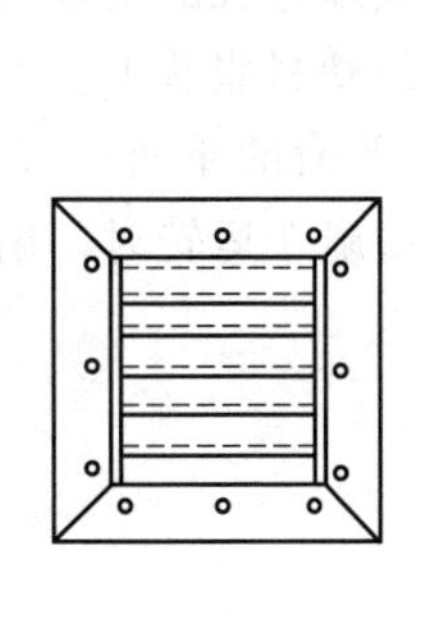

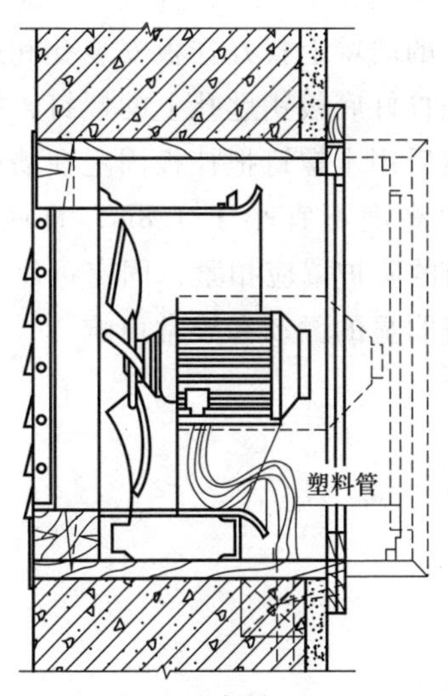

a) 立面　　b) 剖面

图 6-23　换气扇（三相）在墙上的安装

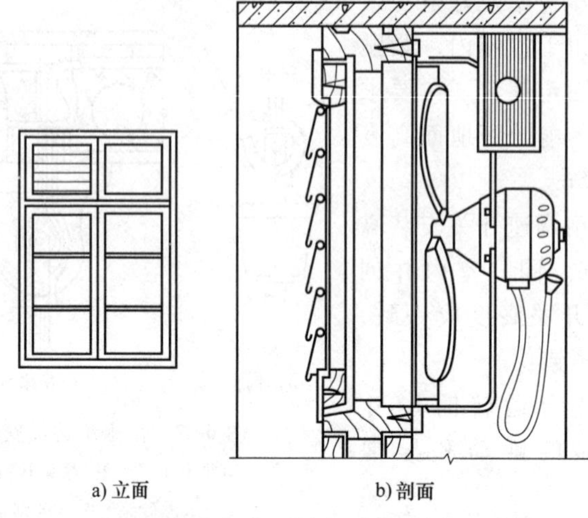

图 6-24　换气扇（单相）在窗上的安装

6-27　怎样安装壁扇？

壁扇底座在墙上采用塑料胀管或膨胀螺栓固定，塑料胀管或膨胀螺栓的数量不应少于 2 个，且直径不应小于 8mm，壁扇底座应固定牢固。在安装的墙壁上找好挂板安装孔和底板钥匙孔的位置，安装好塑料胀管。先拧好底板钥匙孔上的螺钉，把风扇底板的钥匙孔套在墙壁螺钉上，然后用木螺钉把挂板固定在墙壁的塑料胀管上。壁扇的下侧边线距地面高度不宜小于 1.8m，且底座平面的垂直偏差不宜大于 2mm。壁扇的防护罩应扣紧，固定可靠。壁扇在运转时，扇叶和防护罩均不应有明显的颤动和异常声响。

第7章 Chapter 07

开关与插座的安装

7-1 普通照明开关有哪些种类？

1. 开关的类型

开关意为开启和关闭，开关的作用是接通和断开电路。

照明线路常用的开关有拉线开关、扳把开关、平开关（跷板开关）等。在住宅的楼道等公共场所，为了节约用电，方便使用，还安装了延时开关（如按钮式延时开关、触摸开关、声控开关等），以使人员离开后，开关自动断电，灯自动熄灭。

根据开关的安装形式，可分为明装式和暗装式。明装式开关有拉线开关、扳把开关等；暗装时开关多采用平开关。

根据开关的结构，可分为单极开关、双极开关、三极开关、单控开关、双控开关、多控开关和旋转开关等。

开关还可以根据需要制成复合式开关，如能够随外界光线变化而接通和断开电源的光敏自动开关，用晶闸管或其他元器件改变电压以调节灯光亮度的调光开关和定时开关。

2. 开关的规格

（1）86 型开关：最常见的开关的外观是方的，外形尺寸为86mm×86mm，这种开关常叫 86 型开关，86 型为国际标准，很多发达国家都是装的 86 型，也是我国大多数地区工程和家装中最常用的开关。

（2）118 型开关：118 型开关一般指的是横装的长条开关。118 型开关一般是自由组合式样的：在边框里面卡入不同的功能模块组合而成。118 型开关一般分为小盒、中盒和大盒，长尺寸分别是 118mm、154mm、195mm，宽度一般都是 74mm，118 型开关插座的优势就在于比较灵活，可以根据自己的需要和喜好调换颜色，拆装方便，风格自由。

（3）120 型开关：120 型常见的模块以 1/3 为基础标准，即在一个竖装的标准 120mm×74mm 面板上，能安装下三个 1/3 标准模块。模块按大小分为 1/3、2/3、1 位三种。120 型指面板的高度为 120mm，可配套一个单元、两个单元或三个单元的功能件。

120 型开关的外形尺寸有两种，一种为单连，74mm×120mm，可配置一个单元、两个单元或三个单元的功能件；一种为双连，120mm×120mm，可配置四个单元、五个单元或六个单元的功能件。

（4）146 型开关：宽度是普通开关插座的两倍，如有些四位开关、十孔插座等，面板尺寸一般为 86mm×146mm 或类似尺寸，安装孔中心距为 120.6mm，注意，长型暗盒才能安装。

7-2 如何选择照明开关？

1. 选择开关的方法

因为开关的规格一般以额定电压和额定电流表示，所以开关的选择除考虑式样外，还要注意电压和电流。照明供电的电源一般为 220V，应选择额定电压为 250V 的开关。开关额定电流的选择应由负载（电灯和其他家用电器）的电流来决定。用于普通照明时，可选用 2.5~10A 的开关；用于大功率负载时，应先计算出负载电流，再按两倍负载电流的大小选择开关的额定电流。如果负载电流很大，选择不到相应的开关，则应选用低压断路器或开启式负荷开关。

（1）明装式开关。明装式开关有扳把开关和拉线开关两类。扳把开关安装在墙面木台上；拉线开关也安装在墙面木台上，由于安装的位置在高处，使用时人手不直接接触开关，因此比较安全。

（2）暗装式开关。暗装式开关嵌装在墙壁上与暗线相连接，既美观，又安全。安装前必须把电线、接线盒预埋在墙内，并把导线从接线盒的电线孔穿入。

2. 根据安装地点选择开关

（1）装在卫生间门内的开关，应采用防潮、防水型面板或使用绝缘绳操作的拉线开关。

（2）旅馆客房的进门处宜设有面板上带有指示灯的开关。客房床头照明宜采用调光开关。

（3）高层住宅楼梯如选用定时开关时，应有限流功能，并在事故情况下强制转换至点亮状态。

（4）医院护理单元的通道照明宜在深夜可以关掉其中一部分或采用调光开关。手术室的一般照明宜采用调光方式。

（5）安装在室外或室内潮湿场所的拉线开关，应使用瓷质防水拉线开关。

（6）民用住宅严禁设置床头开关。

另外还应注意，在同一工程中应尽量采用同一类型的产品，以利管理和维修。

7-3　怎样检查开关插座的质量？

市场上开关插座品种多样、良莠不齐，使消费者选购时无所适从，而开关插座不仅是一种家居功能用品，更是安全用电的主要零部件，其产品质量、性能材质对于预防火灾、降低损耗都有至关重要的决定性作用。开关插座的检查方法如下：

（1）眼观：一般好的产品外观平整、无毛刺，色泽亮丽，采用优质材料，阻燃性能良好，不易碎。有的产品表面虽光洁，似乎涂了一层油，但色泽苍白、质地粗糙，此类材料阻燃性不好，可以用火点燃试试它的阻燃性怎么样。要是点着很快熄灭，则为好的塑料，否则就是很差的塑料。

（2）手按：好的产品面板用手不会直接取下，必须借助一定的专用工具，而一般的非主流中、低档产品则很容易用手取下面盖，造成家居和公共场所的不美观。选择时用食指、拇指分按面盖对角的端点，一端按住不动，另一端用力按压，面盖松动、下陷的产品质量较差，反之则质量可信。

（3）耳听：轻按开关功能件，滑板式声音轻微、手感顺畅、节奏感强则质量较优；反之，启闭时声音不纯、动感涩滞、有中途间歇状态的声音则质量较差。

（4）看结构：较通用的开关结构有两种：

1）滑板式和摆杆式。滑板式开关声音雄厚，手感舒适；摆杆式声音清脆，有稍许金属撞击声，在消灭电弧及使用寿命方面比传统的滑板式结构较稳定，技术成熟。

2）双孔压板接线较螺钉压线更安全。因前者增加导线与电器件接触面积，耐氧化，不易发生松动、接触不良等故障；而后者螺钉在紧固时容易压伤导线，接触面积小，使导电部件易氧化、老化，导致接触不良。

（5）比选材：开关采用纯银触头时，其导电能力强，发热量低，安全性能高。触头采用铜质材料则性能大打折扣；插座材料采用锡磷生铜片可得到配合最好的强度、韧性、弹性等指标，比一般黄铜作簧片的插座耐用数十倍，且极少有插板时强烈的电弧烧坏插座的现象。

（6）看重量：购买开关时还应掂量一下单个开关的重量。因为只有开关里面的铜片厚，单个开关的重量才会大，而里面的铜片是开关最关键的部分，如果是合金的或者薄的铜片将不会有同样的重量和品质。优质插座内部的铜材选择搭配合理，并保证足够厚度，能提高结构保持力和电导率。目前市场最好的插座使用的是黄铜，其次是磷青铜和紫铜。

（7）看标识：市场上常用的一般家庭开关的额定电流为10A，插座电流为10A或16A以上。

（8）认品牌：名牌产品经时间、市场的严格考验，是消费者心目中公认的安全产品，无论是材质、品质均严格把关，包装、运输、展示、形象设计各方面均有优质的流程，名牌电工产品不仅是一种安全电工功能用品，更是一件精致、优雅、折射出高雅文化品位的艺术品。

7-4 照明开关安装施工有哪些技术要求？

开关明装时，应先在定位处预埋木榫或膨胀螺栓（多采用塑料胀管）以固定木台，然后在木台上安装开关。开关暗装时，应装设图7-1所示的专用安装盒，一般是先预埋，再用水泥砂浆填充抹平，接线盒口与墙面粉刷层平齐，等穿线完毕后再安装开关，其盖板或面板应端正并紧贴墙面。开关安装的一般要求如下：

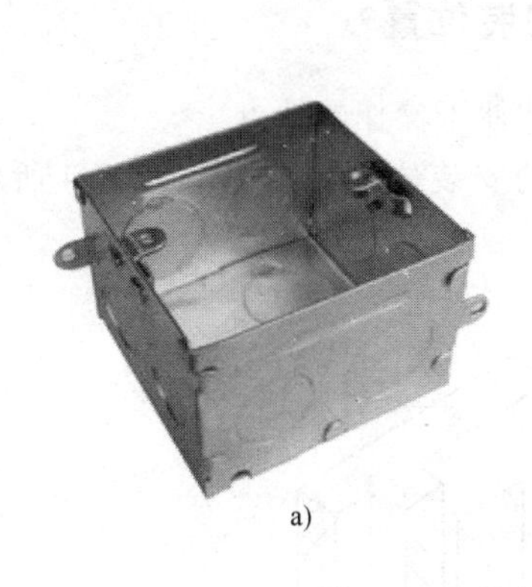
a)

b)

图 7-1　暗装式开关底座的外形

（1）开关结构应适应安装场所的环境，如潮湿环境应选用瓷质防水开关，多粉尘的场所应选用密闭开关。

（2）应结合室内配线方式选择开关的类型。

（3）开关的额定电流不应小于所控电器的额定电流，开关的额定电压应与受电电压相符。

（4）开关的绝缘电阻不应低于 2MΩ，耐压强度不应低于 2000V。

（5）开关的操作机构应灵活轻巧，其动作由瞬时转换机构来完成。触头应接触可靠，除拉线开关、双投开关以外，触头的接通和断开，均应有明显标志。

（6）单极开关应串接在灯头的相线上，不应串接在零线回路上，这样当开关处于断开位置时，灯头及电气设备上不带电，以保证检修或清洁时的人身安全。

（7）开关的带电部件应使用罩盖封闭在开关内。

（8）住户的卧室内严禁装设床头开关。

（9）拉线开关的拉线应采用绝缘绳，长度不应小于 1.5m。拉线机构和拉绳以 98N 的力作用 1min，开关不应失灵。拉线开关的拉线口应于拉线方向一致，这样拉线不易拉断。

（10）连接多联开关时，一定要有逻辑标准，或者按照灯方位的前后顺序，一个一个渐远。

 7-5 如何确定照明开关的安装位置？

（1）开关通常装在门左边或其他便于操作的地点。

（2）扳把开关和跷板式开关等的安装位置如图 7-2～图 7-4 所示，

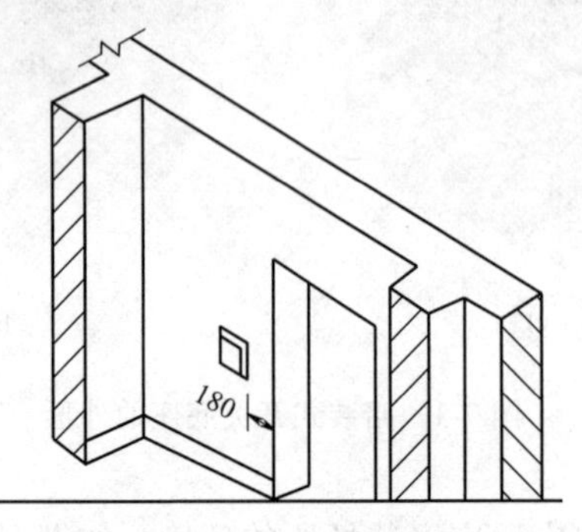

图 7-2 门旁开关盒的位置

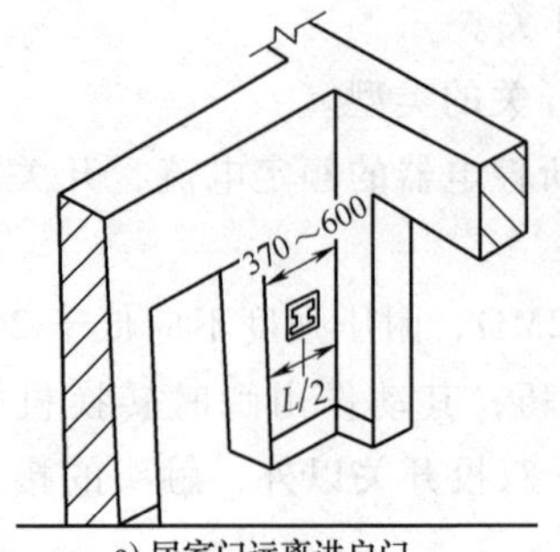

a) 居室门远离进户门

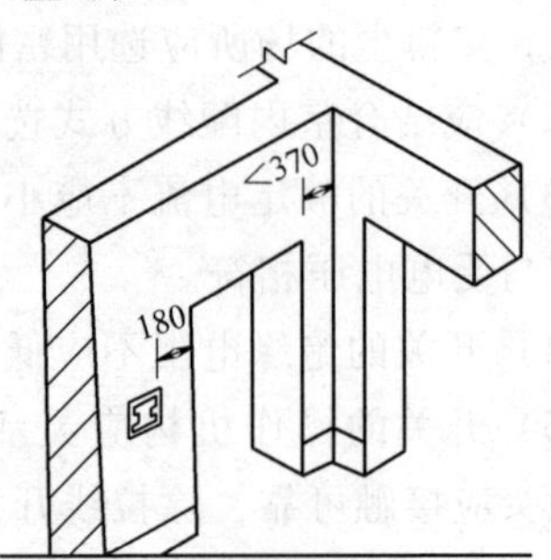

b) 居室门邻近进户门

图 7-3 进户开关在居室门旁的设置

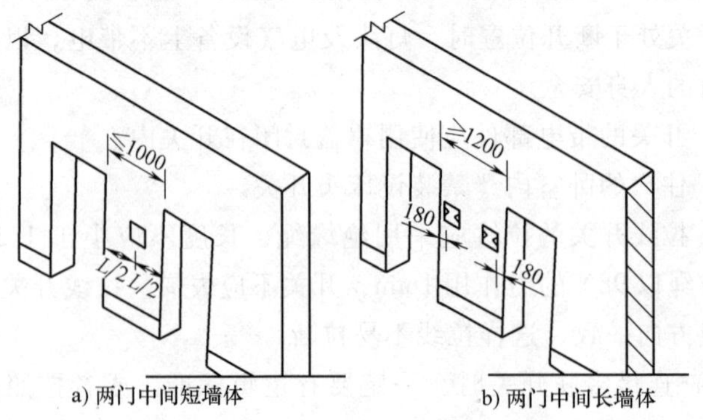

a) 两门中间短墙体　　b) 两门中间长墙体

图 7-4 两门中间墙上的开关盒位置

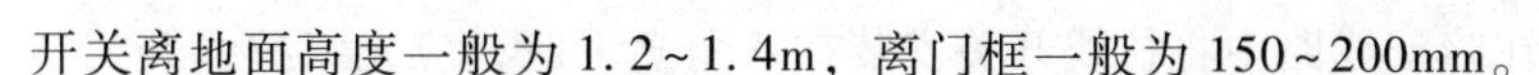

开关离地面高度一般为 1.2~1.4m，离门框一般为 150~200mm。

（3）拉线开关离地面高度一般为 2.2~2.8m，离门框一般为150~200mm，若室内净距离低于 3m，则拉线开关离天花板 200mm。

（4）开关位置应与灯位相对应，同一室内开关的开、闭方向应一致。成排安装的开关，其高度应一致，高度差应不大于 2mm。

（5）暗装式开关的盖板应端正、严密，与墙面齐平。明装式开关应装在厚度不小于 15mm 的木台上。

7-6　如何安装拉线开关？

1. 明装拉线开关的安装

明装拉线开关既可以装设在明配线路中，也可以装设在暗配线路的八角盒上。

在明配线路中安装拉线开关时，应先固定好木台（绝缘台），拧下拉线开关盖，把两个线头分别穿入开关底座的两个穿线孔内，用两个木螺钉将开关底座固定在木台上，把导线分别固定到接线桩上，然后拧上开关盖，如图 7-5 所示。明装拉线开关的拉线出口应垂直向下，不使拉线与盒口摩擦，防止拉线磨损断裂。

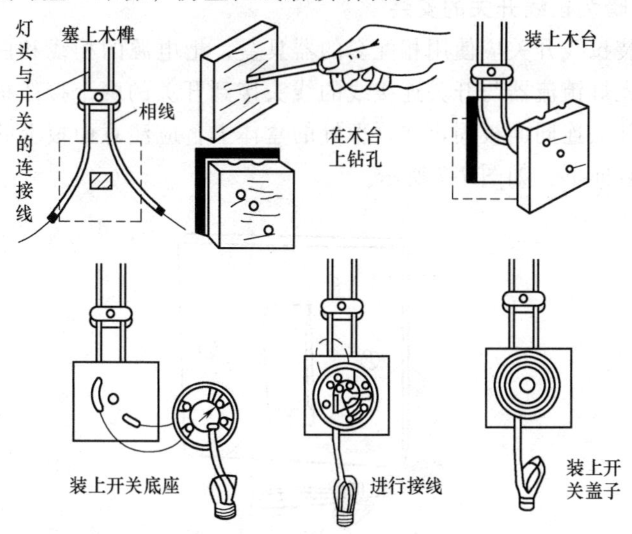

图 7-5　明装拉线开关的安装步骤和方法

在暗配线路中将拉线开关安装在八角盒上时，应先将拉线开关与绝缘台固定好，拉线开关应在绝缘台中心。在现场一并接线及固定开关连同绝缘台。在暗配线路中，明装拉线开关的安装方法如图 7-6 所示。

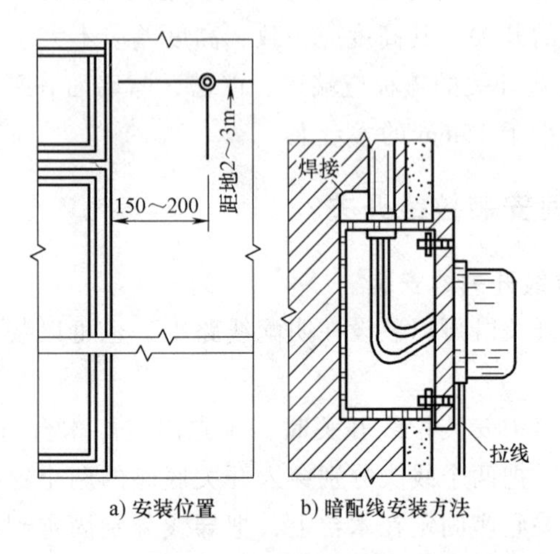

图 7-6　明装拉线开关的暗配线安装方法

2. 暗装拉线开关的安装

暗装拉线开关应使用相配套的器具盒，把电源的相线和白炽灯灯座或荧光灯镇流器与开关连接线的线头接到开关的两个接线桩上，然后再将开关连同面板固定在预埋好的盒体上，应注意面板上的拉线出口应垂直向下，如图 7-7 所示。

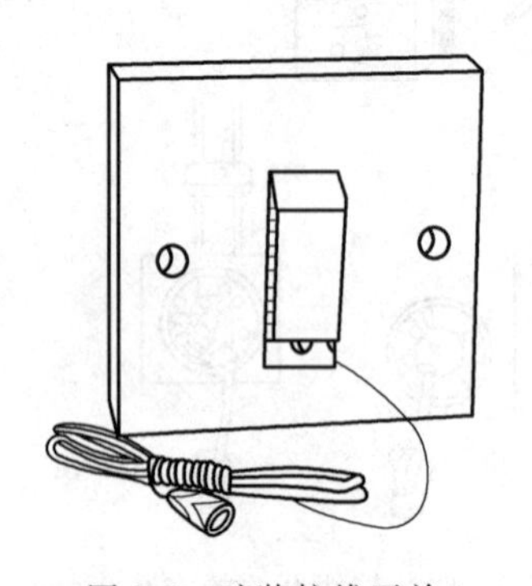

图 7-7　暗装拉线开关

7-7　如何安装扳把开关？

1. 明扳把开关的安装

在明配线路的场所，应安装明扳把开关。明扳把开关的外形及内部结构如图 7-8 所示。安装明扳把开关时，需要先把绝缘台固定在墙上，将导线甩至绝缘台以外，在绝缘台上安装开关和接线，接成扳把向上开灯、扳把向下关灯。

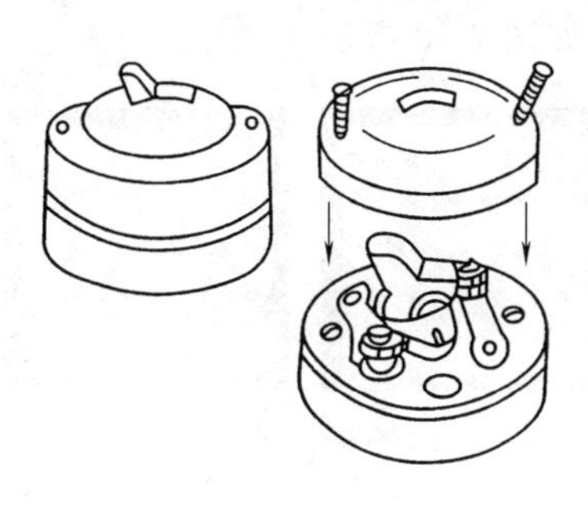

图 7-8　明扳把开关的外形及内部结构

2. 暗扳把开关的安装

暗装扳把开关接线时，把电源相线接到一个静触头接线桩上，另一个动触头接线桩接来自灯具的导线，如图 7-9 所示。在接线时也应接成扳把向上时开灯，扳把向下时关灯（两处控制一盏灯的除外）。然后将开关芯连同支持架固定在盒上，开关的扳把必须安装正，再盖好开关盖板，用螺栓将盖板与支持架固定牢固，盖板应紧贴建筑物表面，扳把不得卡在盖板上。

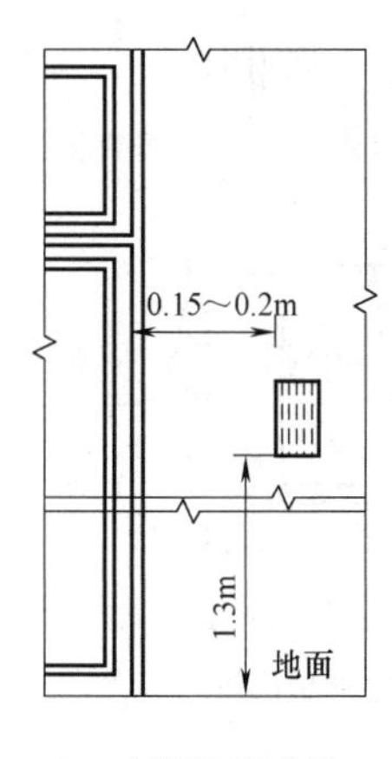

a) 扳把开关位置

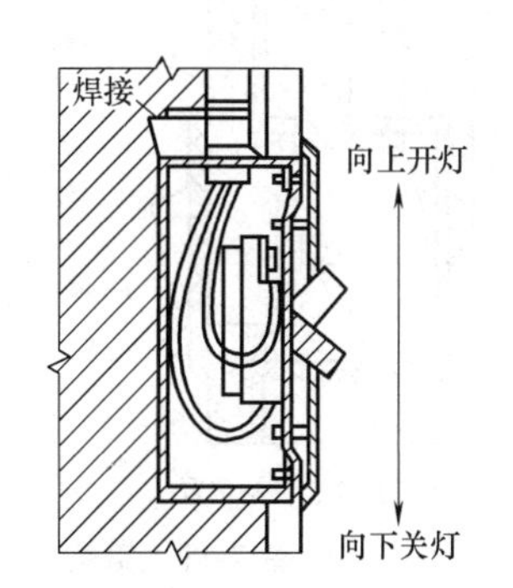

b) 暗扳把开关

图 7-9　暗扳把开关的安装

7-8 如何安装跷板开关？

跷板开关也称船形开关、翘板开关、电源开关。其触头分为单刀单掷和双刀双掷等几种，有些开关还带有指示灯。常用跷板开关的外形如图 7-10 所示。

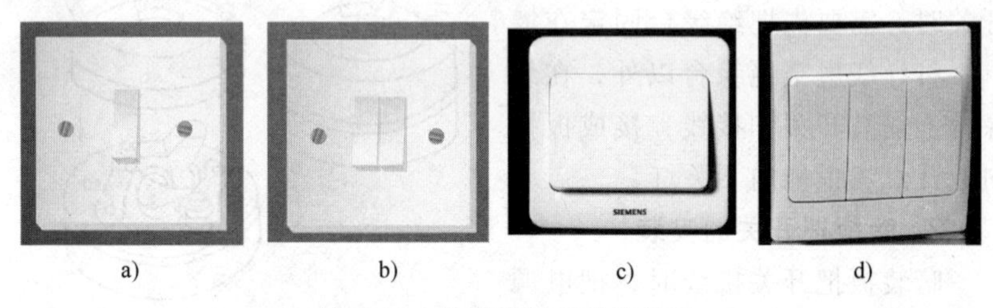

图 7-10 常用跷板开关的外形

暗装跷板开关安装接线时，应使开关切断相线，并应根据开关跷板或面板上的标志确定面板的装置方向。面板上有指示灯的，指示灯应在上面；面板上有产品标记的不能装反。

当开关的跷板和面板上无任何标志时，应装成将跷板下部按下时，开关应处于合闸的位置，将跷板上部按下时，开关应处于断开的位置，即从侧面看跷板上部突出时灯亮，下部突出时灯熄，如图 7-11 所示。

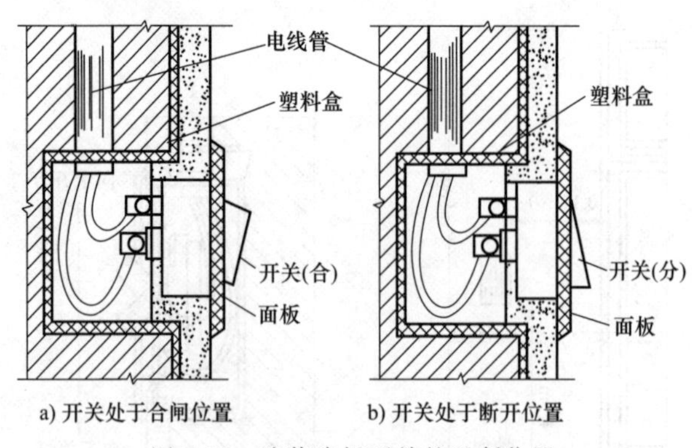

图 7-11 暗装跷板开关的通断位置

暗装跷板开关的安装方法与其他暗装开关的安装方法相同，由于暗装开关是安装在暗盒上的，在安装暗装开关时，要求暗盒（又称安装盒或底盒）已嵌入墙内并已穿线，暗装开关的安装如图 7-12 所示，先从暗盒中拉出导线，接在开关的接线端上，然后用螺钉将开关主体固定在暗盒上，再依次装好盖板和面板即可。

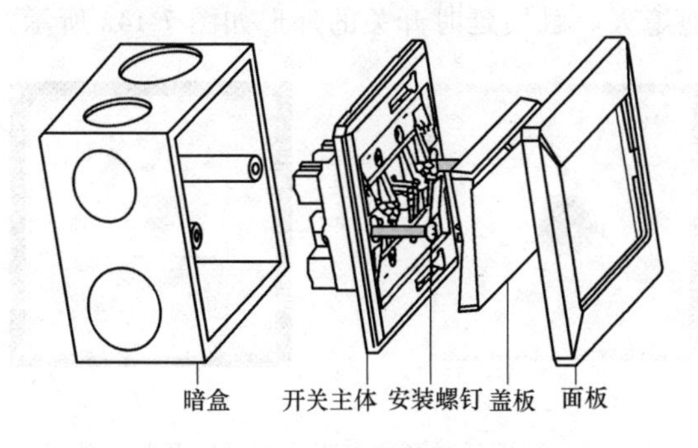

图 7-12　暗装开关的安装

7-9　如何安装防潮防溅开关？

安装在潮湿场所室内的开关，应使用面板上带有薄膜的防潮防溅开关，如图 7-13 所示。在凹凸不平的墙面上安装时，为提高电器的密封性能，需要加装一个橡胶垫，以弥补墙面不平整的缺陷。

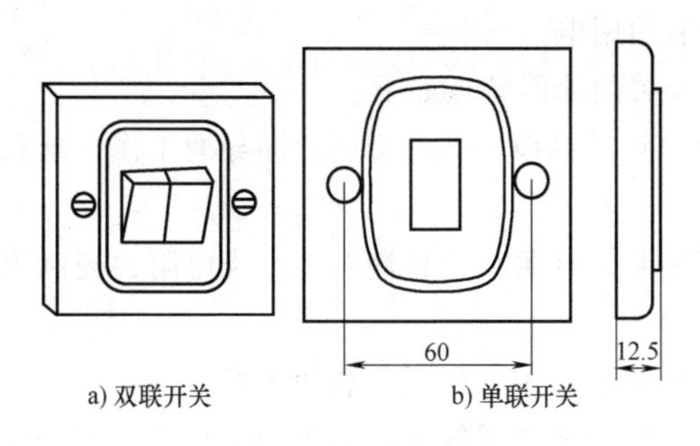

图 7-13　防潮防溅开关

7-10　触摸延时开关和声光控延时开关各有什么特点？

1. 触摸式延时开关

触摸式延时开关有一个金属感应片在外面，手一触摸就产生一个信号触发晶体管导通，对一个电容充电，电容形成一个电压维持一个场效应晶体管导通，灯泡发光。当把手拿开后，停止对电容充电，过一段时间电容放电完了，场效应晶体管的栅极就成了低电平，进入截止状态，灯泡熄灭。触摸延时开关的外形如图 7-14a 所示。

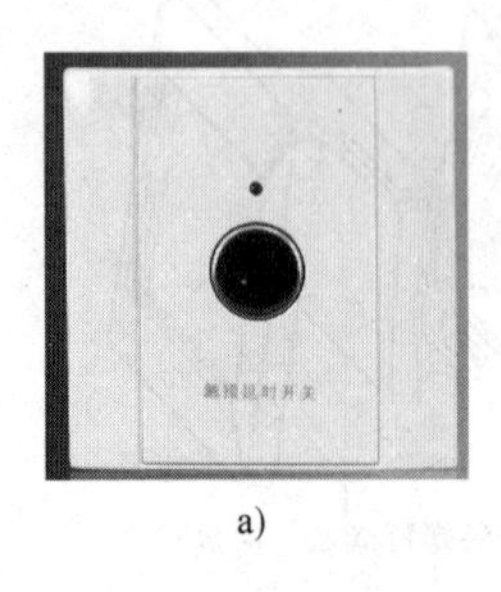

a)

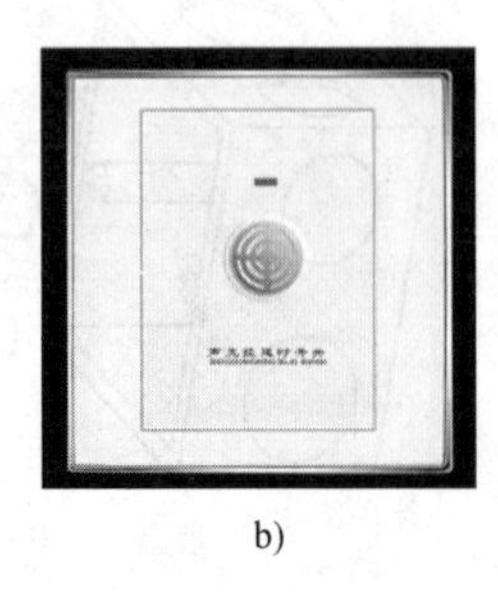

b)

图 7-14　触摸延时开关和声光控延时开关的外形

触摸延时开关在使用时，只要用手指摸一下触摸点，灯就点亮，延时若干分钟后会自动熄灭。两线制可以直接取代普通开关，不必改变室内布线。

触摸延时开关广泛适用于楼梯间、卫生间、走廊、仓库、地下通道、车库等场所的自控照明，尤其适合常忘记关灯的场所，避免长明灯浪费现象，节约用电。

触摸延时开关的功能特点如下：

（1）使用时只需触摸开关的金属片即导通工作，延长一段时间后开关自动关闭。

（2）应用控制，开关自动检测对地绝缘电阻，控制更可靠，无误动作。

（3）无触头电子开关，延长负载使用寿命。

（4）触摸金属片地极零线电压小于 36V 的人体安全电压，使用对人体无危险。

（5）独特的两线制设计，直接代替开关使用，可带动各类负载（荧光灯、节能灯、白炽灯、风扇等）。

2. 声光控延时开关

声光控延时开关是集声学、光学和延时技术为一体组成的自动照明开关，其外形如图7-14b所示。它是一种内无接触点，在特定环境光线下采用声响效果激发拾音器进行声电转换来控制用电器的开启，并经过延时后能自动断开电源的节能电子开关。广泛用于楼道、建筑走廊、洗漱室、厕所、厂房、庭院等场所，是现代极理想的新颖绿色照明开关，并延长灯泡使用寿命。

白天或光线较强时，电路为断开状态，灯不亮，当光线黑暗时或晚上来临时，开关进入预备工作状态，此时，当来人有脚步声、说话声、拍手声等声源时，开关自动打开，灯亮，并且触发自动延时电路，延时一段时间后自动熄灭，从而实现了“人来灯亮，人去灯熄”，杜绝了长明灯，免去了在黑暗中寻找开关的麻烦，尤其是上下楼道带来的不便。

常用的声光控延时开关有螺口型和面板型两大类，螺口型声光控延时开关直接设计在螺口平灯座内，不需要在墙壁上另外安装开关；面板型声光控延时开关一般安装在原来的机械开关位置处。

7-11 怎样安装触摸延时开关和声光控延时开关？

触摸延时开关和面板型声光控延时开关与机械开关一样，可串联在白炽灯回路中的相线上工作，因此，无须改变原来的线路，可根据固定孔及外观要求选择合适的开关进行直接更换，接线也不需要考虑极性。

螺口型声光控延时开关与安装平灯座照明灯的方法一样。

安装声光控延时开关时还应注意以下几点：

（1）安装位置尽可能符合环境的实际照度，避免人为遮光或者受其他持续强光干扰。

（2）普通型触摸延时开关和声光控延时开关所控制的白炽灯负载不得大于60W，严禁一个开关控制多个白炽灯。当控制负载较大时，可在购买时向生产厂商特别提出。如果要控制几个白炽灯，可以加装一个小型继电器。

（3）安装时不得带电接线，并严禁灯泡灯口短路，以防造成开关损坏。

（4）安装声光控延时开关时，采光头应避开所控灯光照射。要及时或定期擦净采光头的灰尘，以免影响光电转换效果。

7-12 如何安装遥控开关？

遥控开关有无线遥控开关和无线遥控开关的接收器两部分组成。下面以86型遥控开关为例，介绍遥控开关的安装步骤。

（1）准备好螺丝刀，电笔，胶布等工具。

（2）准备好工具以后，拆开吸顶灯的灯罩，可以看到原来的进灯的相线和零线，断掉总电源，注意安全，把相线和零线拆下。

（3）拿出86型的接收器部分，把相线和零线分别接入接收器，再从接收器引出相线和零线接到灯上（有启动器就连接启动器）。

（4）连接完成后，盖上灯罩，灯的这一部分就算完成了。

（5）安装遥控开关：安装遥控开关很简单，主要是安装电池，打开盖子就能看到电池的安装地方，尽量用好一点的电池，免得来回更换，一节电池应该能使用半年。

（6）装好电池的开关，根据需要可以固定到墙上，遥控开关有一个遥控盒子，利用钉子固定在墙上，然后把开关放入。

7-13 插座有哪些种类？

插座（又称电源插座，开关插座）是指有一个或一个以上电路接线可插入的座，通过它可插入各种接线，便于与其他电路接通。

扫码看视频

插座有明装插座和暗装插座之分，有单相两孔式、单相三孔式和三相四孔式；有一位式（一个面板上有一只插座）、多位式（一个面板上有2~4只插座）；有扁孔插座、扁孔和圆孔通用插座；有普通型插座、带开关插座和防溅型插座等。三相四孔式插座用于商店、加工场所等三相四线制动力用电，电压规格为380V，电流等级分为15A、20A、30A等几种，并设有接地（接零）保护桩头，用来接保护地线（零线），以确保用电安全。家庭供电为单相电源，所用插座为单相插座，分为单相两孔插座和单相三孔插座，后者设有接地（接零）保护桩头，单相插座的电压规格为250V。

暗装插座和开关常选择86mm系列电气装置件，外形采用平面直角、线条横竖分明、美观大方。部分常用明装插座的外形如图7-15所示；部分常用暗装插座的外形如图7-16所示。

a)　b)　c)

图7-15　常用明装插座的外形

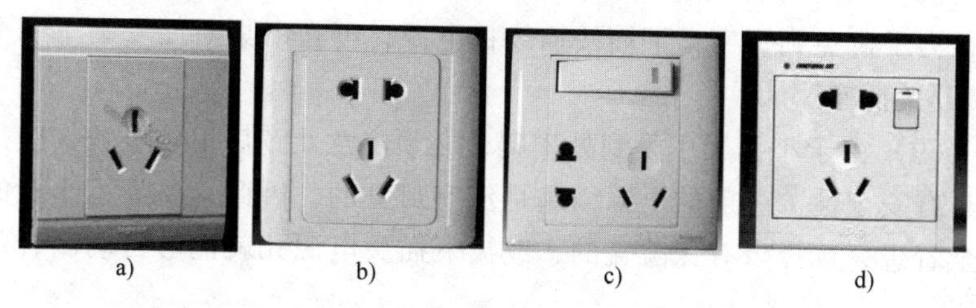

a)　b)　c)　d)

图7-16　常用暗装插座的外形

7-14　如何选择插座？

为了使用者的安全，要求插座安全、牢固、美观、实用、整齐、统一。插座的规格一般以额定电流和工作电压表示。其型号、规格应根据用电设备的工作环境和最大工作电流、额定电压来选取。

选择插座时还应注意以下几点：

（1）电源插座应采用经国家有关产品质量监督部门检验合格的产品。一般应采用具有阻燃材料的中高档产品，不应采用低档和假冒伪劣产品。

（2）住宅内用电电源插座应采用安全型插座，卫生间等潮湿场所应采用防溅型插座。

（3）电源插座的额定电流应大于已知使用设备额定电流的1.25倍。一般单相电源插座额定电流为10A，用于空调器、电热器等的专用电源插座为16A，特殊大功率家用电器其配电回路及连接电源方式应按实际容量选择。

（4）为了插接方便，一个86mm×86mm单元面板，其组合插座个数最好为两个，最多（包括开关）不超过三个，否则应采用146型面板多孔插座。

（5）在比较潮湿的场所，安装插座的同时安装防水盒。

（6）几乎所有的家用电器都有待机耗电。所以，为了避免频繁插拔，类似于洗衣机插座、电热水器插座这类使用频率相对较低的电器可以考虑用“带开关插座”。

（7）由于电饭锅、电热水壶这类电器插来拔去很麻烦，可以考虑使用“带开关插座”。

（8）书房计算机连一个插线板基本可以解决计算机那一大串插头了，为了避免到写字台下面按插线板电源，可在书桌对面安装了一个“带开关插座”。

（9）由于小孩天生爱到处攀爬，必须注意儿童房里的电源插座是否具有安全性。一般的电源插座是没有封盖的，因此，要为了小孩的安全着想，选择带有保险盖的，或拔下插头电源孔就能够自动闭合的插座。

7-15 如何确定插座的安装位置及高度？

电源插座的位置与数量，对方便家用电器的使用、室内装修的美观起着重要的作用，电源插座的布置应根据室内家用电器点和家具的规划位置进行，并应密切注意与建筑装修等相关专业配合，以便确定插座位置的正确性。

（1）电源插座应安装在不少于两个对称墙面上，每个墙面两个电源插座之间水平距离不宜超过2.5～3m，距端墙的距离不宜超过0.6m。

（2）无特殊要求的普通电源插座距地面0.3m安装，洗衣机专用插座距地面1.6m安装，并带指示灯和开关。

（3）空调器应采用专用带开关电源插座。在明确采用某种空调器的情况下，空调器电源插座宜按下列位置布置：

1）分体式空调器电源插座宜根据出线管预留洞位置，距地面1.8m处设置。

2）窗式空调器电源插座宜在窗口旁距地面1.4m处设置。

3）柜式空调器电源插座宜在相应位置距地面0.3m处设置。否则按分体式空调器考虑预留16A电源插座，并在靠近外墙或采光窗附近的承重墙上设置。

（4）凡是设有有线电视终端盒或计算机插座的房间，在有线电视终端盒或计算机插座旁至少应设置两个五孔组合电源插座，以满足电视机、音响功率放大器或计算机的需要，电源插座距有线电视终端盒或计算机插座的水平距离不少于0.3m。

（5）起居室（客厅）是人员集中的主要活动场所，家用电器点多，设计应根据建筑装修布置图布置插座，并应保证每个主要墙面都有电源插座。如果墙面长度超过3.6m应增加插座数量，墙面长度小于3m，电源插座可在墙面中间位置设置。起居室内应采用带开关的电源插座。

（6）卧室应保证两个主要对称墙面均设有组合电源插座，床端靠墙时床的两侧应设置组合电源插座，并设有空调器电源插座。

（7）书房除放置书柜的墙面外，应保证两个主要墙面均设有组合电源插座，并设有空调器电源插座和计算机电源插座。

（8）厨房应根据建筑装修的布置，在不同的位置、高度设置多处电源插座以满足抽油烟机、消毒柜、微波炉、电饭煲、电冰箱等多种电炊具设备的需要。参考灶台、操作台、案台、洗菜台布置选取最佳位置设置抽油烟机插座，一般距地面1.8~2m。其他电炊具电源插座在吊柜下方和操作台上方之间，不同位置、不同高度设置，插座应带电源指示灯和开关。厨房内设置电冰箱时应设专用插座，距地0.3~1.5m处安装。

（9）电热水器应选用16A带开关三线插座并在热水器右侧距地1.4~1.5m处安装，注意不要将插座设在电热器上方。

（10）严禁在卫生间内的潮湿处如淋浴区或澡盆附近设置电源插座，其他区域设置的电源插座应采用防溅式。有外窗时，应在外窗旁预留排气扇接线盒或插座，由于排气风道一般在淋浴区或澡盆附近，所以接线盒或插座应距地面2.25m以上安装。在盥洗台镜旁设置美容用和剃须用电源插座，距地面1.5~1.6m处安装。插座宜带开关和指示灯。

（11）阳台应设置单相组合电源插座，距地面0.3m。

7-16 安装插座应满足哪些技术要求？

安装插座应满足以下技术要求：

（1）插座垂直离地高度，明装插座不应低于1.3m；暗装插座用于生活的允许不低于0.3m，用于公共场所的应不低于1.3m，并与开关并列安装。

（2）在儿童活动的场所，不应使用低位置插座，应装在不低于1.3m的位置上，否则应采取防护措施。

（3）浴室、蒸汽房、游泳池等潮湿场所内应使用专用插座。

（4）空调器的插座电源线，应与照明灯电源线分开敷设，应在配电板或漏电保护器后单独敷设，插座的规格也要比普通照明、电热插座大。导线截面积一般采用不小于$4mm^2$的铜芯线。

（5）墙面上各种电器连接插座的安装位置应尽可能靠近被连接的电器，缩短连接线的长度。

7-17 电源插座接线有何规定？

插座是长期带电的电器，是线路中最容易发生故障的地方，插座的接线孔都有一定的排列位置，不能接错，尤其是单相带保护接地（接零）的三极插座，一旦接错，就容易发生触电伤亡事故。暗装插座接线时，应仔细辨别盒内分色导线，正确地与插座进行连接。

插座接线时应面对插座。单相两极插座在垂直排列时，上孔接相线（L线），下孔接中性线（N线），如图7-17a所示。水平排列时，右孔接相线，左孔接中性线，如图7-17b所示。

单相三极插座接线时，上孔接保护接地或接零线（PE线），右孔接相线（L线），左孔接中性线（N线），如图7-17c所示。严禁将上孔与左孔用导线连接。

三相四极插座接线时，上孔接保护接地或接零线（PE线），左孔接相线（L1 线），下孔接相线（L2 线），右孔也接相线（L3 线），如图 7-17d 所示。

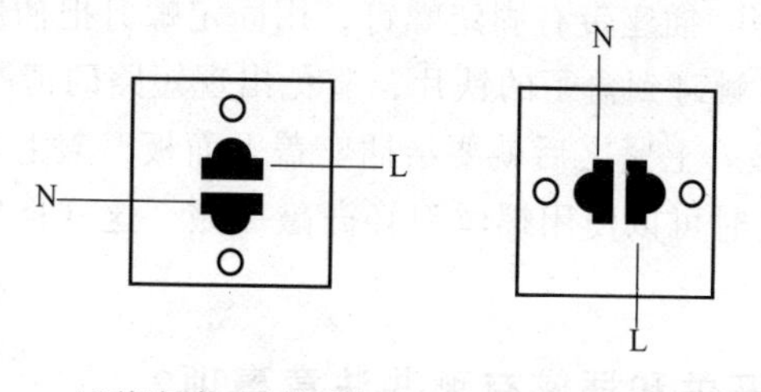

a) 两极插座垂直排列接线　b) 两极插座水平排列接线

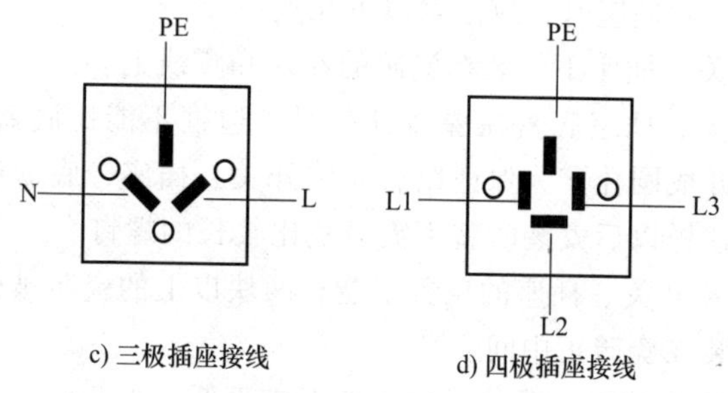

c) 三极插座接线　d) 四极插座接线

图 7-17　插座的接线

暗装插座接线完成后，不要马上固定面板，应将盒内导线理顺，依次盘成圆圈状塞入盒内，且不允许盒内导线相碰或损伤导线，面板安装后表面应清洁。

 7-18　如何安装五孔插座？

安装五孔插座时，应注意以下几点：

（1）铺设暗盒。想要把插座装在墙里面，那就需要使用暗盒，暗盒要在盖房子时事先预埋，如果没有预埋，那也可以使用明盒来代替。

（2）选择电线的颜色。一般红色为相线，蓝色为零线，黄绿线为保护接地线。

（3）选择电线的截面积。家庭用电以 2.5mm^2 为主，空调器用线选用 4mm^2。

（4）连接电线。遵循“左零右火上接地”的法则对插座进行接线，线头不能过多地裸露在外面，线头螺钉要上紧，保证完全接触。

（5）上紧插座。插座带有固定螺钉，用固定螺钉把插座安装在暗盒中，不要让电线触碰到盒子的铁片，避免出现短路的情况。

（6）修正插座。上紧之后就要给插座盖上面板，盖上之后可能会有歪斜的情况，这时可以使用螺丝刀轻微敲一敲，这样插座调正之后就能送电使用了。

 7-19　安装开关和插座有哪些注意事项?

安装开关和插座时，应注意以下几点：

（1）开关、插座不能装在瓷砖的花片和腰线上。

（2）开关、插座底盒在瓷砖开孔时，边框不能比底盒大 2mm 以上，也不能开成圆孔。为保证以后安装开关、插座，底盒边应尽量与瓷砖相平，这样以后安装时就不需另找比较长的螺钉。

（3）安装开关、插座的位置不能有两块以上的瓷砖被破坏，并且尽量使其安装在瓷砖正中间。

（4）插座安装时，明装插座距地面应不低于 1.8m。

（5）暗装插座距地面不低于 0.3m，为防止儿童触电、用手指触摸或用金属物插捅电源的孔眼，一定要选用带有保险挡片的安全插座。

（6）单相两孔插座的施工接线要求是，当孔眼横排列时为“左零右火”，竖排列时为“上火下零”。

（7）单相三孔插座的接线要求是，最上端的接地孔眼一定要与接地线接牢、接实、接对，绝不能不接，余下的两孔眼按“左零右火”的规则接线，值得注意的是，零线与保护接地线切不可错接或接为一体。

（8）电冰箱应使用独立的、带有保护接地的三孔插座。严禁自做接地线接于煤气管道上，以免发生严重的火灾事故。

（9）为保证家人的绝对安全，抽油烟机的插座也要使用三孔插座，接地孔的保护绝不可掉以轻心。

（10）卫生间常用来洗澡冲凉，易潮湿，不宜安装普通型插座，应选用防水型开关，确保人身安全。

（11）安装开关时，暗装开关要求距地面1.2~1.4m，距门框水平距离150~200mm。

7-20　如何快速检查插座接线是否正确？

插座正确的接法应该是，左零、右相、中接地，但是有没有简单的方法或者检测仪器，把安装的插座一个个检测一遍呢？

插座极性检测器就是专门用于检测插座接线是否正确的仪器，它具有以下功能：

（1）分辨插座内配线情况。

（2）带漏电检测开关。

（3）用直观LED显示。

（4）有多种国家标准接头。

（5）多个状态测试范围。

插座极性检测器的外形如图7-18所示，该检测器体积小、便于携带、使用方便，无需专业人员便可方便准确地测出电路中的相线（火线）、中性线（零线）、地线是否有接错、反接、漏接等各种故障和隐患，是电工必备的检测工具。

插座极性检测器有三个指示灯。图7-19为插座极性检测器显示说明，图中“●”为灯亮，“○”为灯灭，根据三个指示灯的亮和暗，可以判断出各种不同的状态。

图7-18　插座极性检测器的外形

显示说明			
火零线错位	○	●	●
火地线错位	●	●	○
缺地线	○	○	●
缺火线	○	○	○
缺零线	●	○	○
正确	●	○	●

图7-19　插座极性检测器的显示说明

第8章

Chapter 08

火灾报警与自动灭火系统

8-1 火灾报警消防系统有哪些类型？各有什么功能？

在公用建筑中，火灾自动报警与自动灭火控制系统是必备的安全设施，在较高级的住宅建筑中，一般也设置该系统。

火灾报警消防系统和消防方式可分为两种：

(1) 自动报警、人工灭火。当发生火灾时，自动报警系统发出报警信号，同时在总服务台或消防中心显示出发生火灾的楼层或区域代码，消防人员根据火警具体情况，操纵灭火器械进行灭火。

(2) 自动报警、自动灭火。这种系统除上述功能外，还能在火灾报警控制器的作用下，自动联动有关灭火设备，在发生火灾处自动喷洒，进行灭火。并且启动减灾装置，如防火门、防火卷帘、排烟设备、火灾事故广播网、应急照明设备、消防电梯等，迅速隔离火灾现场，防止火灾蔓延；紧急疏散人员与重要物品，尽量减少火灾损失。

8-2 火灾自动报警与自动灭火系统由哪几部分组成？

火灾自动报警与自动灭火系统主要由两大部分组成：一部分为火灾自动报警系统，另一部分为灭火及联动控制系统。前者是系统的感应机构，用以启动后者工作；后者是系统的执行机构。火灾自动报警与自动灭火系统联动示意图如图8-1所示。

8-3 火灾探测器的选择原则是什么？

火灾探测器的选择原则如下：

(1) 火灾初期阴燃阶段产生大量的烟和少量的热，很少或没有火焰辐射的场所，应选用感烟探测器。

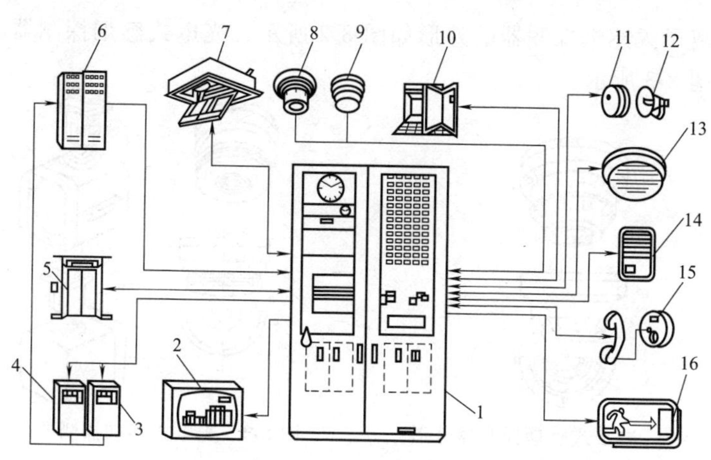

图8-1　火灾自动报警与自动灭火系统联动示意图

1—消防中心　2—火灾区域显示　3—水泵控制盘　4—排烟控制盘　5—消防电梯　6—电力控制柜　7—排烟口　8—感烟探测器　9—感温探测器　10—防火门　11—警铃　12—报警器　13—扬声器　14—对讲机　15—联络电话　16—诱导灯

（2）火灾发展迅速，产生大量的热、烟和火焰辐射的场所，可选用感温探测器、感烟探测器、火焰探测器或其结合。

（3）火灾发展迅速，有强烈的火焰辐射和少量的热、烟的场所，应选用火焰探测器。

（4）对火灾形成特征不可预料的场所，可根据模拟试验的结果选择探测器。

（5）对使用、生产或聚集可燃气体或可燃液体蒸气的场所，应选择可燃气体探测器。

（6）装有联动装置或自动灭火系统时，宜将感烟、感温、火焰探测器组合使用。

8-4　常用火灾探测器各有什么特点？分别适用于什么场合？

1. 感烟火灾探测器

当火灾发生时，利用所产生的大量烟雾，通过烟雾敏感元件检测，并发出报警信号的装置，称为感烟火灾探测器。根据探测器结构的不同，感烟探测器可分为离子式和光电式等。

离子式感烟探测器的外形如图 8-2 所示，光电式感烟探测器的外形如图 8-3 所示。

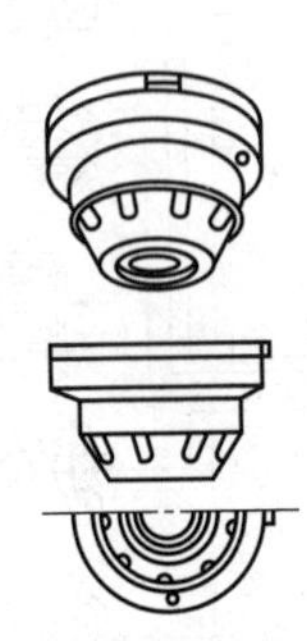

图 8-2　离子式感烟探测器外形

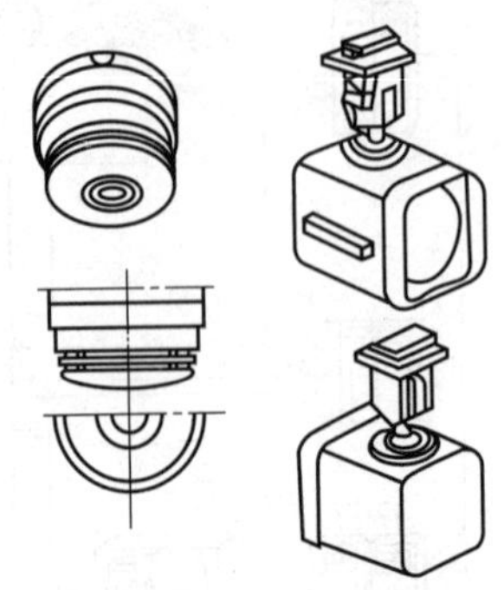

图 8-3　光电式感烟探测器外形

火灾初起时首先要产生大量烟雾，因此，感烟火灾探测器是在火灾报警系统中用得最多的一种探测器，除了个别不适于安装的场合外均可以使用。不适于安装的场合有：正常情况下有烟、蒸气、粉尘、水雾的场所，气流速度大于 5m/s 的场所，相对湿度大于 95%的场所，有高频电磁干扰的场所等。

2. 感温火灾探测器

感温火灾探测器是一种能感知环境温度异常高（大于 60℃）或温升速率异常快（大于 20℃/min）的探测器。前者称为定温式探测器，后者称为差温式探测器。差定温式探测器则是在温度达到一定值或温升速率达到一定值时，都可以动作，发出火灾报警信号的探测器。常用的温度敏感元件有双金属片、低熔点合金（易熔合金）、半导体热敏器件等。双金属片型感温探测器的结构示意图如图 8-4 所示，易熔合金型感温探测器的结构示意图如图 8-5 所示。

感温火灾探测器用于不适于使用感烟火灾探测器的场所，但有些场合也不宜使用，如温度在 0℃以下的场所、正常温度变化较大的场所、房间高度大于 8m 的场所、有可能产生阴燃火的场所等。

3. 感光火灾探测器

感光火灾探测器又称为光电火灾探测器或光辐射探测器，它是利用火焰辐射出的红外线或紫外线，作用于光敏器件上使电路动作，并发出报警信号的装置。红外感光探测器的结构示意图如图 8-6 所示，紫外感光探测器的结构示意图如图 8-7 所示。

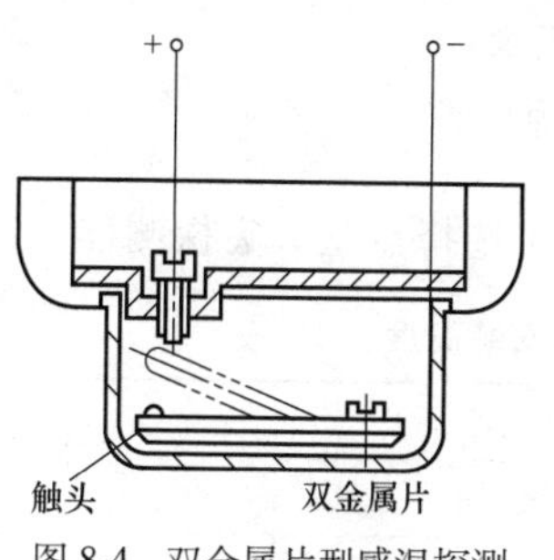

图 8-4　双金属片型感温探测器的结构示意图

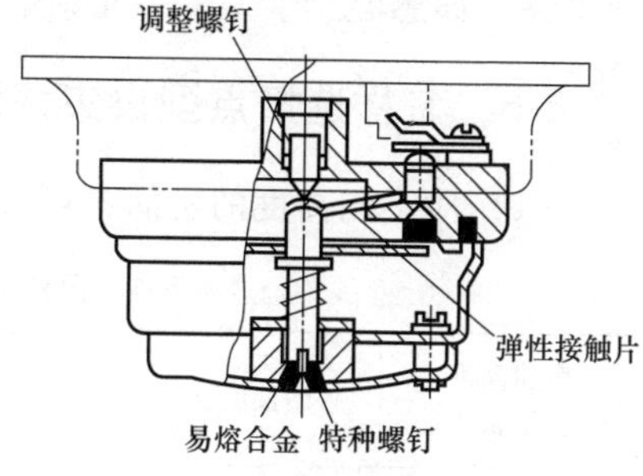

图 8-5　易熔合金型感温探测器的结构示意图

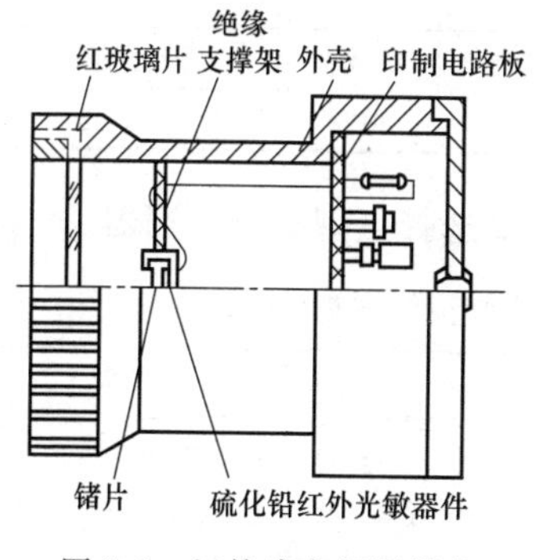

图 8-6　红外感光探测器的结构示意图

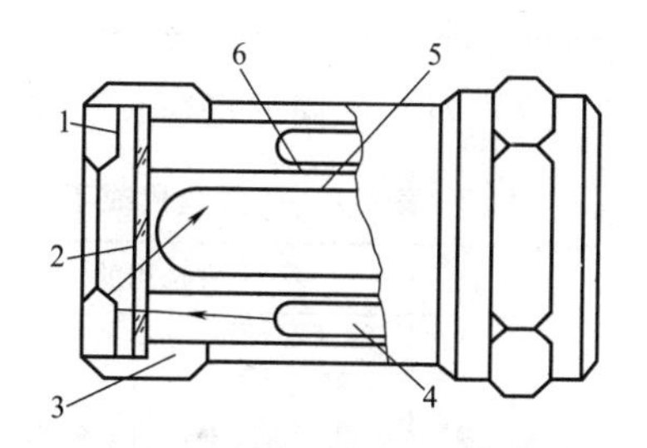

图 8-7　紫外感光探测器的结构示意图

1—反光环　2—石英玻璃窗　3—防爆外壳　4—紫外线试验灯　5—紫外光敏管　6—光学遮护板

感光火灾探测器适用于火灾时有强烈的火焰辐射的场所，无阴燃阶段火灾的场所，需要对火焰做出迅速反应的场所等。

4. 可燃气体探测器

可燃气体探测器可检测出建筑物内某些可燃气体的浓度，当达到或超过规定限额时发出报警信号，防止可燃气体泄漏造成火灾。其可燃气体敏感器件通常采用气敏半导体器件。

可燃气体探测器适用于散发可燃气体和可燃蒸气的场所。

5. 复合式火灾探测器

复合式火灾探测器是把两种探测器组合起来，可以更准确地探测到火灾，如感温感烟型、感光感烟型等。

8-5 怎样选择点型火灾探测器？

（1）对不同高度的房间，可按表8-1选择点型火灾探测器。

表8-1 探测器适合安装高度

房间高度 h/m	感烟探测器	感温探测器			火焰探测器
		一级	二级	三级	
$12<h\leqslant 20$	不适合	不适合	不适合	不适合	适合
$8<h\leqslant 12$	适合	不适合	不适合	不适合	适合
$6<h\leqslant 8$	适合	适合	不适合	不适合	适合
$4<h\leqslant 6$	适合	适合	适合	不适合	适合
$h\leqslant 4$	适合	适合	适合	适合	适合

（2）对于不同的场所，可参考表8-2选择点型火灾探测器。

表8-2 适宜选用或不适宜选用点型火灾探测器的场所

类型		适宜选用的场所	不适宜选用的场所
感烟探测器	离子式	①饭店、旅馆、商场、教学楼、办公楼的厅堂、卧室、办公室等 ②电子计算机房、通信机房、电影或电视放映室等 ③楼梯、走道、电梯机房等 ④书库、档案库等 ⑤有电器火灾危险的场所	① 相对湿度长期大于95% ② 气流速度大于5m/s ③ 有大量粉尘、水雾滞留 ④ 可能产生腐蚀性气体 ⑤ 在正常情况下有烟滞留 ⑥ 产生醇类、醚类、酮类等有机物质
	光电式		① 可能产生黑烟 ② 大量积聚粉尘 ③ 可能产生蒸气和油雾 ④ 在正常情况下有烟滞留
感温探测器		①相对湿度经常高于95%以上 ②可能发生无烟火灾 ③有大量粉尘 ④在正常情况下有烟和蒸气滞留 ⑤厨房、锅炉房、发电机房、茶炉房、烘干车间等 ⑥吸烟室、小会议室等 ⑦其他不宜安装感烟探测器的厅堂和公共场所	①可能产生阴燃火或发生火灾不及时报警将造成重大损失的场所，不宜选择感温探测器 ②温度在0℃以下的场所，不宜选用定温探测器 ③温度变化较大的场所，不宜选用差温探测器

（续）

类型	适宜选用的场所	不适宜选用的场所
火焰探测器（感光探测器）	①火灾时有强烈的火焰辐射 ②无阴燃阶段的火灾 ③需要对火焰做出快速反应	①可能发生无焰火灾 ②在火焰出现前有浓烟扩散 ③探测器的镜头易被污染 ④探测器的“视线”易被遮挡 ⑤探测器易受阳光或其他光源直接或间接照射 ⑥在正常情况下有明火作业以及X射线、弧光等影响
可燃气体探测器	①使用管道煤气或天然气的场所 ②煤气站和煤气表房以及存储液化石油气罐的场所 ③其他散发可燃气体和可燃蒸气的场所 ④有可能产生一氧化碳气体的场所，宜选择一氧化碳气体探测器	除适宜选用场所之外的所有场所

8-6　怎样选择线型火灾探测器?

线型火灾探测器的选择方法如下：

（1）有特殊要求的场所或无遮挡大空间，宜选择红外光束感烟探测器。

（2）下列场所或部位，宜选择缆式线型定温探测器：

1）电缆竖井、电缆隧道、电缆夹层、电缆桥架等。

2）配电装置、开关设备、变压器等。

3）控制室、计算机室的闷顶内、地板下及重要设施隐避处等。

4）各种传动带输送装置。

5）其他环境恶劣不适合点型探测器安装的危险场所。

（3）下列场所宜选择空气管式线型差温探测器：

1）可能产生油类火灾且环境恶劣的场所。

2）不易安装点型探测器的夹层及闷顶。

8-7 如何确定火灾探测器的安装位置？

火灾探测器的安装位置应符合下列规定：

（1）探测区域内每个房间至少应设置一只火灾探测器。根据火灾特点、房间用途和环境选择探测器，一般已在设计阶段确定，在施工中实施，但施工发现现场环境和条件与原设计有出入，须提出设计修改变更。火灾探测器适合安装高度见表8-1。

（2）火灾探测器保护面积A、保护半径R以及地面面积S计算示例图如图8-8所示。感烟、感温火灾探测器的保护面积和保护半径应按表8-3确定。

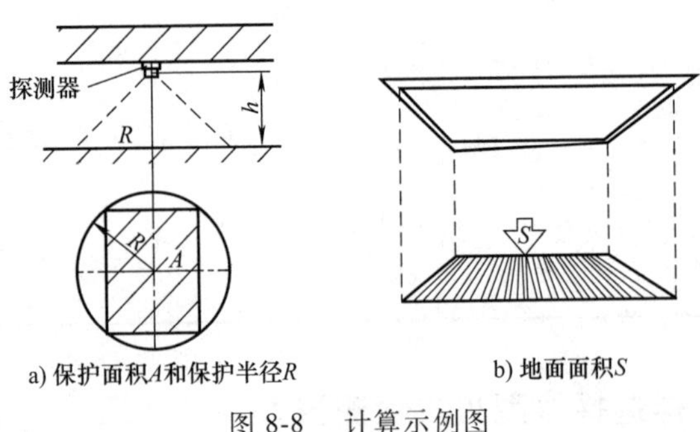

a) 保护面积A和保护半径R　　b) 地面面积S

图8-8　计算示例图

表8-3　感烟、感温火灾探测器的保护面积A和保护半径R

火灾探测器的种类	地面面积 S/m^2	房间高度 h/m	探测器的保护面积A和保护半径R					
			屋顶坡 θ					
			$\theta\leq15°$		$15°<\theta\leq30°$		$\theta>30°$	
			A/m^2	R/m	A/m^2	R/m	A/m^2	R/m
感烟探测器	$S\leq80$	$h\leq12$	80	6.7	80	7.2	80	8.0
	$S>80$	$6<h\leq12$	80	6.7	100	8.0	120	9.9
		$h\leq6$	60	5.8	80	7.2	100	9.0
感温探测器	$S\leq30$	$h\leq8$	30	4.4	30	4.9	30	5.5
	$S>30$	$h\leq8$	20	3.6	30	4.9	40	6.3

（3）一个探测区域内所需设置的探测器数量，应按下式计算和核

定，即

$$N \geqslant \frac{S}{KA}$$

式中 N——一个探测区域内所需设置的探测器数量（只），N 取整数；

S——一个探测区域的面积（m^2）；

A——探测器的保护面积（m^2）；

K——修正系数，重点保护建筑取 0.7~0.9，非重点保护建筑取 1.0。

8-8 火灾探测器有哪几种安装方式？

各种探测器的安装固定方式，因安装位置的建筑结构不同而不同。按接线盒安装方式分为埋入式、外露式、架空式三种，如图 8-9 所示。

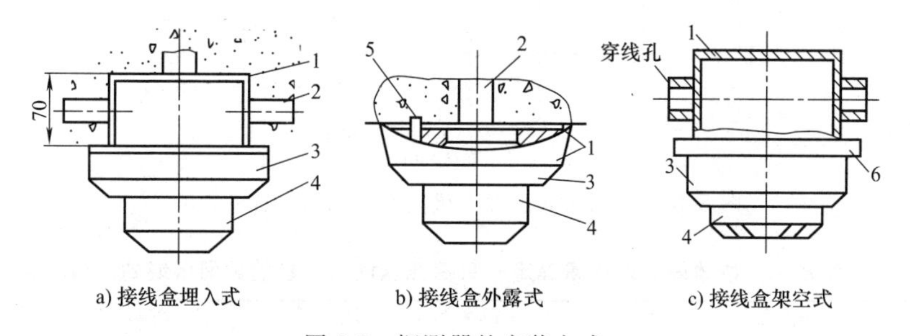

图 8-9 探测器的安装方式

1—接线盒 2—穿线管 3—底座 4—探测器 5—固定螺杆 6—防尘罩

探测器安装在底座上，底座安装在接线盒上，接线盒有方形、圆形两种，底座都是圆盘形状。埋入式的接线盒又称预埋盒，要求土建工程预先留下预埋孔，放好穿线管，引出线从接线盒进入。接线盒与底座之间应加绝缘垫片，保证两者间绝缘良好。底座安装完毕后，要仔细检查不能有接错、短路、虚焊情况。应注意安装时要保证将探测器外罩上的确认灯对准主要入口处方向，以方便人员观察。

8-9 如何在顶棚上安装火灾探测器？

感烟火灾探测器、感温火灾探测器在房间顶棚上的安装方法如下：

（1）当顶棚上有梁时，梁的间距净距小于1m时，视为平顶棚。

（2）在梁凸出顶棚的高度小于200mm的顶棚上设置感烟、感温探测器时，可不考虑对探测器保护面积的影响。

（3）当梁凸出顶棚的高度在200～600mm时，应按图8-10和表8-4确定探测器的安装位置。

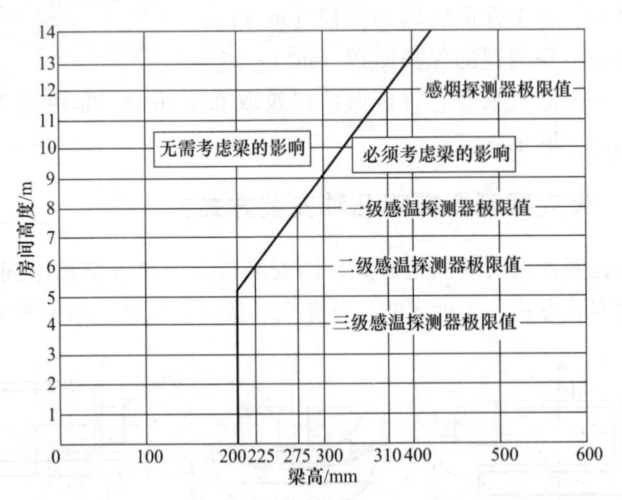

图8-10　不同房间高度下梁高对探测器设置的影响

表8-4　按梁间区域面积确定一只探测器能够保护的梁间区域的个数

探测器的保护面积 A/m^2		梁隔断的梁间区域面积 Q/m^2	一只探测器保护的梁间区域的个数
感温探测器	20	$Q>12$	1
		$8<Q\leqslant12$	2
		$6<Q\leqslant8$	3
		$4<Q\leqslant6$	4
		$Q\leqslant4$	5
	30	$Q>18$	1
		$12<Q\leqslant18$	2
		$9<Q\leqslant12$	3
		$6<Q\leqslant9$	4
		$Q\leqslant6$	5

（续）

探测器的保护面积 A/m^2		梁隔断的梁间区域面积 Q/m^2	一只探测器保护的梁间区域的个数
感烟探测器	60	$Q>36$	1
		$24<Q\leqslant 36$	2
		$18<Q\leqslant 24$	3
		$12<Q\leqslant 18$	4
		$Q\leqslant 12$	5
	80	$Q>48$	1
		$32<Q\leqslant 48$	2
		$24<Q\leqslant 32$	3
		$16<Q\leqslant 24$	4
		$Q\leqslant 16$	5

从图 8-10 中可以看出，随房间顶棚高度增加，火灾探测器能影响的火灾规模明显增大，因此，探测器需按不同的顶棚高度划分三个灵敏度级别，即一级灵敏度探测器的动作温度为 62℃，二级为 70℃，三级为 78℃，较灵敏的探测器（例如一级探测器）宜适用于较大的顶棚高度上。从图 8-10 中还可知感温探测器和感烟探测器的极限值。对于房间高度大于 12m、小于 20m 时，应采用火焰探测器或红外光束感烟探测器。

（4）当梁凸出顶棚的高度超过 600mm 时，被梁隔断的每个梁间区域应至少设置一只探测器。

当被梁隔断的区域面积超过一只探测器的保护面积时，则应将被隔断的区域视为一个探测区域，并应按有关规定计算探测器的设置数量。

8-10 在顶棚上安装火灾探测器时应注意什么？

感烟火灾探测器、感温火灾探测器在房间顶棚上安装时应注意以下几点：

（1）在宽度小于 3m 的内走道顶棚上设置探测器时，宜居中布置。感温探测器的安装间距不应超过 10m，感烟探测器的安装间距不应超过 15m。探测器至端墙的距离，不应大于探测器安装间距的一半。

（2）房间被书架、设备或隔断等分隔，其顶部至顶棚或梁的距离小于房间净高的 5%时，则每个被隔开的部分应至少安装一只探测器，如图 8-11 所示。

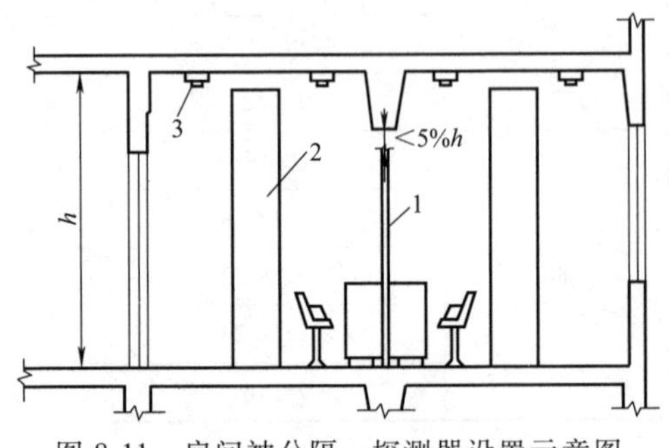

图 8-11　房间被分隔，探测器设置示意图
1—隔断　2—书架　3—探测器

（3）探测器的安装位置与其相邻墙壁或梁之间的水平距离应不小于 0.5m，如图 8-12 所示，且探测器安装位置正下方和它周围 0.5m 范围内不应有遮挡物。

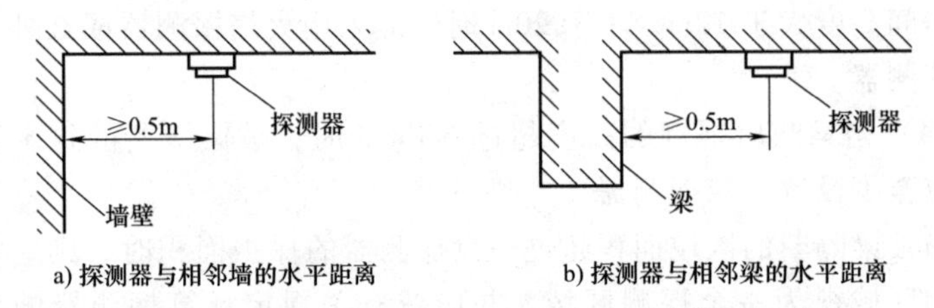

图 8-12　探测器与相邻墙、梁的允许最小距离示意图

（4）在有空调房间内，探测器的位置要靠近回风口，远离送风口，探测器至空调送风口边缘的水平距离应不小于 1.5m，如图 8-13 所示。当探测器装设于多孔送风顶棚时，探测器至多孔送风顶棚孔口的水平距离应不小于 0.5m。

（5）当房屋顶部有热屏障时，感温火灾探测器直接安装在顶棚，感烟火灾探测器下表面至顶棚的距离 d 应当符合表 8-5 的规定。

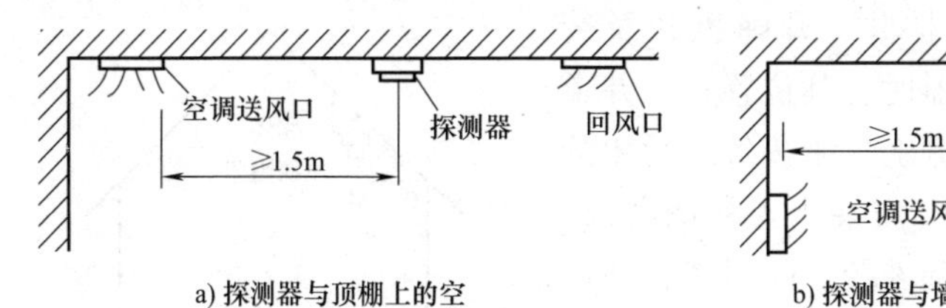

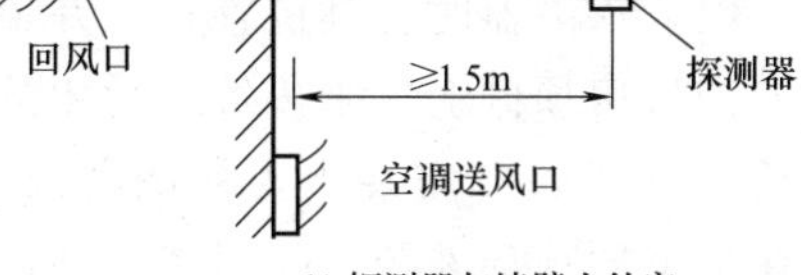

图 8-13　在有空调房间内探测器的安装位置示意图

表 8-5　感烟火灾探测器下表面至顶棚的距离 d

探测器的安装高度 h/m	感烟探测器下表面距离顶棚（或屋顶）的距离 d/mm					
	顶棚（或屋顶）坡度 θ					
	$\theta \leqslant 15°$		$15° < \theta \leqslant 30°$		$\theta > 30°$	
	最小	最大	最小	最大	最小	最大
$h \leqslant 6$	30	200	200	300	300	500
$6 < h \leqslant 8$	70	250	250	400	400	600
$8 < h \leqslant 10$	100	300	300	500	500	700
$10 < h \leqslant 12$	150	350	350	600	600	800

（6）锯齿形屋顶和坡度大于 15°的人字形屋顶，应在每个屋脊处设置一排探测器，如图 8-14 所示。探测器下表面距屋顶最高处的距离，也应符合表 8-5 的规定。

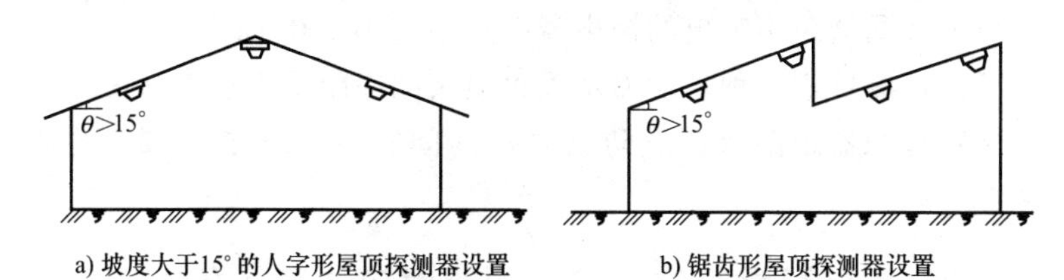

图 8-14　人字形屋顶和锯齿形屋顶探测器设置示例图

（7）探测器在顶棚宜水平安装，如必须倾斜安装时，应保证探测器的倾斜角 $\theta \leqslant 45°$。若倾斜角 $\theta \geqslant 45°$，应采用木台座或其他台座水平安装，如图 8-15 所示。

（8）在厨房、开水房、浴室等房间连接点走廊安装探测器时，应避开其入口边缘 1.5m。

(9) 在电梯井、升降机井及管道井设置探测器时，其位置宜在井道上方的机房顶棚上。未按每层封闭的管道井（竖井）安装火灾探测器时，应在最上层顶部安装。隔层楼板高度在三层以下且完全处于水平警戒范围内的管道井（竖井）可以不安装。

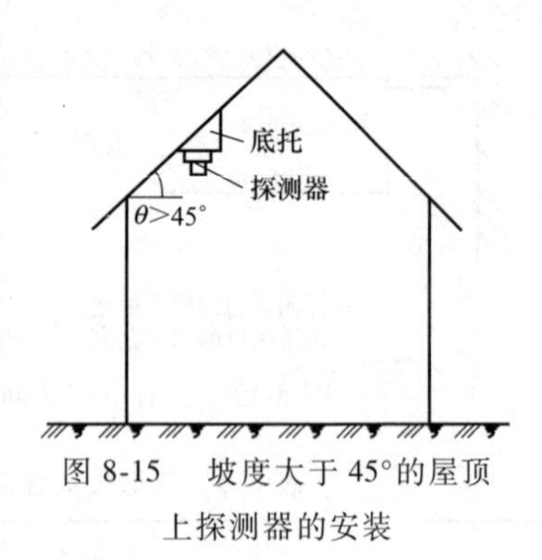

图 8-15 坡度大于 45°的屋顶上探测器的安装

(10) 火灾探测器的报警确认灯应面向便于人员观察的主要入口方向。

8-11 应如何确定火灾探测器与其他设施的安装间距?

安装在顶棚上的感烟火灾探测器、感温火灾探测器的边缘与其他设施的水平间距应符合下列规定：

(1) 探测器与照明灯具的水平净距离不应小于 0.2m。

(2) 感温探测器距高温光源灯具（如碘钨灯、容量大于 100W 的白炽灯等）的净距离不应小于 0.5m。感光探测器距光源距离应大于 1m。

(3) 探测器距电风扇的净距不应小于 1.5m。

(4) 探测器距不突出的扬声器净距不应小于 0.1m。

(5) 探测器距各种自动喷水灭火喷头的净距不应小于 0.3m。

(6) 探测器距防火门、防火卷帘的间距，一般在 1～2m 的适当位置。

8-12 安装可燃气体火灾探测器时应注意什么?

可燃气体火灾探测器应安装在可燃气体容易泄漏处的附近、泄漏出来的气体容易流经的场所或容易滞留的场所。

探测器的安装位置应根据被测气体的密度、安装现场的气流方向、湿度等各种条件来确定。密度大、比空气重的气体，探测器应安装在泄漏处的下部；密度小、比空气轻的气体，探测器应安装在泄漏处的上部。

瓦斯探测器分墙壁式和吸顶式两种。墙壁式瓦斯探测器应装在距煤气灶 4m 以内，距地面高度为 0.3m，如图 8-16a 所示；探测器吸顶安装时，应装在距煤气灶 8m 以内的屋顶板上，当屋内有排气口，瓦斯探测器允许装在排气口附近，但位置应距煤气灶 8m 以上，如图 8-16b所示；如果房间内有梁，且高度大于 0.6m 时，探测器应装在有煤气灶的梁的一侧，如图 8-16c 所示；探测器在梁上安装时距屋顶不应大于 0.3m，如图 8-16d 所示。

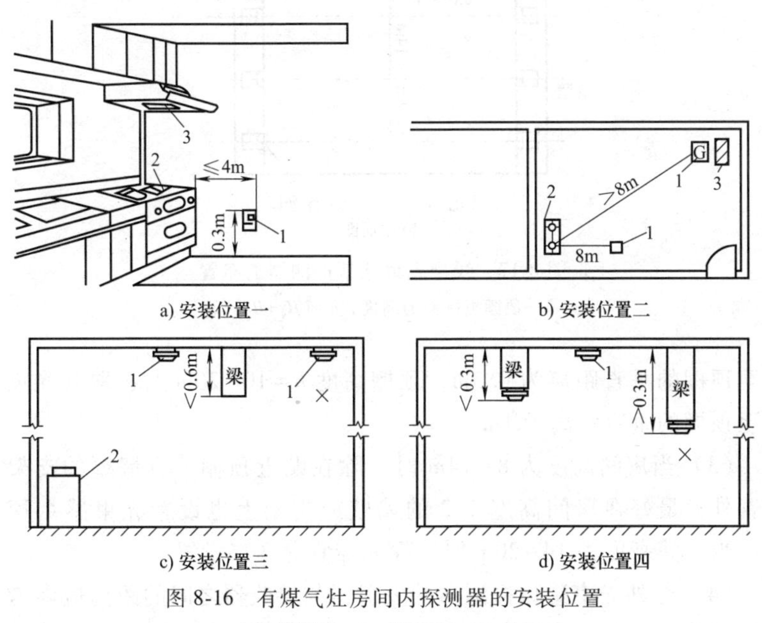

图 8-16 有煤气灶房间内探测器的安装位置

1—气体探测器 2—煤气灶 3—排气口

8-13 安装红外光束感烟探测器时应注意什么?

线型光束感烟探测器的安装如图 8-17 所示，安装时应注意以下几点：

（1）红外光束感烟探测器应选择在烟最容易进入的光束区域位置安装，不应有其他障碍遮挡光束或不利的环境条件影响光束，发射器和接收器都必须固定可靠，不得松动。

（2）光束感烟探测器的光束轴线距顶棚的垂直距离以 0.3～1.0m 为宜，距地面高度不宜超过 20m。通常在顶棚高度 $h \leqslant 5$m 时，取其光

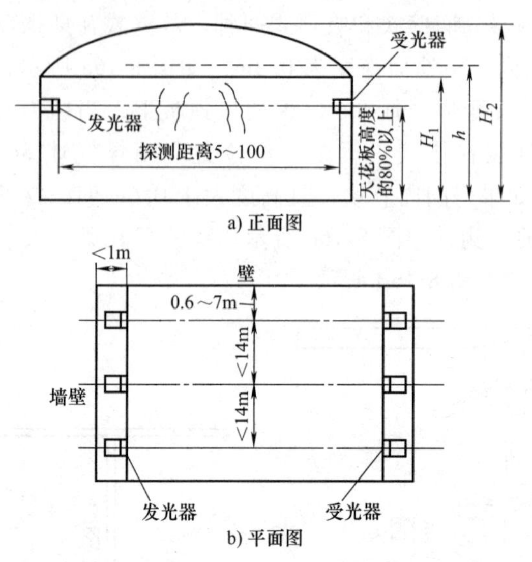

图 8-17　线型光束感烟探测器的布置

h—顶棚板倾斜的高度，$h=(H_1+H_2)/2$

束至顶棚的垂直距离为 0.3m，顶棚高度 $h=10\sim20$m 时，取其光束轴线至顶棚的垂直距离为 1m。

（3）当房间高度为 8～14m 时，除在贴近顶棚下方墙壁的支架上设置外，最好在房间高度 1/2 的墙壁或支架上也设置光束感烟探测器。当房间高度为 14～20m 时，探测器宜分 3 层设置。

（4）红外光束感烟探测器的发射器与接收器之间的距离应参考产品说明书的要求安装，一般要求不超过 100m。

（5）探测器距侧墙的水平距离应不小于 0.5m，但也应不超过 7m。相邻两组红外光束感烟探测器之间的水平距离应不超过 14m。

线型红外光束感烟探测器的保护面积 A，可按下式近似计算：

$$A=14L$$

式中　L——光发射器与光接收器之间的水平距离（m）。

 8-14　怎样安装手动报警器？

手动报警器与自动报警控制器相连，是向火灾报警控制器发出火灾报警信号的手动装置，它还用于火灾现场的人工确认。每个防火分区内至少应设置一只手动报警器，从防火分区内的任何位置到最近的一只手动报警器的步行距离不应超过 30m。

为便于现场与消防控制中心取得联系，某些手动报警器盒上同时设有对讲电话插孔。

手动报警器的接线端子的引出线接到自动报警器的相应端子上，平时，它的按钮是被玻璃压下的，报警时，需打碎玻璃，使按钮复位，线路接通，向自动报警器发出火警信号。同时，指示灯亮，表示火警信号已收到。图 8-18 所示为手动报警器的工作状态。

在同一火灾报警系统中，手动报警器的规格、型号及操作方法应该相同。手动报警器还必须和相应的自动报警器相配套才能使用。

手动报警器应在火灾报警控制器或消防控制室的控制盘上显示部位号，并应区别于火灾探测器部位号。

手动报警器应装设在明显的、便于操作的部位。安装在墙上距地面 1.3~1.5m 处，并应有明显标志。图 8-19 所示为手动报警器的安装方法。

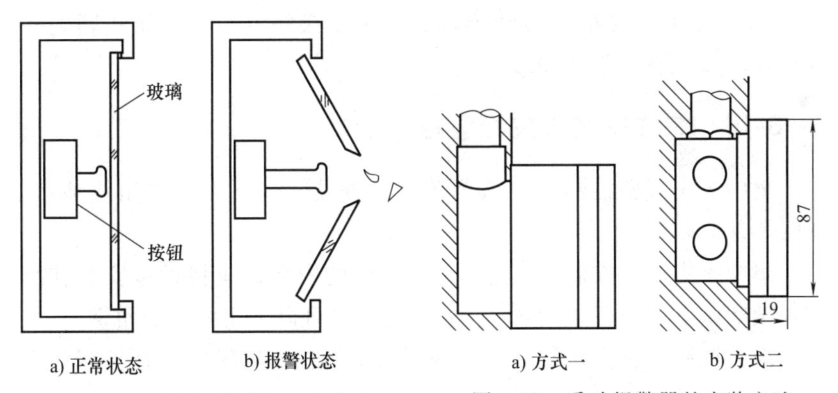

图 8-18　手动报警器的工作状态　　图 8-19　手动报警器的安装方法

8-15　安装火灾报警控制器应满足哪些要求?

安装火灾报警控制器应满足以下要求：

（1）控制器应安装牢固，不得倾斜。安装在轻质墙上时应采取加固措施。

（2）控制器应接地牢固，并有明显标志。

（3）竖向的传输线路应采用竖井敷设。每层竖井分线处应设端子箱。端子箱内的端子宜选择压接或带锡焊接的端子板。其接线端子上应有相应的标号。分线端子除作为电源线、火警信号线、故障信号线、自检线、区域号外，宜设两根公共线供给调试时作为通信联络用。

（4）消防控制设备在安装前应进行功能检查，不合格则不得安装。

（5）消防控制设备的外接导线，当采用金属软管作套管时，其长度不宜大于2m且应采用管卡固定。其固定点间距不应大于0.5m。金属软管与消防控制设备的接线盒（箱）应采用锁母固定，并应根据配管规定接地。

（6）消防控制设备外接导线的端部应有明显标志。

（7）消防控制设备盘（柜）内不同电压等级、不同电流类别的端子应分开，并有明显标志。

（8）控制器（柜）接线牢固、可靠，接触电阻小，而线路绝缘电阻要求保证不小于20MΩ。

8-16　怎样安装火灾报警控制器？

集中火灾报警控制器一般为落地式安装，柜下面有进出线地沟，如图8-20a所示。

集中火灾报警控制箱（柜）、操作台的安装，应将设备安装在型钢基础底座上，一般采用8~10号槽钢，也可以采用相应的角钢。

报警控制设备固定好后，应进行内部清扫，同时应检查机械活动部分是否灵活，导线连接是否紧固。

一般设有集中火灾报警器的火灾自动报警系统的规模都较大。竖向传输线路应采用竖井敷设，每层竖井分线处应设端子箱，端子箱内最少有7个分线端子，分别作为电源负载线、故障信号线、火警信号线、自检线、区域信号线、备用1和备用2分线。两根备用公共线是供给调试时作为通信联络用。由于楼层多，距离远，所以必须使用临

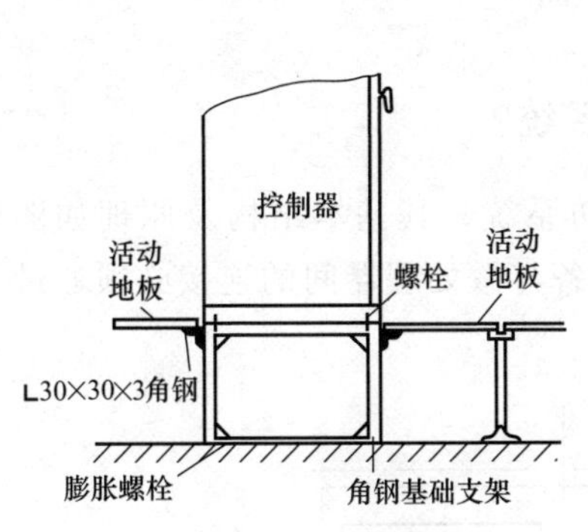

a) 落地式火灾报警控制器在活动地板上的安装方法

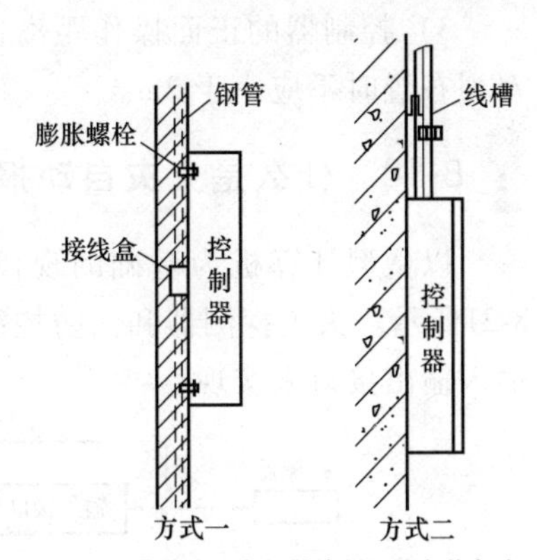

b) 壁挂式火灾报警控制器的安装方法

图 8-20　集中火灾报警控制器的安装

时电话进行联络。

区域火灾报警控制器一般为壁挂式，可直接安装在墙上，如图 8-20b所示，也可以安装在支架上。

控制器安装在墙面上可采用膨胀螺栓固定。如果控制器重量小于 30kg，使用 $\phi8\times120$ 膨胀螺栓，如果重量大于 30kg，则采用 $\phi10\times120$ 膨胀螺栓固定。

如果报警控制器安装在支架上，应先将支架加工好，并进行防腐处理，支架上钻好固定螺栓的孔眼，然后将支架装在墙上，控制器装在支架上。

8-17　安装火灾报警控制器时应注意什么？

安装火灾报警控制器应注意：

1）火灾报警控制器（以下简称控制器）在墙上安装时，其底边距地（楼）面高度宜为 1.3～1.5m；落地安装时，其底宜高出地平 0.1～0.2m。

2）控制器靠近其门轴的侧面距离不应小于 0.5m，正面操作距离不应小于 1.2m。落地式安装时，柜下面有进出线地沟；若需要从后面检修时，柜后面板距离不应小于 1m；当有一侧靠墙安装时，另一侧距离不应小于 1m。

3）控制器的正面操作距离：当设备单列布置时不应小于1.5m；双列布置时不应小于2m。

8-18 什么是火灾自动报警系统？

以微型计算机为基础的现代消防系统，其基本结构及原理如图8-21所示。火灾探测器和消防控制设备与微处理器间的连接必须通过输入输出接口来实现。

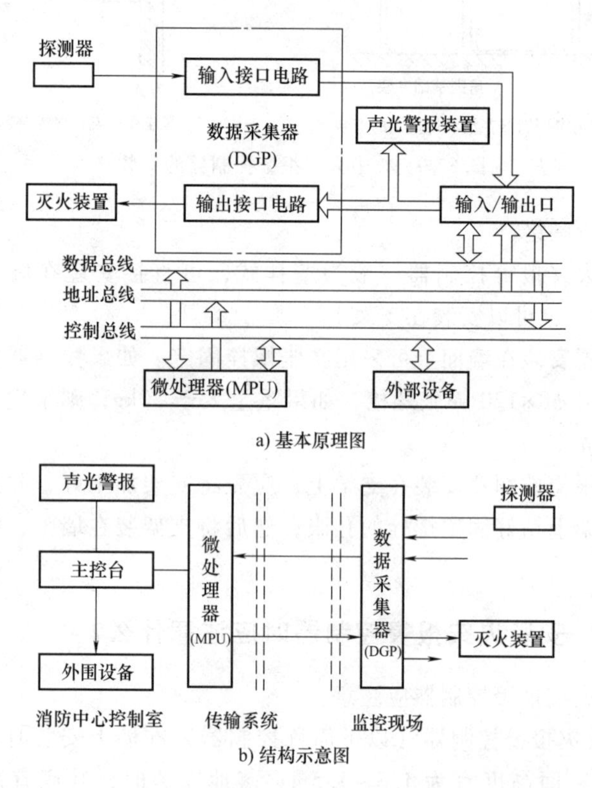

图8-21 以微型计算机为基础的火灾自动报警系统

数据采集器（DGP）一般多安装于现场，它一方面接收探测器传来的信息，经变换后，通过传输系统送进微处理器进行运算处理；另一方面，它又接收微处理器发来的指令信号，经转换后向现场有关监控点的控制装置传送。显然，DGP 是微处理器与现场监控点进行信息交换的重要设备，是系统输入输出接口电路的部件。

传输系统的功用是传递现场（探测器、灭火装置）与微处理器之间的所有信息，一般由两条专用电缆线构成数字传输通道，它可以方便地加长传输距离，扩大监控范围。

对于不同型号的微机报警系统，其主控台和外围设备的数量、种类也是不同的。通过主控台可校正（整定）各监控现场正常状态值(即给定值)，并对各监控现场控制装置进行远距离操作，显示设备各种参数和状态。主控台一般安装在中央控制室或各监控区域的控制室内。

外围设备一般应设有打印机、记录器、控制接口、警报装置等。有的还具有闭路电视监控装置，对被监视现场火情进行直接的图像监控。

8-19 如何安装消火栓灭火系统?

消火栓系统主要由消火栓泵（消防泵）、管网、高位水箱、室内消火栓箱、室外的露天消火栓以及水泵接合器等组成。室内消火栓的供水管网与高位水箱（一般在建筑物的屋顶上）相连，高位水箱的水量可供火灾初期消防泵投入前的 10min 消防用水，10min 以后消防用水要靠消防泵从低位贮水池（或市区管网）把水注入消防管网。

由于最初消防用水量由屋顶高位水箱保证，在靠近屋顶的高层区的消火栓可能出水压力达不到消防规定要求，因此，有的建筑物在高层区装有消防加压泵，以维持最初 10min 内的高层区消火栓的消防水压力。

消火栓的数量根据建筑物的要求设置，室内一般都在各层若干地点设有消防栓箱。在消防栓箱内左上角或左侧壁上方设置消防按钮，按钮上面有一玻璃面板，作为遥控启动消防水泵用，此种消防按钮为打破玻璃启动式的专用消防按钮，消防按钮的安装如图 8-22 所示。

消防按钮动作后，消防泵应自动启动投入运行。消防控制室的信号盘上应有声光显示，表明火灾地点和消防泵的运行状态，以便值班

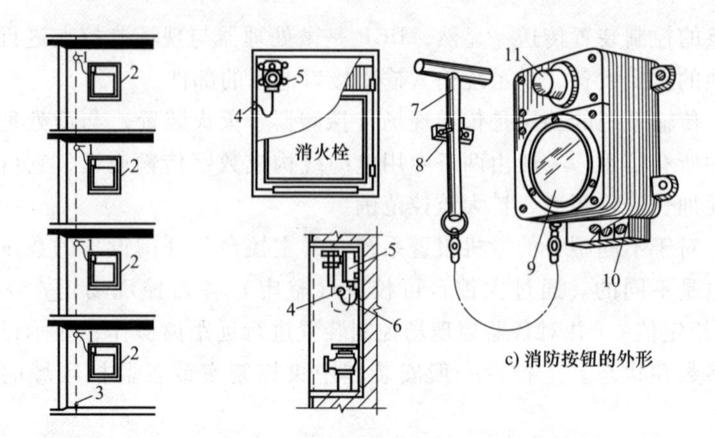

a) 消防按钮安装立管示意图 b) 消防按钮在消火栓上的安装做法 c) 消防按钮的外形

图 8-22 消防按钮的安装

1—接线盒 2—消火栓箱 3—引至消防泵房管线 4—出线孔 5—消防按钮 6—塑料管或金属软管 7—敲击锤 8—锤架 9—玻璃窗 10—接线端子 11—指示灯

人员迅速处理，也便于灾后提醒值班人员将动作的消防按钮复原。

8-20 怎样设置自动喷水灭火系统？

自动喷水灭火系统主要用来扑灭初期的火灾并防止火灾蔓延。其主要由自动喷头、管路、报警阀和压力水源四部分组成。按照喷头形式，可分为封闭式和开放式两种喷水灭火系统；按照管路形式，可分为湿式和干式两种喷水灭火系统。

用于高层建筑中的喷头多为封闭型，它平时处于密封状态，启动喷水由感温部件控制。常用的喷头有易熔合金式、玻璃球式和双金属片式等。

湿式管路系统中平时充满具有一定压力的水，当封闭型喷头一旦启动，水就立即喷出灭火。其喷水迅速且控制火势较快，但在某些情况下可能漏水而污损内部装修，它适用于冬季室温高于0℃的房间或部位。

干式管路系统中平时充满压缩空气，使压力水源处的水不能流入。发生火灾时，当喷头启动后，首先喷出空气，随着管网中的压力下降，水即顶开空气阀流入管路，并由喷头喷出灭火。它适用于寒冷地区无采暖的房间或部位，还不会因水的渗漏而污染、损坏装修。但空气阀较为复杂且需要空气压缩机等附属设备，同时喷水也相应较迟缓。

此外，还有充水和空气交替的管路系统，它在夏季充水而冬季充气，兼有以上两者的特点。

常用自动喷水灭火系统如图 8-23 所示。当灭火发生时，由于火场环境温度的升高、封闭型喷头上的低熔点合金（薄铅皮）熔化或玻璃球炸裂，喷头打开，即开始自动喷水灭火。由于自来水压力低不能用来灭火，建筑物内必须有另一路消防供水系统用水泵加压供水，当喷头开始供水时，加压水泵自动开机供水。

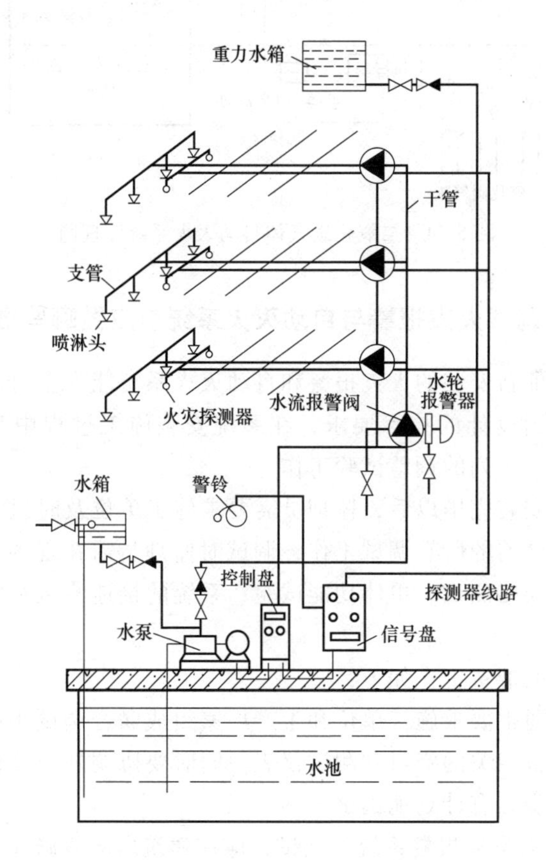

图 8-23　自动喷水灭火系统

8-21 什么是二氧化碳气体自动灭火系统？

二氧化碳气体自动灭火系统也有全淹没系统和局部喷射系统之分：全淹没系统喷射的二氧化碳能够淹没整个被防护空间；局部喷射系统只能保护个别设备或局部空间。

二氧化碳气体自动灭火系统原理图如图 8-24 所示。当火灾发生时，通过现场的火灾探测器发出信号至执行器，它便打开二氧化碳气瓶的阀门，放出二氧化碳气体，使室内缺氧而达到灭火的目的。

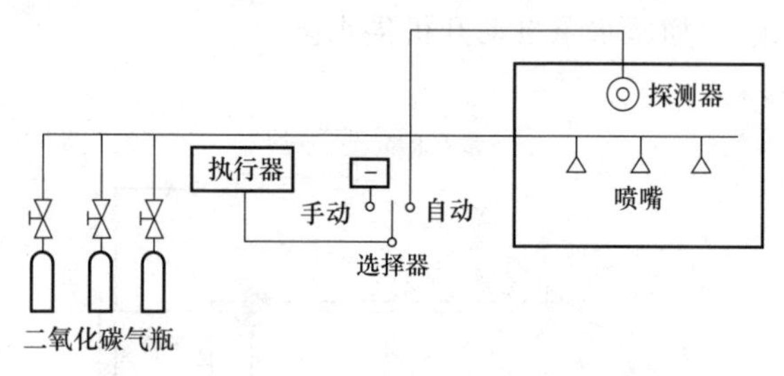

图 8-24 二氧化碳气体自动灭火系统原理图

8-22 调试火灾报警与自动灭火系统前应做哪些准备工作？

为了保证新安装的火灾报警和自动灭火系统能安全可靠地投入运行，性能达到设计的技术要求，在系统安装施工过程中和投入运行前，要进行一系列的调整试验工作。

在系统安装完毕以后，监理员需要求施工单位及时组织人员进行系统联动调试前的所有调试工作，调试时监理员需在现场。调试的主要内容包括线路测试、单体功能试验、系统的接地测试和整个系统的开通调试。

调试前的准备工作如下：

监理员通常要求施工单位和生产厂家组成联合调试小组，编写调试方案并准备相关的资料和测试仪表。同时要协调好与其他专业的关系，做到有步骤有计划地调试。

（1）火灾自动报警系统的调试，应在建筑内部装修和系统施工结束后进行。

（2）调试前，应认真阅读施工布线图、系统原理图，了解火警设备的性能及技术指标，对有关数据的整定值、调整技术指标必须做到心中有数。

（3）应按设计要求查验设备的规格、型号、数量、备品备件等。

（4）对属于施工中出现的问题，应会同有关单位协商解决，并有文字记录。

8-23　怎样进行线路测试和单体调试？

1. 线路测试

（1）对所有的接线进行检查、校对，对错线、开路、虚焊和短路等应进行处理。

（2）对各回路进行测试，绝缘电阻值不小于 20MΩ。

2. 单体调试

（1）对火灾探测器的要求：要求火灾探测器动作准确无误，误报率、漏报率在误差允许范围内。

1）对于点型和线型探测器、图像型火灾探测器，采用专用的检测仪器或模拟火灾的方法进行火灾探测器的报警功能检查。

2）对于红外光束感烟探测器，用减光率为 0.9dB 的减光片遮挡光路，探测器应不报警；用生产企业设定减光率（1.0~10dB）的减光片遮挡光路，探测器应报警；用减光率为 11.5dB 的减光片遮挡光路，探测器应报警或发出故障信号。

3）通过管路采样的吸气式探测器，在采样孔加入试验烟，探测器或其控制器应在 120s 内发出报警信号。

（2）报警控制器功能的检查要点：报警控制器功能检查包括火灾报警自检功能检查，消声、复位功能检查，故障报警功能检查，火灾优先功能检查，报警记忆功能检查，电源自动转换及备用电源的自动充电功能检查，备用电源的欠电压、过电压报警功能检查等。其检查要点如下：

1）使控制器和探测器之间线路短路或断路，控制器应在 100s 内发出报警信号；在故障状态下，处于非故障线路的探测器报警时，控制器应在 1min 内发出报警信号。

2）使控制器和备用电源之间线路短路或断路，控制器应在100s内发出报警信号。

3）使任一回路上不少于10只火灾探测器同时处于报警状态，检查控制器的负载功能。

（3）消防联动控制器的调试要点：

1）使控制器和探测器之间线路短路或断路，控制器应在100s内发出报警信号；在故障状态下，处于非故障线路的探测器报警时，控制器应在1min内发出报警信号。

2）使控制器和备用电源之间线路短路或断路，控制器应在100s内发出报警信号。

3）使至少50个输入/输出模块同时处于动作状态（模块总数少于50个时，使全部模块动作），检查控制器的最大负载功能。

4）使控制器分别处于自动和手动状态，按照逻辑关系或设定关系，检查受控设备的动作情况。

（4）火灾显示盘的调试：要在3s内应能正确接收控制器发出的火灾报警信号。

（5）可燃气体报警控制器的调试要点：

1）使控制器和探测器之间线路短路或断路，控制器应在100s内发出报警信号；在故障状态下，处于非故障线路的探测器报警时，控制器应在1min内发出报警信号。

2）使控制器和备用电源之间线路短路或断路，控制器应在100s内发出报警信号。

3）使至少4个可燃气体探测器同时处于报警状态（探测器总数少于4个时，使全部处于报警状态），检查控制器的最大负载功能。

（6）可燃气体探测器的调试：对探测器施加达到响应浓度值的可燃气体标准样气，探测器应在30s内响应，撤去可燃气体，探测器应在60s内恢复正常监视状态；对于线型可燃气体探测器，还需做试验：将发射器发出的光全部遮挡，探测器相应的控制装置应在100s内发出故障信号。

（7）系统备用电源的调试：使备用电源放电终止后再充电48h，

断开设备主电源，备用电源应保证设备工作 8h。

（8）消防应急电源的调试要点：

1）主电源和应急电源切换时间应小于 5s。

2）如果配接三相交流负载，当任一相断相时，应急电源应能保证其他两相正常工作，并发出声、光报警。

3）使应急电源充电回路与电池之间、电池与电池之间连线断线，应急电源应在 100s 内发出声、光故障报警信号，且该信号能手动消除。

（9）消防控制中心图形显示装置的调试：应能显示完整区域的覆盖模拟图和平面图，界面应为中文，当有联动控制信号或报警信号时，在 3s 内能正确显示物理位置。

（10）气体灭火控制器的调试：当模拟启动设备反馈信号时，控制器应在 10s 内接收并显示。控制器的延时应 0~30s 可调。

（11）防火卷帘控制器的调试要点：

1）用于疏散的防火卷帘控制器应有两步关闭功能。当控制器接收到首次火灾报警信号后应使防火卷帘自动关闭到中位处停止，接收到二次报警信号后，使卷帘延续关闭到全闭状态，并向消防联动控制器发出反馈信号。

2）用于防火分区的防火卷帘控制器接收到防火分区内任一火灾报警信号后，应使卷帘关闭到全闭状态，并向消防联动控制器发出反馈信号。

8-24　如何进行联动系统的调试？

火灾自动报警系统调试，应先分别对探测器、区域报警控制器、集中报警控制器、火灾报警装置和消防控制设备等逐个进行单机通电检查，正常后方可进行系统调试。

（1）对消防对讲系统，主要检查语音质量。

（2）对应急广播系统，主要查看与背景音乐的强切试验，以及模拟火灾发生时，对应的楼层广播动作是否正常。

（3）对防火门、防排烟阀、正压送风、自动喷水、气体灭火、消火栓系统的联动，主要查看动作是否可靠，返回信号是否及时准确。

(4) 火灾自动报警系统在连续无故障运行120h后才可以填写调试记录。

在各种设备系统连接和试运转过程中，应由有关厂家参加协调，进行统一系统调试，发现问题及时解决，并做好详细记录。经过调试无误后，再请有关监督部门进行验收，确认合格后，办理交接手续，交付使用。

第9章

Chapter 09

安全防范系统

9-1 防盗报警系统由哪几部分组成？

防盗报警系统负责建筑物内重要场所的探测任务，包括点、线、面和空间的安全保护。

防盗报警系统一般由探测器、区域报警控制器和报警控制中心等部分组成，其基本结构如图9-1所示。系统设备分三个层次，最低层是现场探测器和执行设备，它们负责探测非法人员的入侵，向区域报警控制器发送信息。区域控制器负责下层设备的管理，同时向报警控制中心传送报警信息。报警控制中心是管理整个系统工作的设备，通过通信网络总线与各区域报警控制器连接。

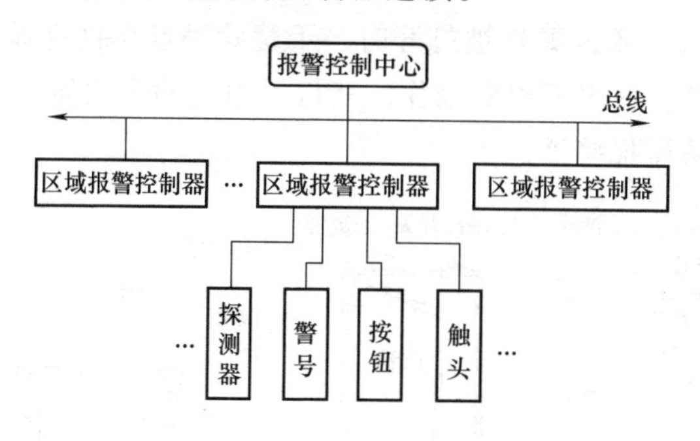

图9-1 防盗报警系统框图

对于较小规模的系统由于监控点少，也可采用一级控制方案，即由一个报警控制中心和各种探测器组成。此时，无区域控制中心或中心控制器之分。

9-2 如何选择防盗探测器？

各种防盗报警器的主要差别在于探测器，探测器选用依据主要有以下几个方面：

（1）保护对象的重要程度。对于保护对象必须根据其重要程度选择不同的保护，特别重要的应采用多重保护。

（2）保护范围的大小。根据保护范围选择不同的探测器，小范围可采用感应式报警器或发射式红外线报警器；要防止人从门、窗进入，可采用电磁式探测报警器；大范围可采用遮断式红外线报警器等。

（3）防范对象的特点和性质。如果主要是防范人进入某区域活动，则采用移动探测报警器，可以考虑微波报警器或被动式红外线报警器，或者同时采用微波与被动式红外线两者结合的双鉴探测报警器。

9-3 怎样安装门磁开关？

通常把干簧管安装在门（或窗、柜、仪器外壳、抽屉等）框边上，而把条形永久磁铁安装在门扇（或窗扇等）边上，如图9-2所示。门（或窗等）关闭后，两者平行地靠在一起，干簧管两端的金属片被磁化而吸合在一起（即干簧管内部的常开触点闭合），于是把电路接通。当门（或窗等）被打开时，干簧管触点在自身弹性的作用下便会立即断开，使报警电路动作。所以，由这种探测器（传感器）可构成电磁式防盗报警器。

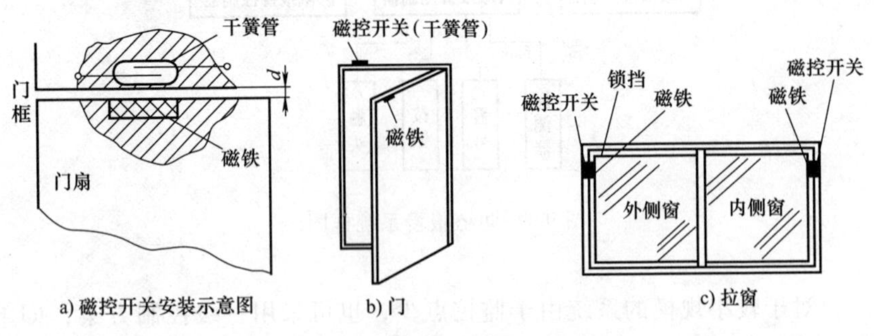

图9-2 门磁开关安装示意图

d—磁控开关安装距离（5~15mm）

门磁开关可以多个串联使用，把它们安装在多处门、窗上，采用图 9-3 所示的方式，将多个干簧管的两端串联起来，再与报警控制器相连，组成一个报警体系，无论任何一处门、窗被入侵者打开，控制器均发出报警信号。

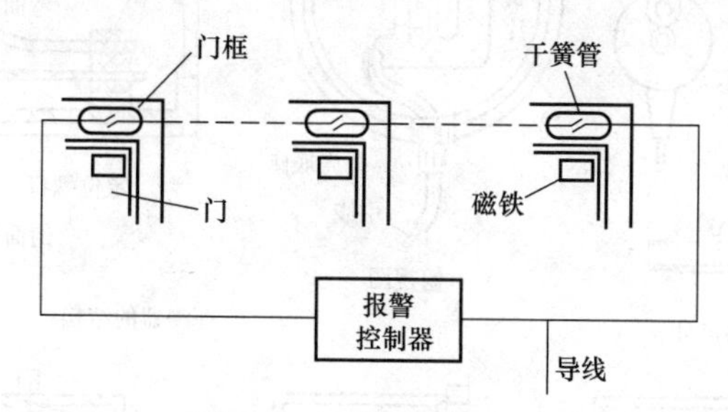

图 9-3 门磁开关的串联

9-4 安装门磁开关时应注意什么？

安装门磁开关（磁控开关）时应注意以下几个问题：

（1）干簧管与磁铁之间的距离应按选购产品的要求正确安装。如有些门磁开关控制距离一般只有 1～1.5cm 左右，而某些产品控制距离可达几厘米。显然，控制距离越大对安装准确度的要求就越低。因此，应根据使用场合合理选择门磁开关。例如卷帘门上使用的门磁开关的控制距离至少大于 4cm 以上。

（2）一般普通的门磁开关不宜在金属物体上直接安装。必须安装时，应采用钢门专用型门磁开关或改用微动开关及其他类型的开关。

（3）门磁开关的产品大致分为明装式（表面安装式）和暗装式（隐蔽安装式）两种。应根据防范部位的特点和防范要求加以选择。一般情况，特别是人员流动性较大的场合最好采用暗装，即把开关嵌装入门、窗框里，引出线也加以伪装，以免遭犯罪分子破坏。

9-5 如何安装玻璃破碎探测器？

玻璃破碎探测器有导电簧片式、水银开关式、压电检测式、声响检测式等多种类型。不同类型的探测范围（即有效监视范围）不同，安装方式也有所不同。导电簧片式玻璃破碎探测器的结构与安装方式，如图 9-4 所示。

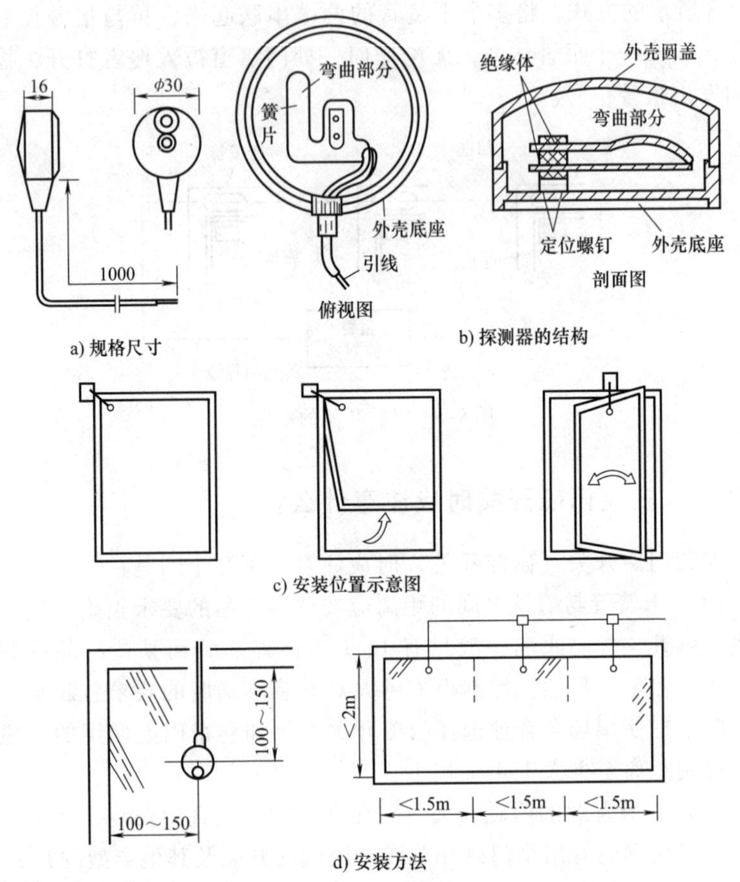

a) 规格尺寸　b) 探测器的结构

c) 安装位置示意图

d) 安装方法

图 9-4　导电簧片式玻璃破碎探测器的结构与安装方式

9-6　安装玻璃破碎报警器时应注意什么?

安装玻璃破碎报警器时应注意以下几点：

（1）安装时，应将声电传感器正对着警戒的主要方向。传感器部分可适当加以隐蔽，但在其正面不应有遮挡物。也就是说，探测器对防护玻璃面必须有清晰的视线，以免影响声波的传播，降低探测的灵敏度。

（2）安装时要尽量靠近所要保护的玻璃，尽可能地远离噪声干扰源，以减少误报警。例如像尖锐的金属撞击声、铃声、汽笛的啸叫声等均可能会产生误报警。实际上，声控型玻璃破碎报警器已对外界的干扰因素做了一定的考虑。只有当声强超过一定的阈值，频率处于带通放大器的频带之内的声音信号才可以触发报警。显然这就起到了抑制远处高频噪声源干扰的作用。

实际应用中，探测器的灵敏度应调整到一个合适的值。一般以能探测到距离探测器最远的被保护玻璃即可。灵敏度过高或过低，都可能会产生误报或漏报。

（3）不同种类的玻璃破碎报警器，根据其工作原理的不同，有的需要安装在窗框旁边（一般距离框 5cm 左右），有的可以安装在靠近玻璃附近的墙壁或天花板上，但要求玻璃与墙壁或天花板之间的夹角不得大于 90°，以免降低其探测力。

（4）也可以将一个玻璃破碎探测器安装在房间的天花板上，并应与几个被保护玻璃窗之间保持大致相同的探测距离，以使探测灵敏度均衡。

（5）窗帘、百叶窗或其他遮盖物会部分吸收玻璃破碎时发出的能量，特别是厚重的窗帘将严重阻挡声音的传播。在此情况下，探测器应安装在窗帘背面的门窗框架上或门窗的上方。

（6）探测器不要装在通风口或换气扇的前面，也不要靠近门铃，以确保工作可靠性。

9-7　怎样安装主动式红外探测器？

主动式红外报警器可根据防范要求、防范区的大小和形状的不同，分别构成警戒线、警戒网、多层警戒等不同的防范布局方式。

根据红外发射机及红外接收机设置的位置不同，主动式红外报警器又可分为对向型安装方式及反射型安装方式两类。

（1）红外发射机与红外接收机对向放置，一对收、发机之间可形成一道红外警戒线，如图 9-5 所示。

图 9-6a 所示两对收、发装置分别相对，是为了消除交叉误射。多光路构成警戒面，如图 9-6b 所示。

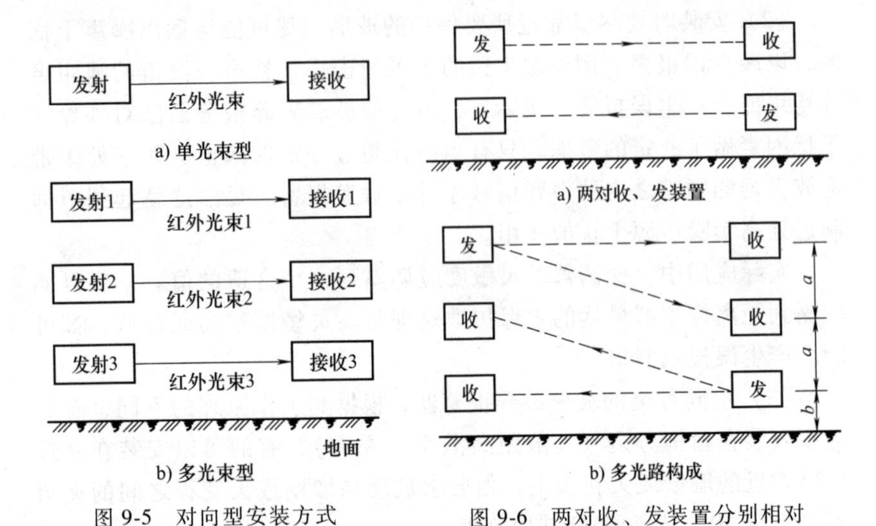

图 9-5　对向型安装方式

图 9-6　两对收、发装置分别相对
$a=0.4\sim0.5\text{m}$，$b=0.3\sim0.5\text{m}$

（2）一种多光束组成的警戒网形式如图 9-7 所示。

（3）根据警戒区域的形状不同，只要将多组红外发射机和红外接收机合理配置，就可以构成不同形状的红外线周界封锁线。利用四组主动式红外发射与接收设备构成的一个矩形周界警戒线如图 9-8 所示。

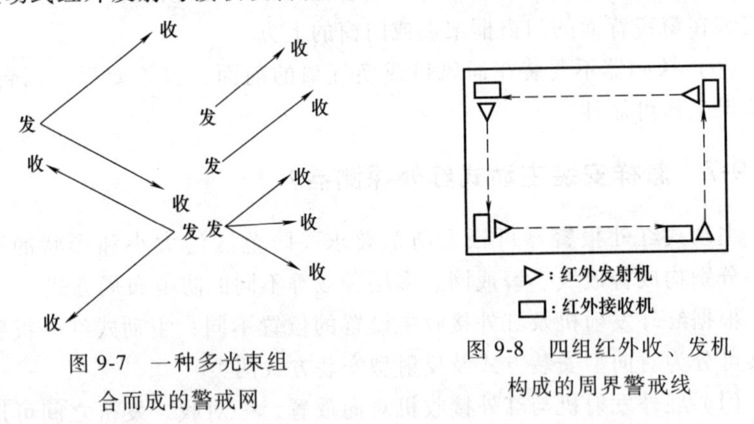

图 9-7　一种多光束组合而成的警戒网

图 9-8　四组红外收、发机构成的周界警戒线

当需要警戒的直线距离较长时，也可采用几组收、发设备接力的形式，如图 9-9 所示。

（4）红外接收机并不是直接接收发射机发出的红外光束，而是

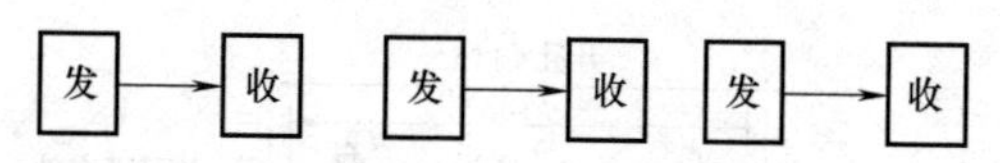

图 9-9 用接力方式加长探测距离

接收由反射镜或适当的反射物（如石灰墙、门板表面光滑的油漆层等）反射回的红外光束，这种方式为反射型安装方式，如图 9-10 所示。

当反射面的位置和方向发生变化或红外入射光束和反射光束之一被阻挡而使接收机接收不到红外反射光束时，都会发出报警信号。

采用这种方式，一方面可缩短红外发射机与接收机之间的直线距离，便于就近安装、管理；另一方面也可通过反射镜的多次反射，将红外光束的警戒线扩展成红外警戒面或警戒网，如图 9-11 所示。

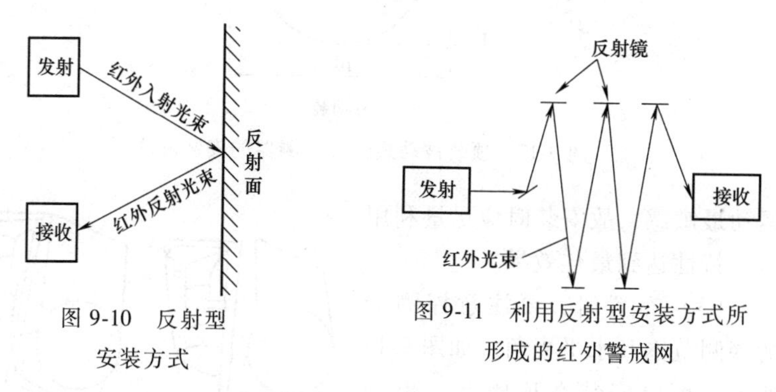

图 9-10 反射型安装方式

图 9-11 利用反射型安装方式所形成的红外警戒网

9-8 怎样安装被动式红外探测器？

被动式红外探测器根据现场探测模式，可直接安装在墙上、天花板上或墙角，如图 9-12 和图 9-13 所示，其布置和安装原则如下：

（1）选择安装位置时，应使报警器具有最大的警戒范围，使可能的入侵者都能处于红外警戒的光束范围之内。

（2）要使入侵者的活动有利于横向穿越光束带区，这样可以提高探测灵敏度。因为探测器对横向切割（即垂直于）探测区方向的人体

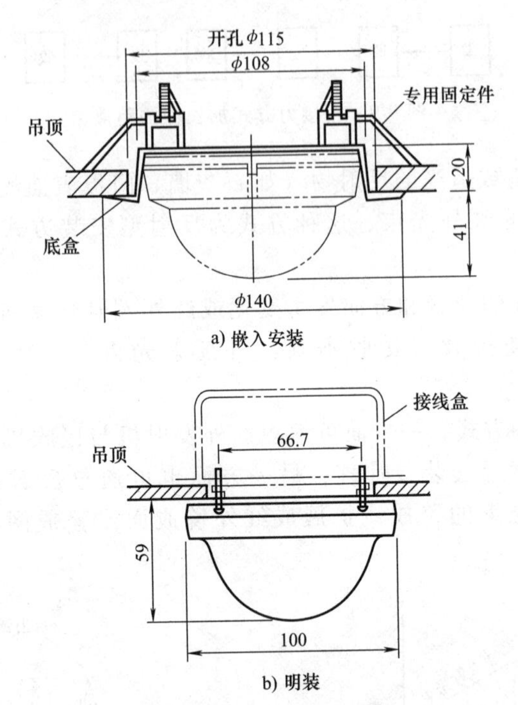

图 9-12　顶装被动式红外探测器的安装方法

运动最敏感，故安装时应尽量利用这一特性达到最佳效果。

（3）布置时，要注意探测器的探测范围和水平视角。如图 9-14 所示，可以安装在顶棚上（也是横向切割方式），也可以安装在墙面或墙角，但要注意探测器的窗口（透镜）与警戒的相对角度，防止出现“死角”。

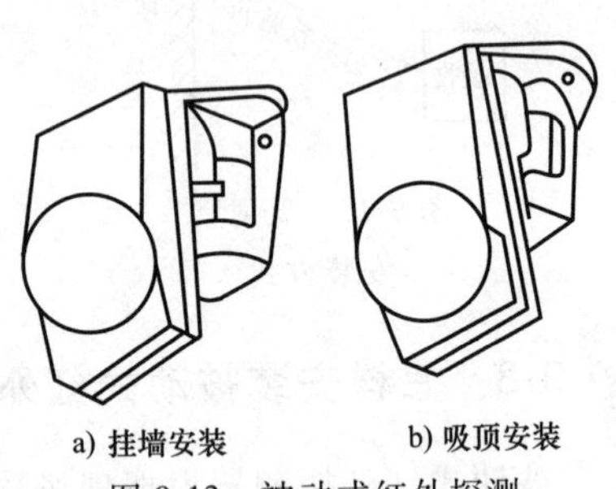

图 9-13　被动式红外探测器的安装方法

（4）被动式红外探测器永远不能安装在某些热源（如暖气片、加热器、热管道等）的上方或其附近，否则会产生误报警。警戒区内最好不要有空调器或热源，如果无法避免热源，则应与热源保持至少 1.5m 以上的间隔距离。

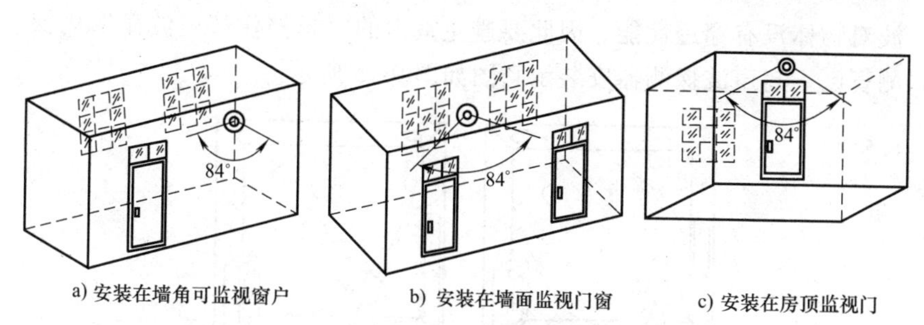

图 9-14　被动式红外探测器的布置

（5）为了防止误报警，不应将被动式红外探测器的探头对准任何温度会快速改变的物体，诸如电加热器、火炉、暖气、空调器的出风口、白炽灯等强光源以及受到阳光直射的门窗等热源，以免由于热气流的流动而引起误报警。

（6）警戒区内注意不要有高大的遮挡物遮挡和电风扇叶片的干扰。

（7）被动式红外探测器的产品多数是壁挂式的，需安装在墙面或墙角。一般而言，墙角安装比墙面安装的感应效果好。安装高度通常为 2～2.5m。

9-9　如何安装超声波探测器?

当声波的频率超过 20kHz 就是人耳听不到的超声波。根据多普勒效应，超声波可以用来侦察闭合空间内的入侵者。探测器由发送器、接收器及电子分析电路等组成。从发送器发射出去的超声波被监测区的空间界限及监测区内的物体反射回来，并由接收器接收。如果在监测区域内没有物体运动，那么反射回来的信号频率正好与发射出去的频率相同，但如果有物体运动，则反射回来的信号频率就会发生变化。超声波探测器的基本作用范围长为 9～12m，宽为 5～7.5m。

安装超声波探测器要注意使发射角对准入侵者最可能进入的场所，这样可提高探测的灵敏度。当入侵者向着或背着超声波收、发机的方向行走时，可使超声波产生较大的多普勒频移。使用超声波探测器，不能有过多的门窗，且均需关闭。收、发机不应靠近空调器、排风扇、风机、暖气等，即要避开通风的设备和气体的流动。由于超声波对物体没有穿透性能，因此要避免室内的家具挡住超声波而形成探测盲区。超声波探测器安装示意图如图 9-15 所示。

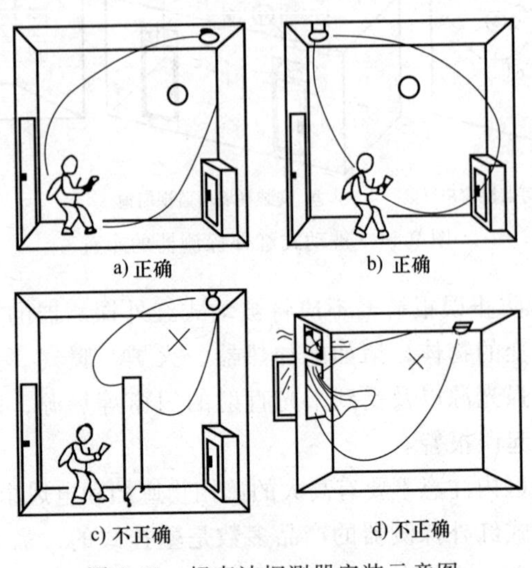

图 9-15　超声波探测器安装示意图

9-10　如何安装微波探测器？

微波探测器是利用微波的多普勒效应设计的防盗报警装置。它具有微波发射与接收（收发两用机）的功能。探测器的振荡源向覆盖区域发射电磁波（微波），当接收者相对于振荡源不动时，则接收与发射的频率相同；但如果接收者与发射源有相对运动时，则接收与发射的频率将有差数，此频率差数称为多普勒频率。因此，只要检测出多普勒频率，就获得人体运动的信息，达到检测运动目标的目的，完成报警传感的功能。

微波探测器的安装方法如图 9-16 所示。

安装微波探测器应尽可能覆盖出入口，这样入侵者就会向着或者背着探测器运动，可获得高的探测率。微波探测器的探头不应对着大型金属物体或具有金属镀层的物体（如金属档案柜等），否则这些物体可能将微波反射到墙外或窗外的人行道或马路上，当行人或车辆通过时，经它们反射回来的微波信号，又可能通过这些金属

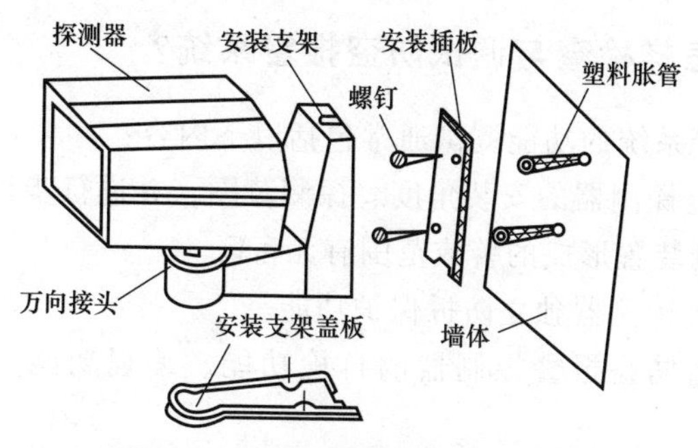

图 9-16　微波探测器的安装示意图

物体再次反射给探头，从而引起误报。安装时还要注意，微波探测器的探头不应对准可能会活动的物体，如门帘、电风扇、排风扇或门窗等可能会振动的部位，否则这些物体可能会成为移动的目标而引起误报。微波探测器的探头也不应对准荧光灯、水银灯等气体放电光源。荧光灯产生的 100Hz 的调制信号，尤其是发生闪烁故障的荧光灯更容易引起干扰，因为灯内的电离气体更易成为微波运动的反射体而造成误报警。

9-11　如何安装双鉴探测报警器？

双鉴探测报警器又称双技术报警器、复合式报警器及组合式报警器。它是将两种探测技术组合在一起，以相与的关系来触发报警，即只有当两种探测器同时或相继在短暂时间内都探测到目标时，才可发出报警信号。常用的双鉴探测报警器有：超声波-被动红外、超声波-微波、微波-被动红外等几种。由于组件内有两种独立的探测技术作双重鉴证，所以避免了单技术因受环境干扰而导致的误报警。

在安装时要使两种探测器的灵敏度都达到最佳状态是难以做到的，采用折中的办法，使两种探测器的灵敏度在防范区内尽可能保持均衡即可。例如，被动红外探测器对横向切割探测区的人体最敏感，而微波探测器则对轴向（或径向）移动的物体最敏感。在安装时就应使探测区正前方的轴向方向与入侵者最有可能穿越的主要方向成为 45°角左右，以便使两种探测器均能处于较灵敏的状态。

9-12 怎样检查与调试防盗报警系统？

防盗报警系统的功能调试通常包括以下内容：

（1）检查探测器的安装角度、探测范围，并进行步行测试，检查周界报警探测装置形成的警戒范围有无盲区。

（2）检查探测器独立防拆保护功能。

（3）检查防盗报警控制器的自检功能、编程功能、布防和旁路功能。

（4）检查防盗报警控制器发生报警后的声光显示和记录功能。

（5）当有报警联动要求时，检查相应的灯光、摄像、录像设备的联动功能。

（6）对区域型公共安全防范网络系统，检查其联网与响应功能。

（7）检查防盗报警系统与计算机集成系统的联网接口，以及该系统对防盗报警的集中控制与管理能力。

9-13 门禁系统由哪几部分组成？

门禁管制系统（简称门禁系统）又称出入口控制系统，它的功能是对出入主要管理区的人员进行认证管理，将不应该进入的人员拒之门外。

门禁系统是在建筑物内的主要管理区的出入口、电梯厅、主要设备控制机房、贵重物品的库房等重要部位的通道口安装门磁开关、电控锁或读卡机等控制装置，由中心控制室监控。系统采用多重任务的处理，能够对各通道口的位置、通行对象及时间等进行实时监控或设定程序控制。

门禁系统的基本结构框图如图9-17所示，其主要包括三个层次的设备：

（1）低层设备。低层设备是指设在出入口处，直接与通行人员打交道的设备，包括读卡机、电子门锁、出口按钮、报警传感器和报警扬声器等。它们用来接收通行人员输入的信息，将这些信息转换成电信号送到控制器中，同时根据来自控制器的反馈信号，完成开锁、闭锁等工作。

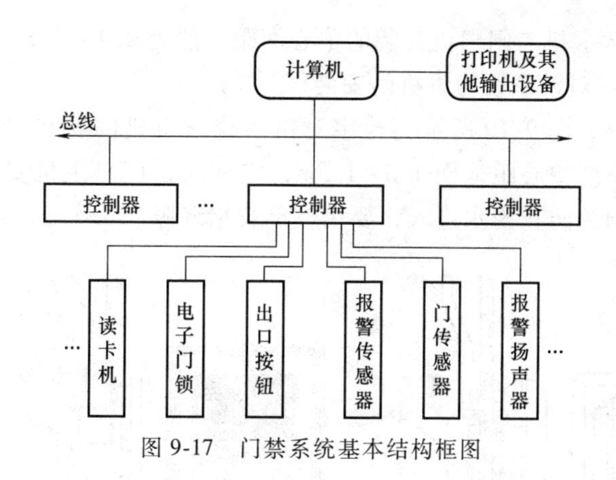

图 9-17　门禁系统基本结构框图

（2）控制器。控制器接收到低层设备发来的有关人员的信息后，同已存储的信息进行比较并做出判断，然后再对低层设备发出处理的信息。单个控制器可以组成一个简单的门禁系统，用来管理一个或几个门。多个控制器通过网络同计算机连接起来就组成了整个建筑物的门禁系统。

（3）计算机。计算机装有门禁系统的管理软件，它管理着系统中所有的控制器，向它们发送控制命令，对它们进行设置，接收其发来的信息，完成系统中所有信息记录、存档、分析、打印等处理工作。

9-14　怎样安装门禁及对讲系统？

1. 管路和线缆的敷设

（1）应符合设计图样的要求及有关标准和规范的规定。有隐蔽工程的，应办隐蔽验收。

（2）线缆回路应进行绝缘测试并有记录，绝缘电阻大于 20MΩ。

（3）地线、电源线应按规定连接。电源线与信号线应分槽（或管）敷设，以防干扰。采用联合接地时，接地电阻小于 1Ω。

2. 读卡机（IC 卡机、磁卡机、出票读卡机、验卡票机）**的安装**

（1）应安装在平整、坚固的水泥墩上，保持水平，不能倾斜。

（2）一般安装在室内，安装在室外时，应考虑防水措施及防撞装置。

(3) 读卡机与闸门机安装的中心间距一般为2.4～2.8m。

3. 楼宇对讲系统对讲机的安装

图9-18、图9-19所示为楼宇对讲系统对讲机的安装方法，对讲机的安装高度中心距地面1.3～1.5m，室外对讲门口主机安装时，主机与墙之间为防止雨水进入，要用玻璃胶堵缝隙。

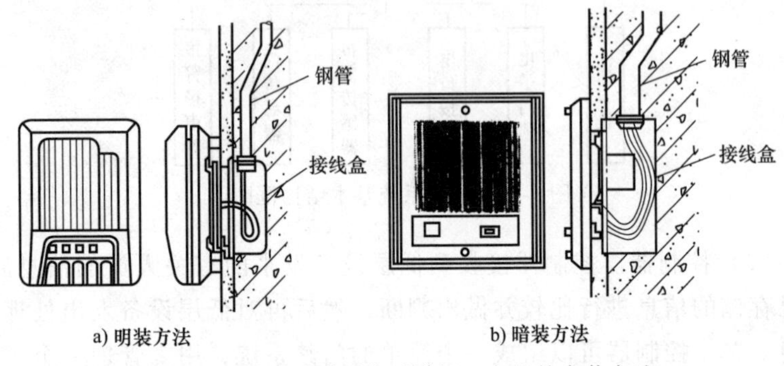

图9-18 楼宇对讲系统对讲门口主机的安装方法

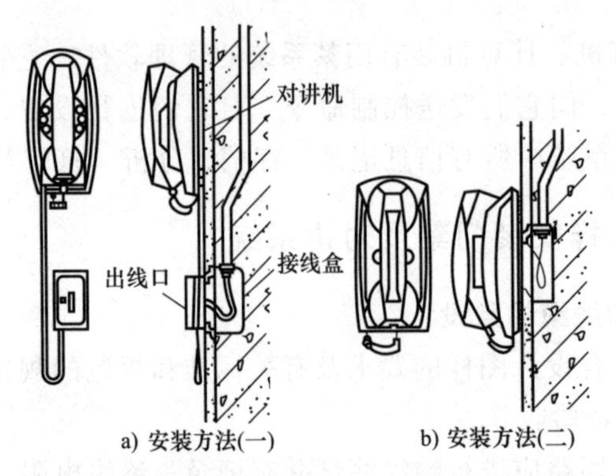

图9-19 楼宇对讲系统室内对讲机的安装方法

9-15 如何检查与调试门禁系统？

(1) 指纹、视网膜、掌纹和复合技术等识别系统应按产品技术说明书和设计要求进行调试。

(2) 检查系统与计算机集成系统的联网接口以及该系统对出入口

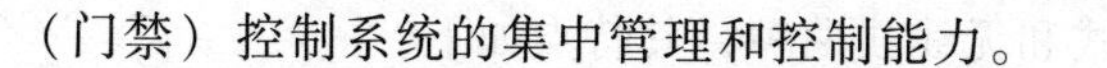

（门禁）控制系统的集中管理和控制能力。

（3）检查微处理器或计算机控制系统，是否具有时间、逻辑、区域、事件和级别分档等判别及处理功能。

（4）对每一次有效的进入，检查主机是否能存储进入人员的相关信息，对非有效进入或被胁迫进入应有异地报警功能。

（5）检查各种鉴别方式的出入口控制系统工作是否正常，并按有效设计方案达到相关功能要求。

（6）检查系统防劫、求助、紧急报警是否工作正常，是否具有异地声光报警与显示功能。

9-16 巡更保安系统有哪几种类型？各有什么特点？

现代大型楼宇中（如办公楼、宾馆、酒店等），出入口很多，来往人员复杂，需经常有保安人员值勤巡逻，较重要的场所还设有巡更站，定时进行巡逻，以确保安全。

巡更保安系统由巡更站、控制器、计算机通信网络和微机管理中心组成，如图 9-20 所示。巡更站的数量和位置由楼宇的具体情况决定，一般在几十个点以上，巡更站可以是密码台，也可以是电锁。巡更站安在楼内重要场所。

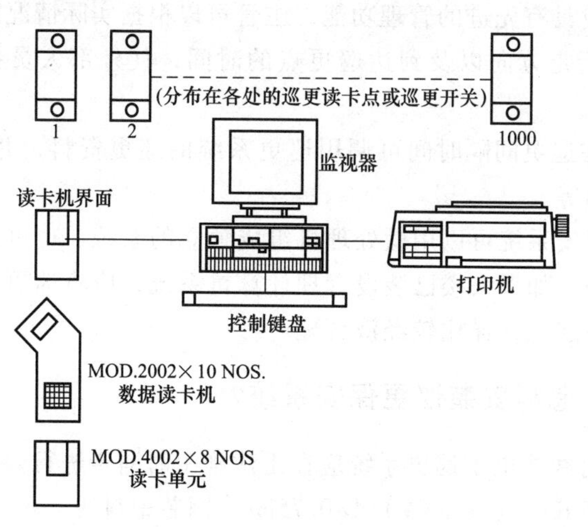

图 9-20 巡更系统示意图

巡更系统分为有线式和无线式两种，其特点如下：

(1) 有线巡更系统。有线巡更系统由计算机、网络收发器、前端控制器、巡更点等设备组成。保安人员到达巡更点并触发巡更点开关PT，巡更点将信号通过前端控制器及网络收发器送到计算机。巡更点主要设置在各主要出入口、主要通道、各紧急出入口、主要部门等处。

(2) 无线巡更系统。无线巡更系统由计算机、传送单元、手持读取器、编码片等设备组成。编码片安装在巡更点处代替巡更点，保安人员巡更时手持读取器读取巡更点上的编码片资料，巡更结束后将手持读取器插入传送单元，使其存储的所有信息输入到计算机，记录各种巡更信息并可打印各种巡更记录。

9-17 巡更保安系统应满足哪些要求?

巡更系统应满足以下要求：

(1) 巡更系统必须可靠连续运行，停电后应能维持24h工作。

(2) 备有扩展接口，应配置报警输出接口和输入信号接口。

(3) 有与其他子系统之间可靠通信的联网能力，且具备网络防破坏功能。

(4) 应具有先进的管理功能，主管可以根据实际情况随时更改巡更路线，行走方向以及到达巡更点的时间，使外部人员摸不清巡更规律。

(5) 在巡更间隔时间可调用巡更系统的巡更资料，并进行统计、分析和打印等。

巡更保安系统可以用微处理机组成独立的系统，也可纳入大楼设备监控系统。如果大楼已装设管理计算机系统，应将巡更保安系统与其合并在一起，这样比较经济合理。

9-18 怎样安装巡更保安系统?

(1) 有线式电子巡更系统应在土建施工时同步进行。每个电子巡更站点需穿RVS（或RVV）$4\times0.75mm^2$铜芯塑料线。

无线式电子巡更系统不需穿管布线，系统设置灵活方便。每个电子巡更站点设置一个信息钮。信息钮应有唯一的地址信息。

设有门禁系统的安防系统，一般可用门禁读卡器用作电子巡更站点。

（2）有线巡更信息开关或无线巡更信息钮，应按设计要求安装在各出入口主要通道或其他需要巡更的站点上，其高度宜离地面1.3~1.5m。

（3）安装应牢固、端正，户外应有防水措施。

9-19　如何检查与调试巡更保安系统？

（1）读卡式巡更系统应保证确定为巡更用的读卡机在读巡更卡时正确无误，检查实时巡更是否和计划巡更相一致，若不一致应能发出报警。

（2）采用巡更信息钮（开关）的信息应正确无误，数据能及时收集、统计、打印。

（3）按照巡更路线图检查系统的巡更终端、读卡机的响应功能。

（4）检查巡更管理系统对任意区域或部位按时间线路进行任意编程修改的功能以及撤防、布防的功能。

（5）检查系统的运行状态、信息传输、故障报警和指示故障位置的功能。

（6）检查巡更管理系统对巡更人员的监督和记录情况、安全保障措施和对意外情况及时报警的处理手段。

（7）对在线联网的巡更管理系统还需要检查电子地图上的显示信息、遇有故障时的报警信号以及与电视监视系统等的联动功能。

（8）巡更系统的数据存储记录保存时间应满足管理要求。

9-20　停车场（库）管理系统由哪几部分组成？

停车场管理系统主要由以下几部分组成：

（1）车辆出入的检测与控制。通常采用环形感应线圈方式或光电检测方式。

（2）车位和车满的显示与管理。可采用车辆计数方式和有无车位检测方式等。

（3）计时收费管理。根据停车场特点有无人自动收费和人工收费等。

停车场管理系统的组成如图 9-21 所示，典型的停车场管理系统示意图如图 9-22 所示。

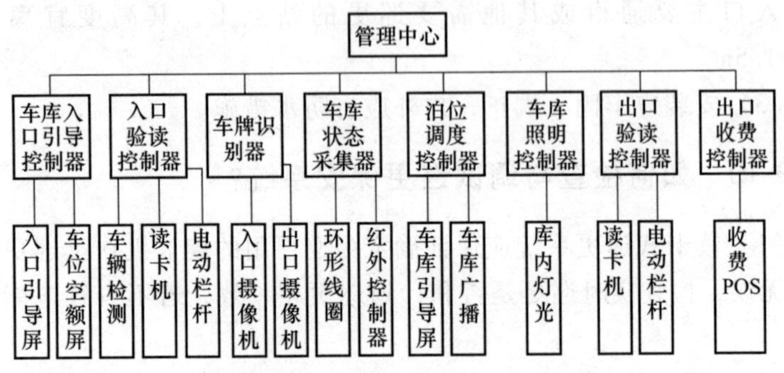

图 9-21 停车场管理系统的组成

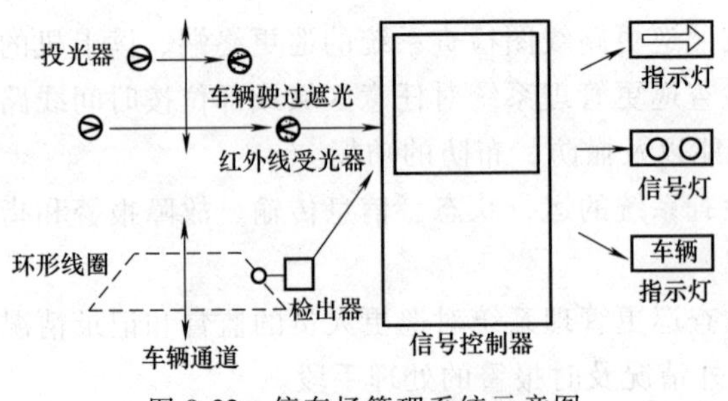

图 9-22 停车场管理系统示意图

 9-21 车辆出入检测与控制系统有哪几种主要类型？

车辆出入检测与控制系统有以下两种主要类型。

1. 红外光电检测方式

检测器由一个投光器和一个受光器组成。投光器产生红外不可见光，经聚焦后成束型发射出去，受光器拾取红外信号。当车辆进出时，光束被遮断，车辆的“出”或“入”信号送入控制器，如图 9-23a所示。图中一组检测器使用两套收发装置，是为了区分通过的是人还是汽车；而采用两组检测器是利用两组的遮光顺序来同时检测车辆的行进方向。

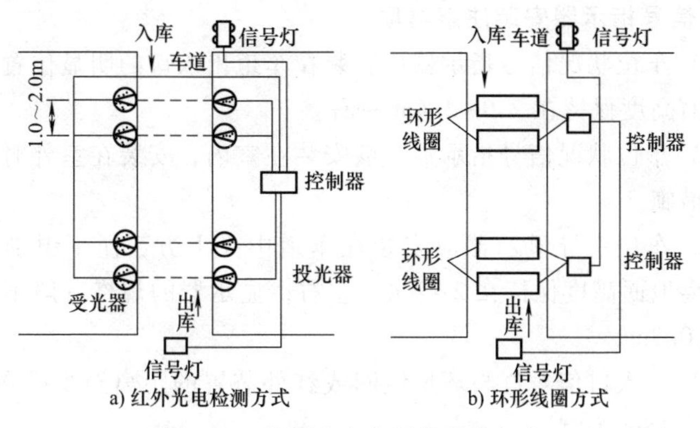

图 9-23　检测出入车辆的两种方式

2. 环形线圈检测方式

环形线圈检测方式如图 9-23b 所示。使用电缆或绝缘导线做成环形，埋在车路地下，当车辆（金属）驶过时，其金属车体使线圈发生短路效应而形成检测信号。而两组检测器是为了同时检测车辆的行进方向。

 9-22　怎样安装停车场（库）管理系统？

1. 线缆敷设注意事项

（1）感应线圈埋设深度距地表面不小于 0.2m，长度不小于 1.6m，宽度不小于 0.9m，感应线圈至机箱处的线缆应采用金属管保护，并且固定牢固。感应线圈应埋设在车道居中位置，并与读卡机、闸门机的中心间距保持在 0.9m 左右，且保证环形线圈 0.5m 平面范围内不能有其他金属物，严防碰触周围金属。

（2）管路、线缆敷设应符合设计图样的要求及有关标准和规范的规定。有隐蔽工程的应办隐蔽验收。

2. 闸门机和读卡机（IC 卡机、磁卡机、出票读卡机、验票机）**安装注意事项**

（1）应安装在平整、坚固的基础上，保持水平，不能倾斜。

（2）一般安装在室内，当安装在室外时，应考虑防水措施及防撞装置。

（3）闸门机与读卡机的安装中心间距一般为 2.4~2.8m。

3. 信号指示器安装注意事项

（1）车位状况信号指示器应安装在车道出入口的明显位置，其底部离地面高度保持在 2.0~2.4m 左右。

（2）车位状况信号指示器一般安装在室内，安装在室外时，应考虑防水措施。

（3）车位引导显示器应安装在车道中央上方，便于识别引导信号，其离地面高度保持在 2~2.4m 左右；显示器的规格一般不小于长 1m、宽 0.3m。

（4）出入口信号灯与环形线圈或红外装置的距离至少应在 5m 以上，10 ~ 15m 为宜。

4. 红外光电式检测器的安装

安装红外光电式检测器时，除了收、发装置相互对准外，还应注意接收装置（受光器）不可让太阳光直射到，红外光电式检测器的安装如图 9-24 所示。

5. 环形线圈的安装

在环形线圈埋入车路的施工时，应特别注意是否碰触周围金属，环形线圈 0.5m 平面范围内不可有其他金属物。环形线圈的安装如图 9-25 所示。

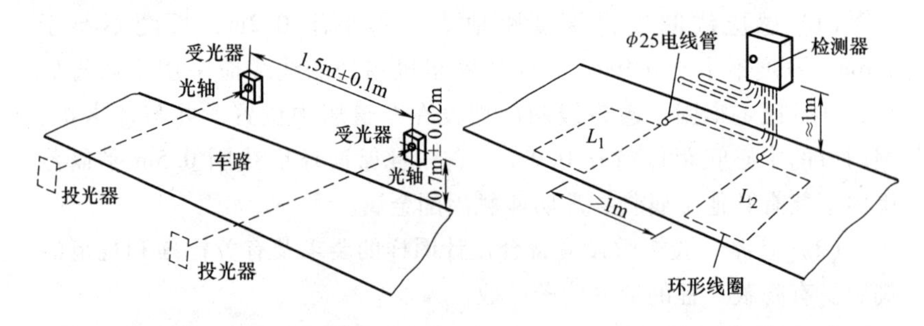

图 9-24　红外光电式检测器的安装　　图 9-25　环形线圈的安装

9-23　如何检查与调试停车场（库）管理系统？

（1）检查感应线圈的位置和响应速度是否正确。

（2）检查车库管路系统的车辆进入、分类收费、收费指示牌、导向指示牌是否正确。

（3）检查闸门机工作是否正常，进/出口车牌号复核等功能应达到设计要求。

（4）检查读卡器正确刷卡后的响应速度是否达到设计或产品技术标准要求。

（5）检查闸门的开放和关闭的动作时间是否符合设计或产品技术标准要求。

（6）检查按不同建筑物要求而设置的不同管理方式的车库管理系统是否正常工作，且应符合设计要求；通过计算机网络和视频监控及识别技术，是否能实现对车辆的进出行车信号指示、计费、保安等方面的综合管理。

（7）检查入口车道上各设备（自动发票机、验卡机、自动闸门机、车辆感应检测器、入口摄像机等）以及各自完成 IC 卡的读/写、显示、自动闸门机起落控制、入口图像信息采集，以及与收费主机的实时通信等功能，均应符合设计和产品技术性能标准的要求。

（8）检查出口车道上各设备（读卡机、验卡机、自动闸门机、车辆感应检测器等）以及各自完成 IC 卡的读/写、显示、自动闸门机起落控制以及与收费主机的实时通信等功能，应符合设计和产品技术标准。

（9）检查收费管理处的设备（收费管理主机、收费显示屏、打印机、发/读卡机、通信设备等）以及各自完成车道设备实时通信、车道设备的监视与控制、收费管理系统的参数设置、IC 卡发售、挂失处理及数据收集、统计汇总、报表打印等功能，应符合设计和产品技术标准。

（10）检查系统与计算机集成系统的联网接口以及该系统对车库管理系统的集中管理和控制能力。各子系统的输入/输出能否在集成控制系统中实现输入/输出，其显示和记录能否反映各子系统的相关关系。

9-24 闭路电视监控系统有什么功能？

电视监控系统一般由摄像、传输、控制、显示与记录四部分组成。典型的电视监控系统结构组成如图9-26所示。

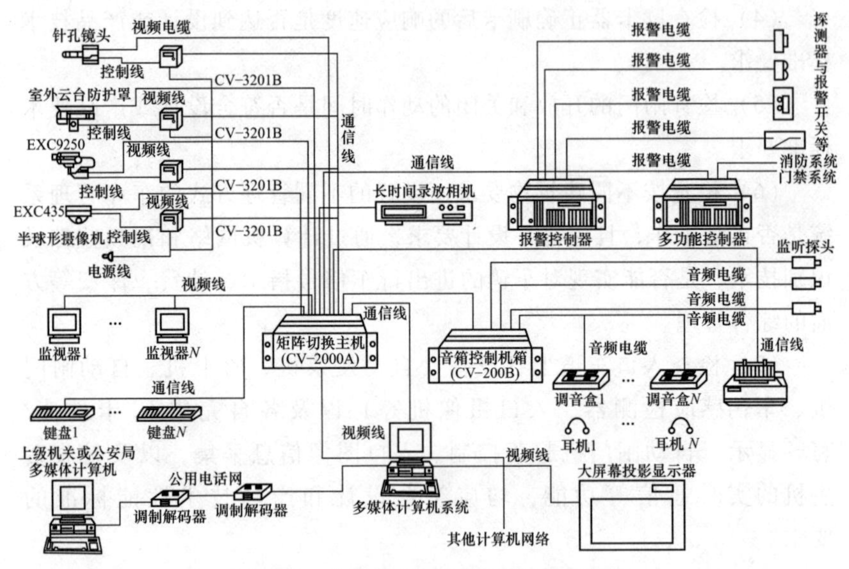

图9-26 典型的电视监控系统结构组成

电视监控系统是在需要防范的区域和地点安装摄像机，把所监视的图像传送到监控中心，中心进行实时监控和记录。它的主要功能有以下几个方面：

（1）对视频信号进行时序、定点切换、编程。

（2）查看和记录图像，应有字符区分并作时间（年、月、日、小时、分）的显示。

（3）接收安全防范系统中各子系统信号，根据需要实现控制联动或系统集成。

（4）电视监控系统与安全防范报警系统联动时，应能自动切换、显示、记录报警部位的图像信号及报警时间。

（5）输出各种遥控信号，如对云台、镜头、防护罩等的控制信号。

（6）系统内外的通信联系。

其中，系统的集成和控制联动需要认真考虑才能做好。因为在电视监控系统中，设备很多，技术指标又不完全相同，如何把它们集成起来发挥最大的作用，就需要综合考虑。控制联动是把各子系统充分协调，形成统一的安全防范体系，要求控制可靠，不出现漏报和误报。

9-25　怎样配置电视监控系统？

电视监控系统配置前，首先要明确系统的规模、监视的范围和系统形式。对所需监视的范围和目标要做总体考虑，做到心中有数。对系统的技术指标和功能要求也必须明确，然后设计和确定系统的组成及设备配置。

（1）根据摄像机配置的数量确定控制台所需的输入回路数和监视器的数量。比如采用 4：1 方式配置，如果系统设置 20 台摄像机，则配置 5 台监视器，根据监视器的数量就可决定控制台的输出路数。

（2）根据监控范围内要害地点的数目选择录像机台数。当需要连续录像时，要选用长时间录像机。当系统中摄像机比较多时，可考虑采用“多画面分割器”或装设多画面处理器。

（3）根据摄像机所用的镜头要求决定控制台是否有对应的控制功能，如变焦、聚焦、光圈控制等。

（4）根据摄像机是否使用云台决定控制台是否应有对应的控制功能，如云台的水平、垂直运行控制等。

（5）根据系统内摄像机的多少和摄像机离控制中心的距离等实际情况，确定控制台输出控制命令的方式，如直接控制或采用解码器的通信编码间接控制等。

（6）根据系统内设备分布情况和监控范围内的风险等级要求等因素，确定采用集中电源还是分散配置电源，是否需要配置不间断电源以及电源容量。

9-26　怎样安装电视监控系统的云台？

1. 手动云台的安装

图 9-27 为一种半固定式手动云台，这种云台是采用四个螺栓将云台底板固定在建筑物梁、屋架或自制的钢支架上，使云台保持水平，

将云台固定好后，旋松底板上面的三个螺母，可以调节摄像机的水平方位。当水平方位调节后，便旋紧三个固定螺母。

为了调节摄像机的俯仰角度，可以松开云台侧面螺母，调节完毕后即旋紧侧面螺母，使摄像机固定在要求的位置上。

这种手动云台的摄像机固定面板上有若干个固定孔，可以供多种摄像机及其防护罩使用。

手动云台除了半固定式以外还有悬挂式手动云台和横臂式手动云台。这两种云台的特点是将手动云台与悬吊支架、壁装支架制作成为一体化产品，安装简单，使用方便，特别适用于轻型监视用固定摄像机的安装。

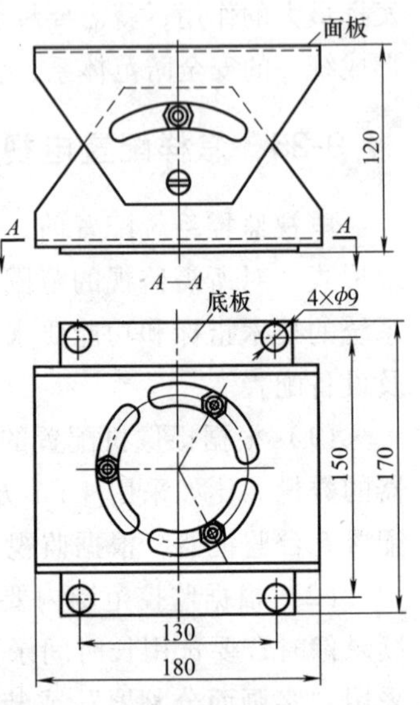

图 9-27　YTB-Ⅰ型半固定式云台安装尺寸

几种手动云台的安装与应用，如图10-28 所示。悬挂式手动云台主要安装在顶棚上，但必须固定在顶棚上面的承重主龙骨上，也可安装在平台上，如图 9-28a 所示。横臂式手动云台则安装在垂直的柱、墙面上，如图 9-28b 所示。半固定式手动云台安装于平台或凸台上，如图 9-28c 所示。

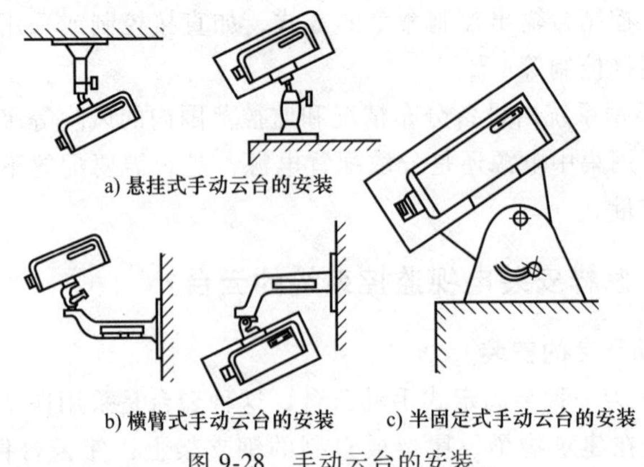
a) 悬挂式手动云台的安装

b) 横臂式手动云台的安装　　c) 半固定式手动云台的安装

图 9-28　手动云台的安装

2. 电动云台的安装

电动云台分为室内和室外两种类型，图 9-29 所示为 YT-Ⅰ型室内电动云台，用它可以带动摄像机寻找固定或活动目标，具有转动灵活、平稳的特点。它可以水平旋转 320°，垂直旋转±45°，可以直接将摄像机安装在云台上或通过摄像机的防护罩再安装摄像机。

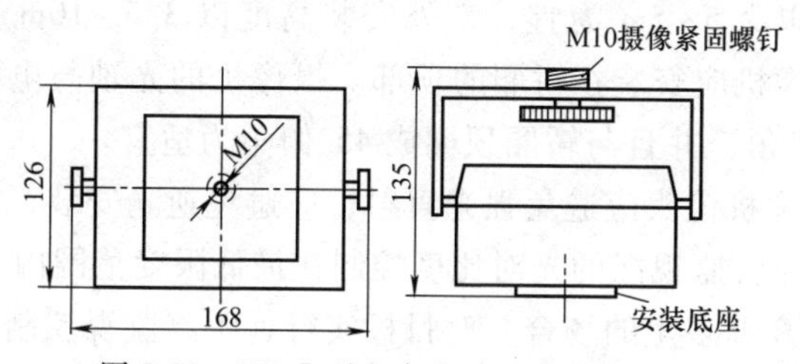

图 9-29 YT-Ⅰ型室内电动云台安装尺寸

9-27 怎样选择电视监控系统的摄像机？

根据系统对摄像机的功能要求和实际情况，选择摄像机色彩和监视器。摄像机镜头也要根据系统要求和实际情况选择。要根据视场角大小和镜头到监视目标的距离确定其焦距。

（1）对于固定目标，可选用定焦距镜头。

（2）摄取远距离目标，可采用望远镜头。

（3）摄取小视距、大视角目标，可采用广角镜头。

（4）摄取大范围画面，可采用带全景云台的摄像机，并根据监控区域的大小选用 6 倍以上的电动遥控变焦距镜头。

（5）隐蔽安装的摄像机，根据情况可采用针孔镜头等。

9-28 怎样安装电视监控系统的摄像机？

摄像机是系统中最精密的设备。安装前，建筑物内的土建、装修工程应已结束，各专业设备安装基本完毕，系统的其他项目均已施工完毕后，在安全、整洁的环境条件下方可安装摄像机。

摄像机的安装应注意以下各点：

（1）安装前摄像机应逐一接电进行检测和调整，使摄像机处于正常工作状态。

（2）检查云台的水平、垂直转动角度和定值控制是否正常，并根据设计要求整定云台转动起点和方向。

（3）从摄像机引出的电缆应至少留有 1m 的余量，以利于摄像机的转动。不得利用电缆插头和电源插头承受电缆的重量。

（4）摄像机宜安装在监视目标附近不易受到外界损伤的地方，室内安装高度以 2.5～5m 为宜；室外安装高度以 3.5～10m 为宜。电梯轿厢内的摄像机应安装在轿厢的顶部。摄像机的光轴与电梯轿厢的两个面壁成 45°角，并且与轿厢顶棚成 45°俯角为适宜。

（5）摄像机镜头应避免强光直射，应避免逆光安装，若必须逆光安装，应选择将监视区的光对比度控制在最低限度范围内。

（6）在高温多尘的场合，对目标实行远距离监视控制和集中调度的摄像机，要加装风冷防尘保护设施。

9-29 怎样安装电视监控系统的机柜和监控台？

在监控室装修完成且电源线、接地线、各视频电缆、控制电缆敷设完毕后，方可将机柜及监控台运入安装。

1. 机柜的安装

（1）机柜的底座应与地面固定。

（2）机柜安装应竖直平稳，垂直偏差不得超过 1‰。

（3）几个机柜并排在一起时，面板应在同一平面上并与基准线平行，前后偏差不得大于 3mm，两个机柜中间缝隙不大于 3mm。

（4）对于相互有一定间隔而排成一列的设备，其面板前后偏差不大于 5mm。

2. 监控台的安装

为了监视方便，通常将监视器、视频切换器、控制器等组装在一个监控台上。这种监控台通常设置在控制室内，其外形如图 9-30 所示。有的监控台还设有录像机、打印机、数码显示器和报警器等。

（1）监控台应安装在室内有利于监视的位置，要使监视器不面向窗户，以免阳光射入，影响图像质量。

（2）监控柜正面与墙的净距应不小于 1.2m，侧面与墙或其他设备的净距在主要走道不小于 1.5m，次要走道不小于 0.8m。

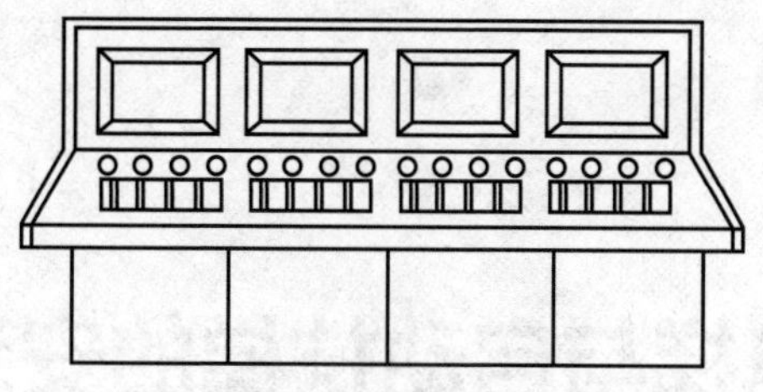

图 9-30 系统监控台示意图

（3）监控柜背面和侧面距离墙的净距不小于 0.8m。

（4）监控柜内的电缆理直后应成捆绑扎，在电缆两端留适当余量，并标示明显的永久性标记。

9-30 怎样调试电视监控系统？

电视监控系统的调试顺序一般分为单体调试、系统调试。

1. 单体调试

调试时，接通视频电缆对摄像机进行调试。合上控制器、监视器电源，若设备指示灯亮，则合上摄像机电源，监视器屏幕上便会显示图像。图像清晰时，可遥控变焦，遥控自动光圈，观察变焦过程中图像的清晰度。如果出现异常情况便应做好记录，并将问题妥善处理。若各项指标都能达到产品说明书所列的数值，便可遥控电动云台带动摄像机旋转。若在静止和旋转过程中图像清晰度变化不大，则认为摄像机工作情况正常，可以使用。云台运转情况平稳、无噪声，电动机不发热，速度均匀，可认为能够进行安装。

2. 系统调试

当各种设备单体调试完毕，便可进行系统调试。此时，按照施工图对每台设备（摄像机、云台等）进行编号，合上总电源开关，监控室同监视现场之间利用对讲机进行联系，做好准备工作，再开通每一摄像回路，调整监视方位，使摄像机能准确地对准监视目标或监视范围，通过遥控方式变焦、调整光圈、旋转云台，扫描监视范围。如图像出现阴暗斑块，则应调整监视区域灯具位置和亮度，提高图像质量。在调试过程中，每项试验应做好记录，及时处理安装时出现的问题。

第10章 Chapter 10

电梯与自动扶梯的安装

10-1 电梯主要由哪几部分组成？

曳引式电梯是目前应用最普遍的一种电梯。电梯的基本结构如图10-1所示。

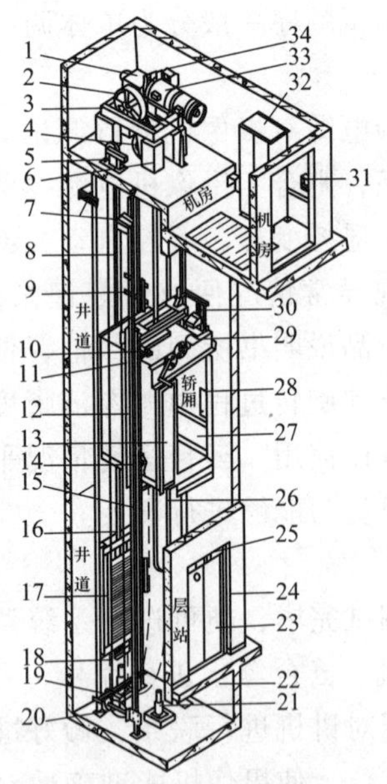

图 10-1 电梯的基本结构

1—减速箱 2—曳引轮 3—曳引机底座 4—导向轮 5—限速器 6—机座 7—导轨支架 8—曳引钢丝绳 9—开关碰铁 10—紧急终端开关 11—导靴 12—轿厢架 13—轿门 14—安全钳 15—导轨 16—绳头组合 17—对重 18—补偿链 19—补偿链导轮 20—张紧装置 21—缓冲器 22—底坑 23—层门 24—呼梯盒 25—层楼指示灯 26—随行电缆 27—轿壁 28—轿内操纵箱 29—开门机 30—井道传感器 31—电源开关 32—控制柜 33—曳引电动机 34—制动器（抱闸）

一部电梯总体的组成有机房、井道、轿厢和层站四个部分，也可看成一部电梯占有了四大空间。图 10-2 为电梯各机构的组成。

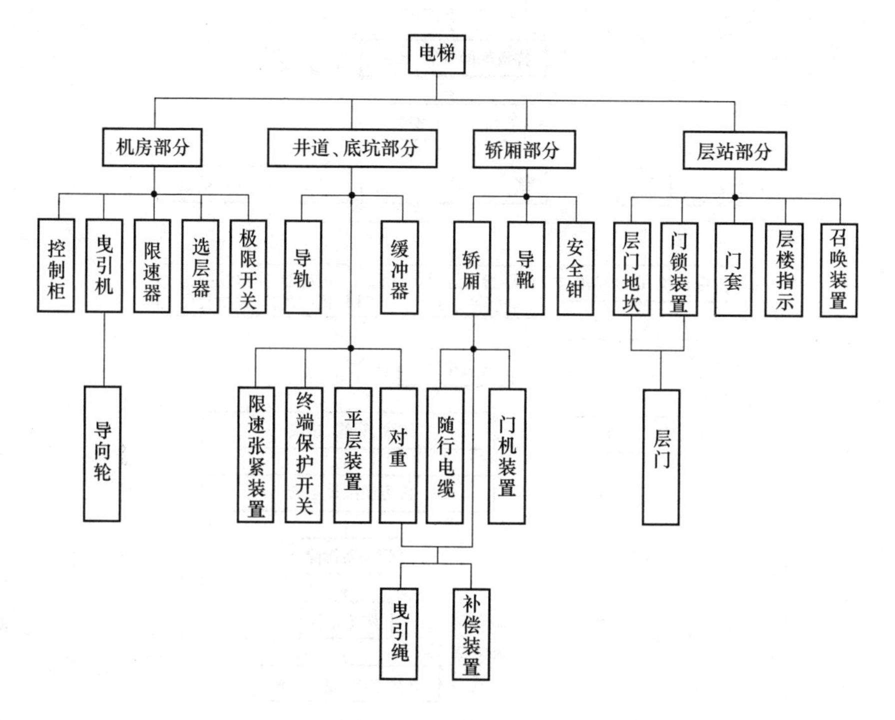

图 10-2 电梯的组成

10-2 如何制定电梯安装工艺流程？

现代电梯是典型的机电一体化产品，对施工人员的要求也趋向于一专多能。一般电梯安装施工工艺流程如图 10-3 所示，通过电梯的安装施工工艺流程，可以使每一位安装人员对整个安装工作的思路有一个统一的认识，工作起来相互之间会更加协调。

在施工的过程中，通常是将机械和电气两部分同时进行。但在同一井道内，严禁垂直交叉作业。

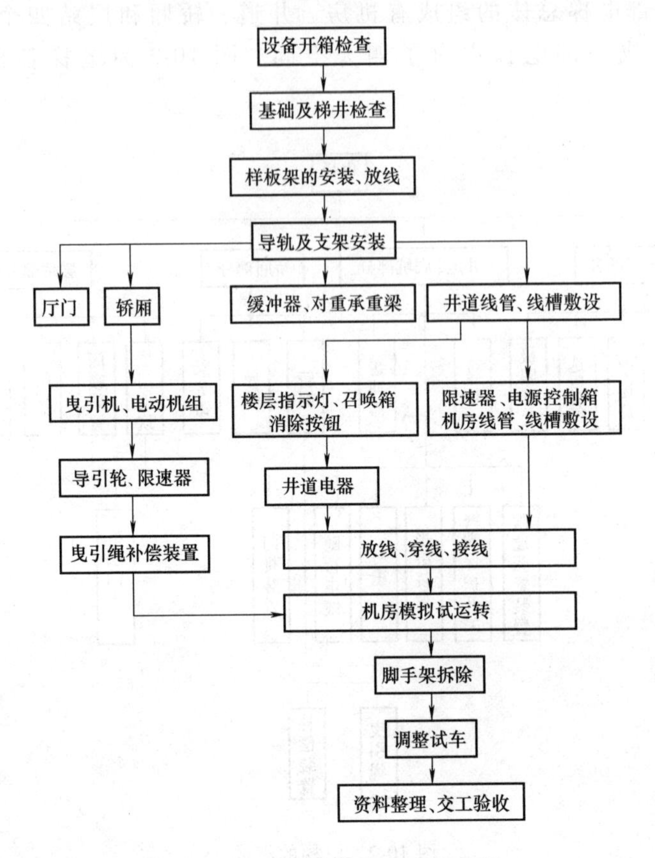

图 10-3　电梯安装施工工艺流程

10-3　怎样安装曳引机？

在承重梁安装检查符合要求后，方能安装曳引机。曳引机的安装与承重梁的安装方式有关。

（1）承重梁在机房楼板下的安装：当承重梁在机房楼板下时，一般按比曳引机底盘外形大 30mm 左右，做一个厚度为 250~300mm 的钢筋混凝土底座，底座上预埋好固定曳引机的底脚螺钉。钢筋混凝土底座下面、承重梁的上面应放置减振橡胶垫，曳引机则紧固在钢筋混凝土底座上，如图 10-4 所示。为防止电梯在运行过程中位移，底座和曳引机两端还需用压板、挡板等将底座和曳引机固定。

（2）承重梁在机房楼板上的安装：当承重梁在机房楼板上时，可将曳引机底盘的钢板与承重梁用螺钉或焊接连为一体。如需减振时，则要制作减振装置。减振装置由上、下两块与曳引机底盘尺寸相等，厚度为 20mm 左右的钢板和减振橡胶垫构成，橡胶垫位于上、下两块钢板之间。上面的钢板与曳引机用螺钉连接，下面的钢板与承重梁焊接。为防止移位，上钢板和曳引机底盘需设置压板和挡板。

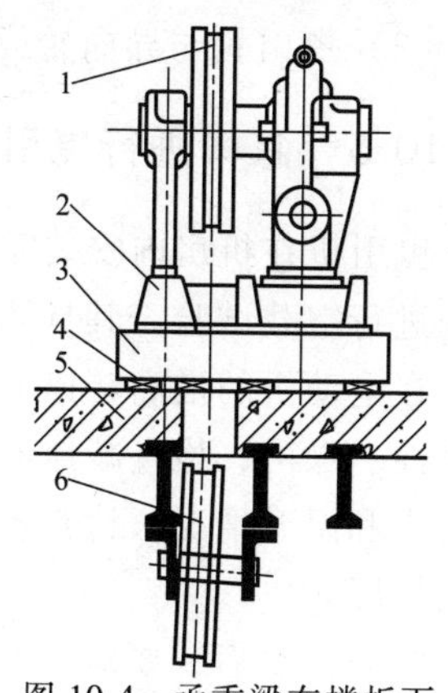

图 10-4　承重梁在楼板下的曳引机安装
1—曳引轮　2—机座
3—钢筋混凝土底座　4—防振橡胶垫
5—机房地坪　6—导向轮

10-4　如何校正曳引机的安装位置?

校正前需在曳引机上方固定一根水平铅丝，并且在该水平线上悬挂两根铅垂线，一根铅垂线对准井道内上样板架上标注的轿厢架中心点；另一根铅垂线对准对重装置中心点。然后再根据曳引绳中心计算的曳引轮节圆直径 D_{cp}，在水平线上再悬挂一根铅垂线，如图 10-5 所示。以这三根铅垂线来校正曳引机的安装位置，调整后应达到以下要求：

（1）曳引轮位置偏差：前、后（向着对重）方向不应超过 ±2mm；左、右方向不应超过 ±1mm。

（2）曳引轮的不垂直度不大于 0.5mm，如图 10-6 所示。

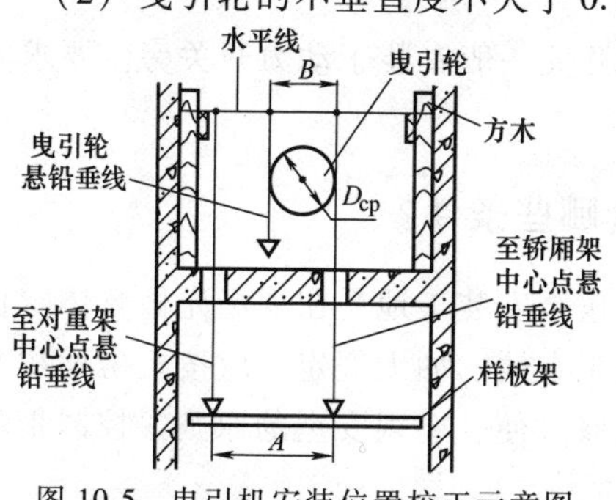

图 10-5　曳引机安装位置校正示意图

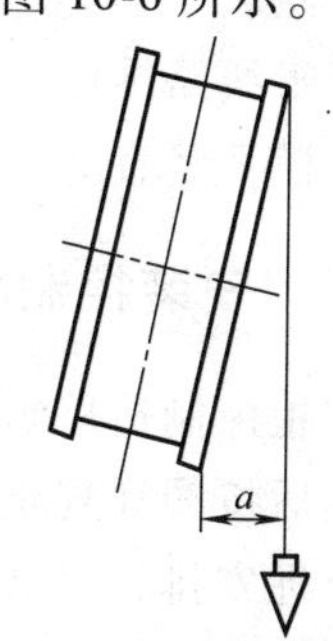

图 10-6　曳引轮的不垂直度

（3）曳引轮与导向轮或复绕轮的不平行度不大于±1mm。

10-5 怎样进行曳引机安装完毕后的空载试验？

曳引机在机房内安装完毕后将安装其他部分的提升设备，因此必须先进行空载试验。其具体方法如下：

在电动机的最高转速下正反向连续运行各2h，检查曳引轮运转的平稳性、噪声；检查减速器（箱）内有无啃齿声、金属敲击声、轴承研磨声和温升情况；检查各密封面的密封情况；检查制动器的松闸和制动情况。

空载试验后，要对可疑部件进行解体检查，待各项要求合格后，才能试吊重负载。

10-6 安装电源开关应满足哪些要求？

电梯的供电电源应由专用开关单独控制供电。每台电梯应分设动力开关和照明开关。控制轿厢照明电源的开关与控制机房、井道和底坑照明电源的开关应分别设置，各自具有独立保护。同一机房中有几台电梯时，各台电梯主电源开关应易于识别，其容量应能切断电梯正常使用情况下的最大电流，但该开关不应切断下列供电电路：

（1）轿厢照明、通风和报警。

（2）机房、隔层和井道照明。

（3）机房、轿顶和底坑电源插座。

主开关应安装于机房进门处随手可操作的位置，但应避免雨水和长时间日照。

为便于线路维修，单相电源开关一般安装于动力开关旁。要求安装牢固，横平竖直。

10-7 安装控制柜应符合哪些条件？

控制柜由制造厂组装调试后送至安装工地，在现场先做整体定位安装，然后按图样规定的位置施工布线。如无规定，应按机房面积及型式做合理安排，且必须符合维修方便、巡视安全的原则。控制柜的安装位置应符合以下几个条件：

（1）控制柜（屏）正面与门、窗距离不小于 1000mm。

（2）控制柜（屏）的维修侧与墙的距离不小于 600mm。

（3）控制柜（屏）与机房内机械设备的安装距离不宜小于 500mm。

（4）控制柜（屏）安装后的垂直度应不大于 3‰，并应有与机房地面固定的措施。

10-8　机房布线时应注意什么？

（1）电梯动力与控制线路应分离敷设，进入机房后，电源零线与接地线应始终分开，接地线的颜色为黄绿双色绝缘线。除 36V 以下的安全电压，所有的电气设备金属罩壳均应设有易于识别的接地端，且应有良好的接地。接地线应分别直接接至地线柱上，不得互相串接后再接地。

（2）线管、线槽的敷设应平直、整齐、牢固，线槽内导线总面积不大于槽净面积的 60%；线管内导线总面积不大于管内净面积的 40%；软管固定间距不大于 1m。端头固定间距不大于 0.1m。

（3）电缆线可以通过暗线槽，从各个方面把线引入控制柜；也可以通过明线槽，从控制柜的后面或前面的引线口把线引入控制柜。

10-9　怎样安装井道电气装置？

（1）换速开关、限位开关的安装：根据电梯的运行速度可设一只或多只换速开关（又称减速开关）。额定速度为 1m/s 电梯的换速、限位、极限开关的安装示意图如图 10-7 所示。

（2）极限开关及联动机构的安装：用机械方法直接切断电机回路电源的极限开关，常见的有两种形式，一种为附墙式（与主开关联动），另一种为着地式，直接安装于机房地坪上，如图 10-8 所示。

（3）基站轿厢到位开关的安装：装有自动门机的电梯均应设此开关。到位开关的作用是使轿厢未到基站前，基站的层门钥匙开关不起任何作用，只有轿厢到位后钥匙开关才能启闭自动门机，带动轿门和层门。基站轿厢到位开关支架安装于轿厢导轨上，位置比限位开关略高一点即可（见图 10-7）。

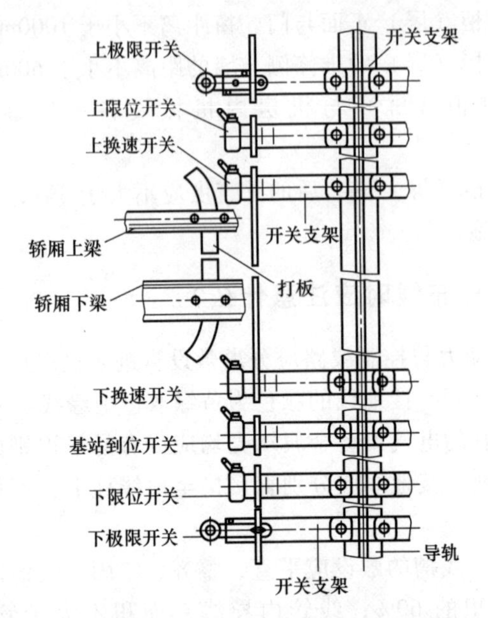

图 10-7　换速、限位和极限开关的安装示意图

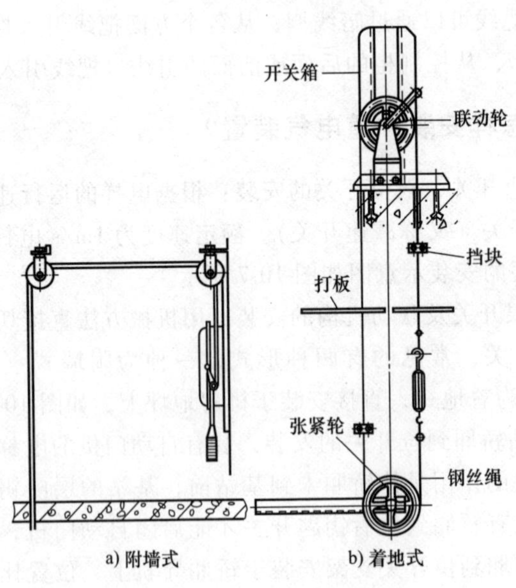

图 10-8　极限开关的安装形式

（4）底坑急停开关及井道照明设备的安装：

1）为保证检修人员进入底坑的安全，必须在底坑中设电梯急停开关。该开关应设非自动复位装置且有红色标记。安装位置应是检修人员进入底坑后能方便摸到的地方。

2）封闭式井道内应设置永久性照明装置。井道中除距最高处与最低处 0.5m 内各装一只灯外，中间灯距应不超过 7m。

（5）松绳及断绳开关的安装：限速器钢丝绳或补偿绳长期使用后，可能伸长或断绳，在这种情况下断绳开关能自动切断控制回路使电梯停止。该开关是与张紧装置联动的。

10-10 安装极限开关应满足哪些要求？

（1）安装附墙式极限开关应满足以下要求：

1）把装有碰轮的支架装于限位开关支架以上或以下 150mm 处的轿厢导轨上。极限开关碰轮有上、下之分，不能装错。

2）在机房内的相应位置上安装好导向轮。导向轮不得超过两个，其对应轮槽应成一直线，且转动灵活。

3）穿钢丝绳时，先固定下极限位置，将钢丝绳收紧后再固定在上极限架上。注意下极限架处应留适当长度的绳头，便于试车时调节极限开关动作高度。动作高度应以轿厢或对重接触缓冲器之前起作用为准。

4）将钢丝绳在极限开关联动链轮上绕 2~3 圈，不能叠绕，吊上重锤，锤底离机房地坪约 500mm。

（2）安装着地式极限开关应满足以下要求：

1）在轿厢侧的井道底坑和机房地坪相同位置处，安装好极限开关的张紧轮及联动轮、开关箱。两轮槽的位置偏差均不大于 5mm。

2）在轿厢相应位置上固定两块打板，打板上钢丝绳孔与两轮槽的位置偏差不大于 5mm。

3）穿钢丝绳，并用开式索具螺旋扣和花篮螺钉收紧，直至顺向拉动钢丝绳能使极限开关动作。

4）根据极限开关动作方向，在两端站超越行程 100mm 左右的打板位置处，分别设置挡块，使轿厢超越行程后，轿厢上的打板能撞击钢丝绳上的挡块，使钢丝绳产生运动而使极限开关动作。

10-11 怎样安装轿厢电气装置？

（1）轿厢操纵箱的安装：轿顶操纵箱上的电梯急停开关和电梯检修开关要安装在轿顶防护栏的前方，且应处于打开厅门和在轿厢上梁后部任何一处都能操作的位置。

（2）换速、平层感应装置（井道传感器）的安装：井道传感器装置的结构型式是根据控制方式而定的，它由装于轿厢上的带托架的开关组件和装于井道内的反映井道位置的永久性磁铁组件所组成。感应装置安装应牢固可靠，间隙、间距符合规定要求，感应器的支架应用水平仪校平。永磁感应器安装完后应将封闭磁板取下，否则永磁感应器不起作用。

（3）自动门机的安装：一般电动机、传动机构及控制箱在出厂时已组合成一体，安装时只须将自动门机安装支架按图样规定位置固定好即可。门机安装后应动作灵活，运行平稳，门扇运行至端点时应无撞击声。

（4）轿内操纵箱的安装：轿内操纵箱是控制电梯选层、关门、开门、起动、停层、急停等动作的控制装置。操纵箱安装工艺较简单，在轿厢壁板就位后，要在轿厢相应位置装入操纵箱箱体，将全部电线接好后盖上面板即可，盖好面板后应检查按钮是否灵活有效。

（5）信号箱、轿内层楼指示器的安装：信号箱是用来显示各层站呼梯情况的，常与操纵箱共用一块面板，安装时可与操纵箱一起完成。轿内层楼指示器有的安装于轿门上方，有的与操纵箱共用面板，应按具体安装位置确定安装方法。

（6）照明设备、风扇的安装：照明有多种形式，具体形式按轿内装饰要求决定，简单的只在轿厢顶上装两盏荧光灯。风扇也有多种形式，传统的都直接装在轿顶中心，电扇风量集中。现代电梯大多采用轴流式风机，由轿顶四边进风，风力均匀柔和。安装时应按具体选用风扇的要求再确定安装方法。照明设备、风扇的安装应牢固、可靠。

（7）轿底电气装置的安装：轿底电气装置主要是轿底照明灯，应使灯的开关设于易摸到的位置。另外，有超载装置的活络轿底内有几

只微动开关，一般出厂时已安装好，在安装工地只需根据载重调整其位置即可。轿底使用压力传感器的，应按原设计位置固定好，传感器的输出线应连接牢固。

10-12　怎样安装层站电气装置？

层站电气装置主要有召唤按钮箱（呼梯按钮盒）、指层灯箱（层楼指示器）等。

各层站的召唤按钮箱和指层灯箱，安装在各层站的厅门（层门）外。指示灯箱装在厅门正上方，距门框架 250～300mm 处。召唤按钮箱在厅门右侧，距厅门 200～300mm，距地面 1300mm 处。也可以将两者合并为一个部分，安装在厅门右侧。

指层灯箱和召唤按钮箱的面板安装完毕后，其水平偏差应不大于 3‰，墙面与召唤按钮箱的间隙应在 1mm 以内。

10-13　如何安装悬挂电缆？

悬挂电缆分为圆形电缆和扁形电缆，现大多采用扁形电缆。

1. 圆形电缆的安装

（1）以滚动方式展开电缆，切勿从卷盘的侧边或从电缆卷中将电缆拉出。

（2）为了防止电缆悬挂后的扭曲，圆形电缆在安装于轿厢侧以前，必须要悬挂数个小时。悬吊时，与井道底坑地面接触的电缆下端必须形成一个环状而被提高，使其离开底坑地面，如图 10-9 所示。

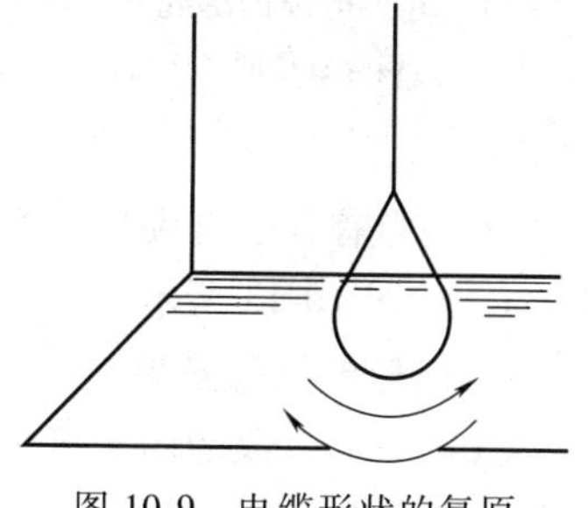

图 10-9　电缆形状的复原

（3）当轿厢提升高度 < 50m 时，电缆的悬挂配置如图 10-10a 所示。

（4）当轿厢提升高度在 50～150m 时，电缆的悬挂配置如图 10-10b所示。

（5）电缆的固定如图 10-11 和图 10-12 所示。绑扎应均匀、牢固、可靠。其绑扎长度为 30～70mm。

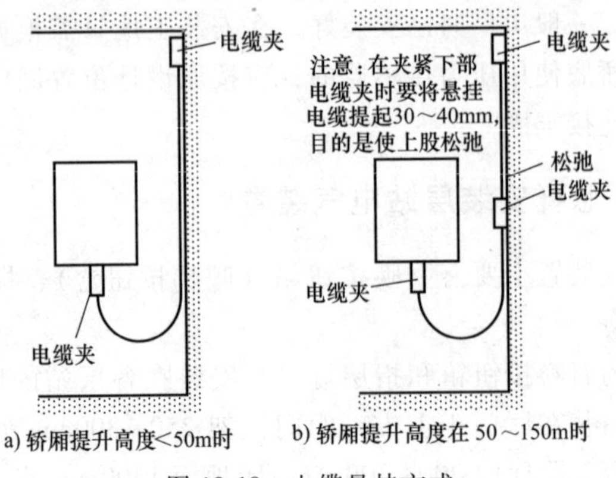

图 10-10　电缆悬挂方式

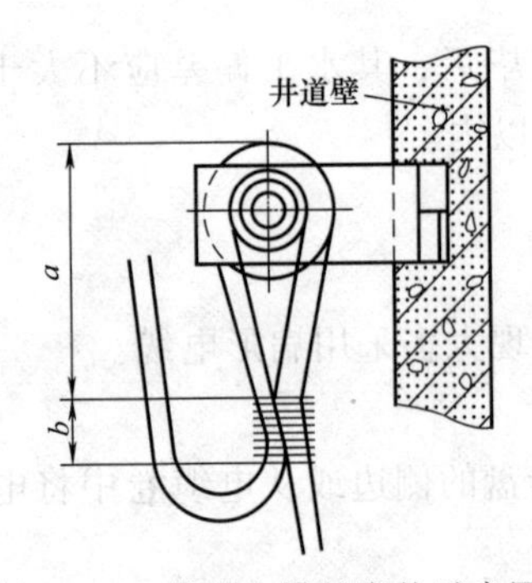

图 10-11　井道电缆的绑扎示意图

注：a 为钢管直径的 2.5 倍，且不大于 200mm；$b=30\sim70$mm。

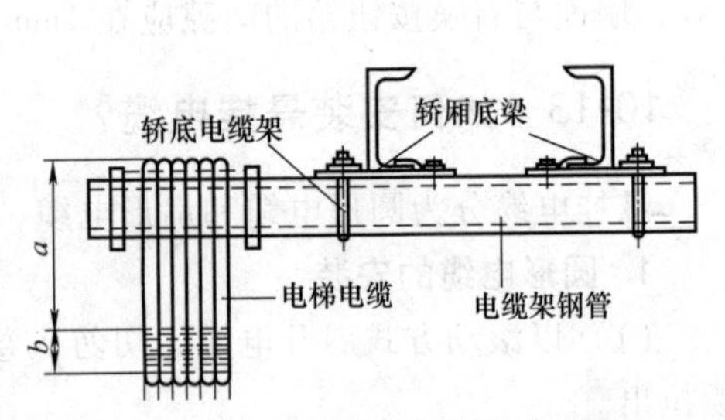

图 10-12　轿底电缆的绑扎示意图

注：a 为钢管直径的 2.5 倍，且不大于 200mm；$b=30\sim70$mm。

（6）当有数条电缆时，要保持电缆的活动间距，并沿高度错开30mm，如图 10-13 所示。

2. 扁形电缆的安装

（1）扁形电缆的固定可采用专用扁电缆夹。这种电缆夹是一种楔形夹，如图 10-14 所示。

（2）扁形电缆与井道壁及轿底的固定如图 10-13 所示。

扁形电缆的其他安装要求与圆形电缆相同。安装后的电缆不应有打结和波浪扭曲现象。轿厢外侧的悬垂电缆在其整个长度内均平行于井道壁。

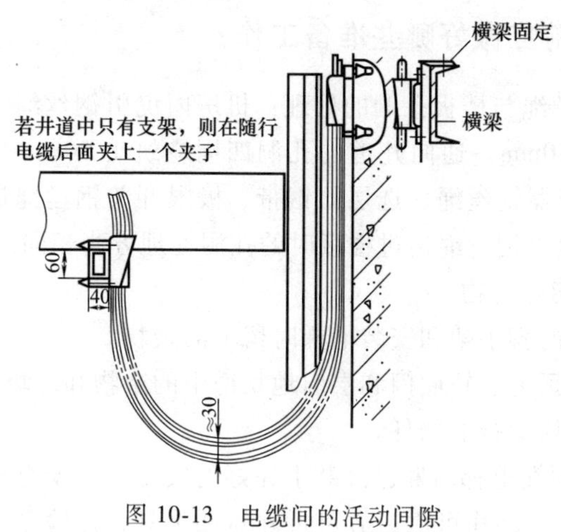

图 10-13 电缆间的活动间隙

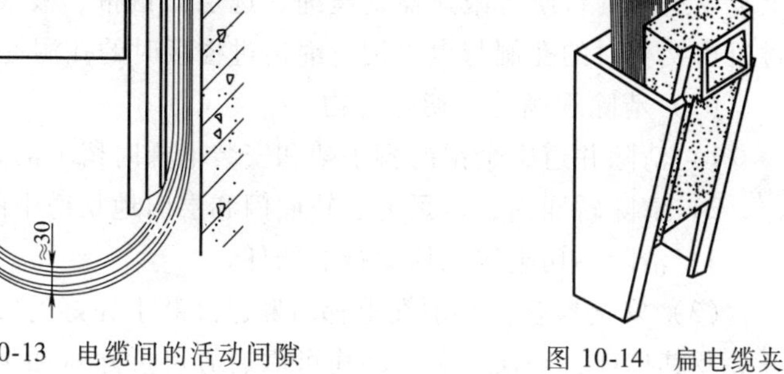

图 10-14 扁电缆夹

10-14 电梯电气装置的绝缘和接地应满足哪些要求？

（1）电梯电气装置的导体之间和导体对地之间的绝缘电阻必须大于 1000Ω/V，而对于动力电路和安全装置电路应大于 0.5MΩ，其他电路（如控制、照明、信号等）应大于 0.25MΩ，做此项测量时，全部电子元件应分隔开，以免不必要的损坏。

（2）所有电梯电气设备的金属外壳均应良好接地，其接地电阻不得大于 4Ω。接地线应用铜芯线，其截面积不应小于相线的 1/3，但最小截面积对裸铜线不应小于 $4mm^2$，对绝缘线不应小于 $1.5mm^2$。

（3）电线管之间弯头、束结（外接头）和分线盒之间均应跨接接地线，并应在未穿入电线前用直径 5mm 的钢筋作接地跨接线，用电焊焊牢。

（4）轿厢应有良好接地，如采用电缆芯线作接地线时，不得少于两根，且截面积应大于 $1.5mm^2$。

（5）接地线应可靠安全，且显而易见，电线应采用国际惯用的黄、绿双色线。

（6）所有接地系统连通后引至机房，接至电网引入的接地线上，切不可用中性线当接地线。

10-15 电梯调试前应做好哪些准备工作?

(1) 机房内曳引钢丝绳与楼板孔洞的处理：机房内曳引钢丝绳与楼板孔洞间隙应为20~ 40mm。通向井道的孔洞四周应筑出50mm以上宽度适当的台阶。限速器钢丝绳、选层器钢带、极限开关钢丝绳通过机房楼板时的孔洞与曳引钢丝绳通过楼板时的孔洞处理方法相同。

(2) 清除现场的一切障碍物：

1) 清除井道中余留的脚手架和安装电梯时留下的杂物。

2) 清除轿厢内、轿顶上、轿厢门和层门地坎槽中的杂物和垃圾。

3) 清除一切阻碍电梯运行的物件。

(3) 安全检查：必须在电梯轿厢已经装上完好的安全钳、安全钳开关及其拉杆，确保安全钳动作可靠后方可拆除轿厢吊具、保险平台以及保险钢丝绳等。

(4) 润滑工作：

1) 按规定对曳引机轴承、减速器、限速器等传动机构加油润滑。

2) 对各导轨自动注油器、门滑轨、滑轮进行注油润滑。

3) 缓冲器（液压型）加液压油。

10-16 电梯调试前应对电气装置做哪些检查?

(1) 测量电源电压。变压器应接入合适的接头，保证其电压值在要求值的±7%以内。

(2) 检查控制柜及其他电气设备的接线是否有错接、漏接或虚接。

(3) 检查各熔断器容量是否合理。

(4) 按照GB 7588—2003规范附录A的要求，检查电气安全装置是否可靠。

1) 检查门、安全门及检修活动门关闭后的联锁触头是否可靠。

2) 检查层门、轿厢门的电气联锁是否可靠。

3) 检查轿厢门安全触板及断电开关的可靠性。

4) 检查断绳开关的可靠性。

5) 检查限速器达到115%额定速度时能否动作，能否使超速开关及安全钳开关动作。

6）检查缓冲器动作开关是否有效。

7）检查端站开关（电气极限）、限位开关是否有效。

8）检查机械极限开关是否有效。

9）检查各急停开关是否有效。

10）检查各平层开关及门区开关是否有效。

10-17　电梯调试前应对机械部件做哪些检查？

（1）检查控制柜内上下方向接触器的机械互锁装置是否有效。

（2）检查限速器、选层器钢带轮的旋转方向是否符合运动要求。

（3）检查导靴与导轨的间隙及张力是否适当。

（4）检查安全钳机构动作的灵活性、安全钳楔块与导轨面的间隙。

（5）检查端站减速开关、限位开关、极限开关的碰轮与轿厢撞弓的相对位置是否正确，动作是否灵活可靠。

10-18　怎样调整制动器？

通常应在曳引轮未挂绳之前将制动器调整到符合要求的位置，电梯试车前应再次复校。现以交流电梯（双速）电磁制动器为例，列出制动器调试步骤如下：

（1）调整制动器电源的电压：正常起动时线圈两端电压为 110V，串入分压电阻后为（55±5）V。此电压为交流双速电梯，其他类型电梯按规定进行。

（2）电磁力的调整：为使制动器有足够的松闸力，需调整两个电磁铁心的间隙。调整螺母时，两边倒顺螺母都向里拧，使两个铁心离铜套口基本齐平，再均匀地每边退出 0.3mm 左右，即保证两铁心行程为 0.5~1mm，以后不合适可再调。

（3）制动转矩的调整：制动转矩的调节依靠两边弹簧的调节螺母进行。弹簧压缩越紧，则制动转矩越大，反之则小。调节是否适当，要看调整结果，既要满足轿厢停止时，有足够大的制动转矩使其迅速停止，又要保证轿厢制动时不能过急过猛，不影响平层准确性，保持平衡。

（4）制动闸瓦与制动轮间隙的调整：制动器制动后，要求制动闸瓦与制动轮接触面可靠，接触面积大于 80%，松闸后制动闸瓦与制动轮完全脱离，无摩擦，且间隙应均匀。最大间隙不超过0.7mm。

适当调节闸瓦上的螺母，可调节间隙的大小与制动时的声音，也可调节制动闸瓦上下间隙，保证其上下间隙均匀。

按以上步骤反复精调，达到要求后将所有防松螺母拧紧，以防多次振动松开。

 10-19 如何进行不挂曳引绳的通电试验？

为确保安全，在电梯负载试验前必须进行本试验工作，其试验步骤如下：

（1）将已挂好的曳引钢丝绳按顺序取下，并做好顺序标记。

（2）暂时断开信号指示和开门机电源的熔断器。取下各熔断器的熔体而用3A的熔丝临时代替。

（3）在控制屏（柜）的接线端子上用临时线短接门锁电触头回路、限位开关回路及安全保护触头回路和底层（基站）的电梯投入运行开关触头。

（4）合上总电源开关，用万用表检查控制屏中大型接线端子上的三相电源端子的电压是否为380V，各相之间电压是否一致，如电压正常则应观察相位继电器是否工作，如未工作，说明引入控制屏的三相电源线相序不对，应予以调换其中两根电源线的位置。

（5）用万用表的直流电压档检查整流器的直流输出电压是否正常，与控制屏上原已设定的极性是否一致，否则应予以更正。

（6）检查和观察安全回路继电器是否已吸合，直至令其吸合。

（7）用临时线短接控制屏接线端子的检修开关触头，而断开由轿厢部分来的有司机或自动运行的接线，这样控制屏上的检修状态继电器应予以吸合，使电梯处于检修状态。

（8）手按上行方向开车继电器，此时电磁制动器松闸张开，曳引电动机慢速向某一方向旋转，如其转向不是电梯向上运行方向，应调换引入曳引电动机的电源线的相序，使其转向为电梯的上行方向。再手按下行方向开车继电器，再次检查曳引电动机转向。

（9）按第8步的操作方法，初步调整曳引机上电磁制动器闸瓦与制动轮之间的间隙，使其均匀，并保持在≤0.7mm范围。然后测量制动器初松开的电压与维持松开的电压，并调整其维持松开的经济电阻值，使其维持电压为电源电压的 60%～70%。

（10）拆除第 7 步中的临时线，连接断开的线路至轿厢内操作箱（或轿顶检修箱）上的检修开关，控制屏上的检修继电器应吸合，如不吸合，应仔细检查直至吸合。

（11）操纵轿内操纵箱上的急停按钮（或轿厢顶检修箱上的急停开关），控制屏中的安全回路继电器应释放，如不起作用应检查控制屏接线端子上的临时短接线是否短接得正确。

（12）在轿内操纵箱（或轿顶检修箱）上，操纵上行方向和下行方向开车按钮，曳引机应转动运行，且运行方向应正确，如不能令曳引机转动，则说明控制屏内的方向辅助继电器未吸合，应仔细检查，直至动作正确为止。

上述各项试验结束后，方可进行电梯的试运行。

10-20　如何进行电梯通电试运行？

（1）挂好曳引钢丝绳，将吊起的轿厢放下，盘车使轿厢下行，撤除对重下的支撑木，拆除剩余脚手架，清理井道、底坑后，再盘车上下行。以一人在轿顶指挥，并观察所有部位的情况，特别是相对运行位置、间隙，边慢行边调整，直到所有的电气与机械装置完全符合要求。

（2）当一切准备妥当后，可以进行慢速运行试验，用检修速度一层一层下行，以确认轿厢上各部件与井壁、轿厢与对重之间的间距、检查导轨的清洁与润滑情况、导轨连接处与接口的情况，逐层矫正层门、轿门地坎间隙，检查轿门上开门机传动、限位装置，使门刀能够灵活带动层门开、合，钩子锁能将厅门锁牢。检查并调整层楼感应器、平层感应器与隔磁板的间隙。使轿厢位于最上层、最下层，观察轿厢上方空程、底坑随行电缆情况，在底坑检查安全钳、导靴与导轨间隙，补偿绳与电缆不得与设备相碰撞，检查轿底与缓冲器顶面间距应符合要求，在轿顶应调整曳引绳张力。

经反复调试后，使曳引绳张力符合要求；使开关门速度符合要求；使抱闸间隙与弹簧压力合适；使限速器与安全钳动作一致、安全有效；使平层位置合适，开锁区不超过地坎 200mm，方可进行快速试运行。

（3）快速试运行前，先慢速将轿厢停于中间层，轿厢内不载人，在机房控制柜用短路法给 PC 一个内指令，使轿厢先单层、后多层，上下往复数次。确实无异常后，试车人员再进入轿厢，进行实际操作。

快速试运行时，应对电梯的信号、控制、驱动系统进行测试、调整，使其全部正常工作。对电梯的起动、加速、换速、制动、平层，以及强迫换速开关、限位开关、极限开关等位置进行精确调整，其动作应安全、准确、可靠。内、外呼梯按钮均应起作用。在机房应对曳引装置、电动机、抱闸等进行进一步检查。观察各层指示情况，反复调整电梯关门、起动、加速、换速平层停靠、开门等过程中的可靠性和舒适感，反复调整各层站的平层准确度，调整自动关门、开门时的速度和噪声水平。直至各项规定测试合格、各项性能指标符合要求。

10-21　自动扶梯主要由哪几部分组成？

自动扶梯主要由桁架、驱动装置、张紧装置、导轨系统、梯级、梯级链（或齿条）、扶手装置以及各种安全装置等组成。常见的链条式自动扶梯的结构如图 10-15 所示。

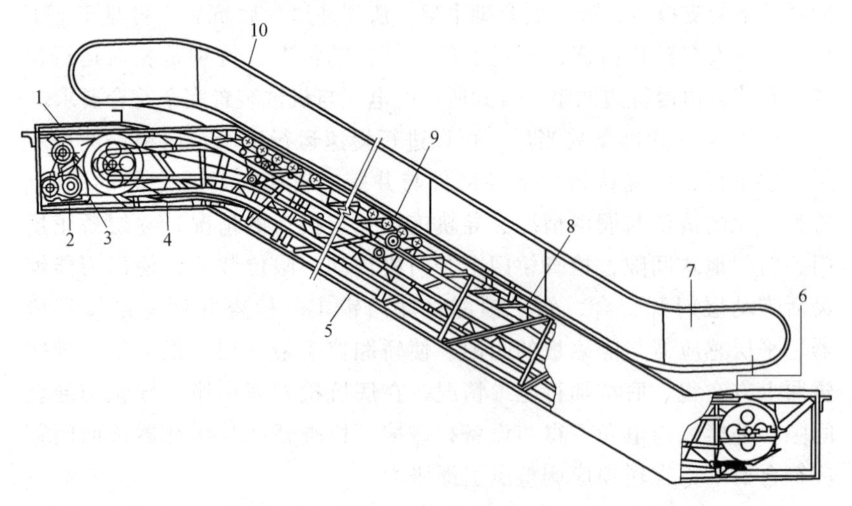

图 10-15　自动扶梯的结构

1—前沿板　2—驱动装置　3—驱动链　4—梯级链　5—桁架　6—扶手入口安全装置　7—内侧板　8—梯级　9—扶手驱动装置　10—扶手带

10-22 自动人行道主要由哪几部分组成?

自动人行道主要由桁架、驱动装置、张紧装置、导轨系统、踏板、曳引链条、扶手装置以及各种安全保护装置等组成。踏板式（也称踏步式）自动人行道的结构如图 10-16 所示。

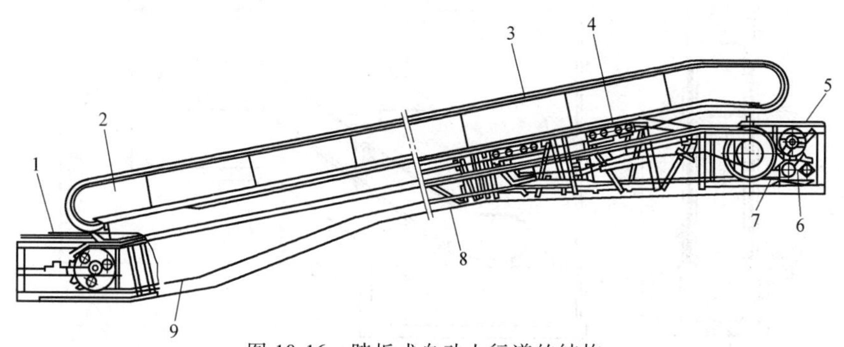

图 10-16 踏板式自动人行道的结构

1—扶手带入口安全装置 2—内侧板 3—扶手带 4—扶手驱动装置
5—前沿板 6—驱动装置 7—驱动链 8—桁架 9—曳引链条

10-23 安装自动扶梯和自动人行道前应做好哪些准备工作?

安装自动扶梯和自动人行道前应做好以下准备工作：

（1）资料准备。安装人员应在开工前熟悉安装技术资料及相关文件（如土建图、安装说明书、安全操作规程等）。

（2）施工现场勘察。了解土建施工情况，现场空洞要有护栏，有足够的照明，确定吊装用的锚点，安装处的基础应通过验收，有供施工用 40kW 动力电源，现场已提供材料库房等。

（3）施工方案确定。根据施工现场情况选择合适的吊装方案。因施工现场有限，通常采用半机械化的吊装方案。

（4）扶梯开度测量。在两楼之间测量升起高度，在水平支柱之间测量水泥坑口长度，如图 10-17 所示。

（5）材料准备。主材：扶梯设备零部件开箱后，应妥善保管，现场应能提供可封闭的库房，材料堆放应分类整齐码放，并挂好标示牌。

辅助材料：电焊条、型钢要有合格证及材质证明，不得使用不合

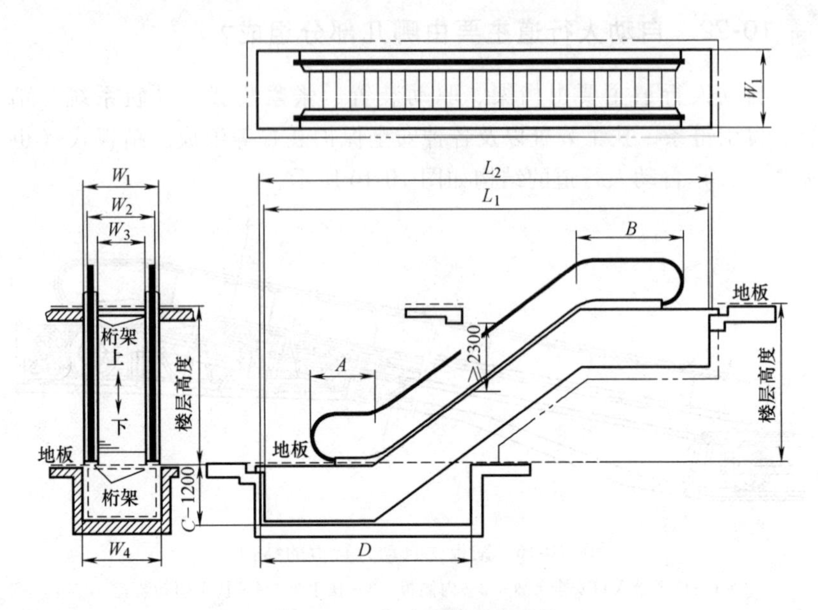

图 10-17 自动扶梯开度测量

格的材料，其他材料也要按照厂家的要求使用，若有厂家指定的材料或配件必须经过厂家确认。

（6）扶梯的专用工具要根据进货和现场的具体情况统筹安排。

 10-24 怎样安装自动扶梯和自动人行道？

1. 金属结构的拼接、起吊及安装

如果自动扶梯是分段运往工地的话，则其金属结构将要在工地进行拼接。在进行金属结构拼接时，可采用端面配合连接法。在每个连接面上，用若干只 M24 高强度螺栓连接。由于在受拉面与受压面上都用高强度螺栓，所以必须使用专用工具，以免拧得太紧或太松。拼接可在地面上进行，也可悬吊于半空进行，主要取决于现场作业条件。拼接时，可先用紧固螺栓确定相邻两金属结构段的位置，然后插入高强度螺栓，用测力扳手拧紧。金属结构拼接完成之后，即按起吊要求，使其就位。

起吊自动扶梯和自动人行道时，应注意保护设备不受损坏。吊挂

的受力点，应在自动扶梯或自动人行道两端的支撑角钢上的起吊螺栓或吊装脚上。

自动扶梯金属结构就位以后，定位是一件重要的工作。测量提升高度的方法如图 10-18 所示。在自动扶梯上部与上层建筑物柱体距离 h_2 处划出基准线，然后又在下层建筑物柱体定出基准线，令 $h_1=h_2$，即可测出提升高度 H。确定自动扶梯所在位置的方法如图 10-19a 所示。从建筑物柱体的坐标轴 y 开始，测量和调整 y 轴和梳齿板后沿间的距离，横梁至金属结构端部间的距离应小于 70mm，如图 10-19b 所示。同样，也可以从柱体的坐标轴 x 开始，测量和调整 x 轴与梳齿板中心间的距离，如图 10-19a 所示。

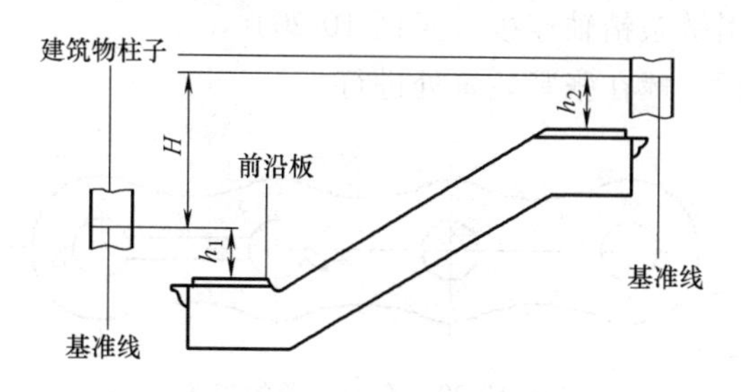

图 10-18　提升高度测定图

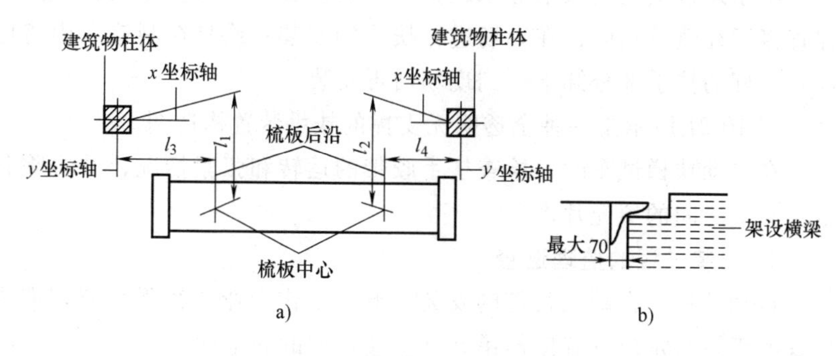

图 10-19　自动扶梯安装坐标轴的确定

如果安装后的自动扶梯的提升高度和建筑物两层间应有的提升高度出现微小差异时，可采用修整建筑物楼面或少许改变倾角（约为

0.5°）两种方案来解决。

金属结构的水平度，可用经纬仪测量。使用经纬仪时，以其上刻度垂直于梳齿板后沿的方式，据此调整金属结构的水平度到小于1%的范围。

自动扶梯金属结构安装到位后，可安装电线，接通总开关。

2. 部分梯级的安装

一般自动扶梯出厂时，驱动机组、驱动主轴、张紧链轮和牵引链条已在工厂里安装调试完成，梯级也已基本装好。一般留几级梯级最后安装。在分段运输自动扶梯至使用现场进行安装时，先拼接金属结构，然后吊装定位，拆除用于临时固定牵引链条和梯级的钢丝绳，用钢丝销将牵引链条销轴连接（见图10-20）。

梯级装拆一般在张紧装置处进行。

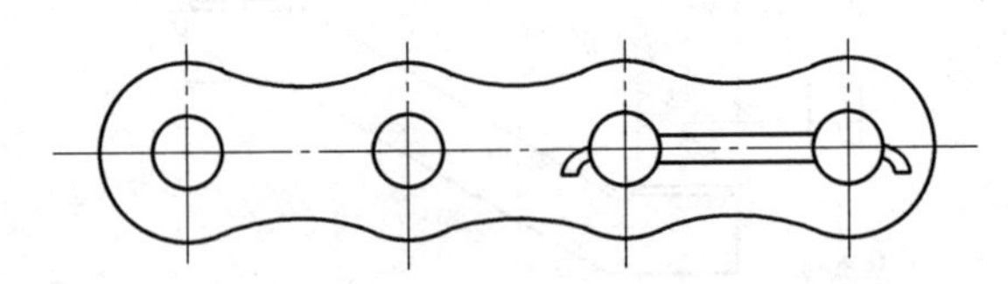

图10-20 牵引链条的连接

3. 扶手系统的安装

由于运输或空间狭窄等原因，扶手部分往往未安装好就将自动扶梯直接运往建筑物内，在现场进行扶手的安装；或是在制造厂内将已经安装好的扶手部分卸下，到现场后再安装。

图10-21所示是一种全透明无支撑的扶手装置构造图。

在自动扶梯试车时，检查扶手胶带的运转和张紧情况，并去除各钢化玻璃之间的填充片。

4. 安装过程的监理巡查

自动扶梯、自动人行道的安装、调试工作专业性很强，监理巡视检查的重点是定位准确度与吊装、安装过程的安全性。

自动扶梯在建筑物内的驶入高度，也就是在吊运距离内的净高度绝对不得低于自动扶梯最小尺寸，更需注意建筑物顶部悬挂下来的管道、电线或灯具等。

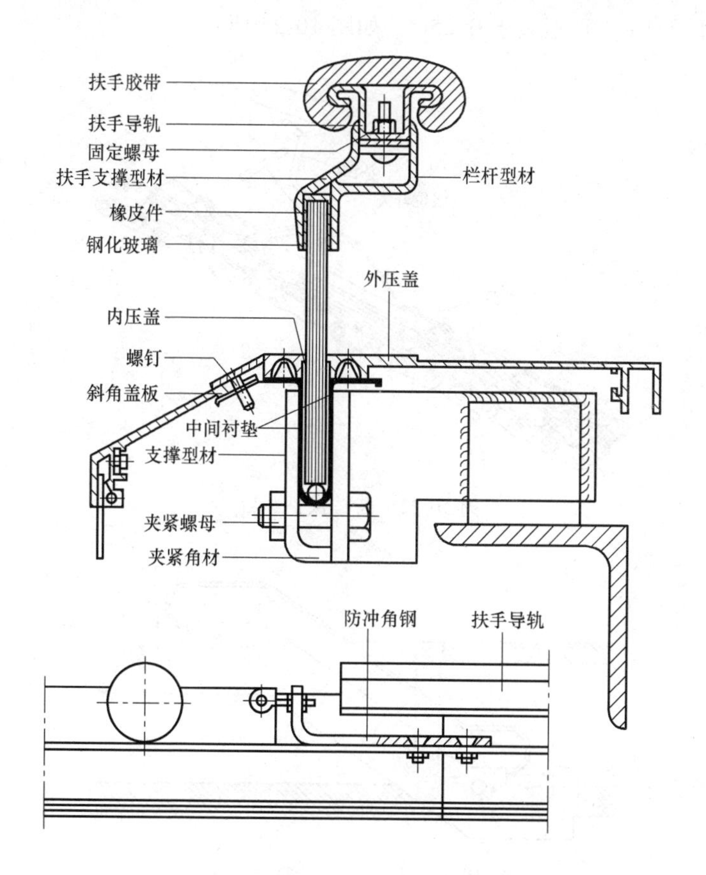

图 10-21　全透明无支撑的扶手装置构造图

10-25　如何安装保护装置?

1. 断链保护装置的安装

断链保护装置的作用是当链条过分伸长、缩短或断裂时，使安全开关动作，从而断电停梯。调整断链保护装置时，链条的张紧度要合适，以防保护开关误动作。安装调整方法如图 10-22 所示。

2. 扶手带安全防护装置的安装

（1）扶手带扶手转向端的入口处最低点与地板之间的距离 h_3 不

应小于 0.1m，且不大于 0.25m，如图 10-23 所示。

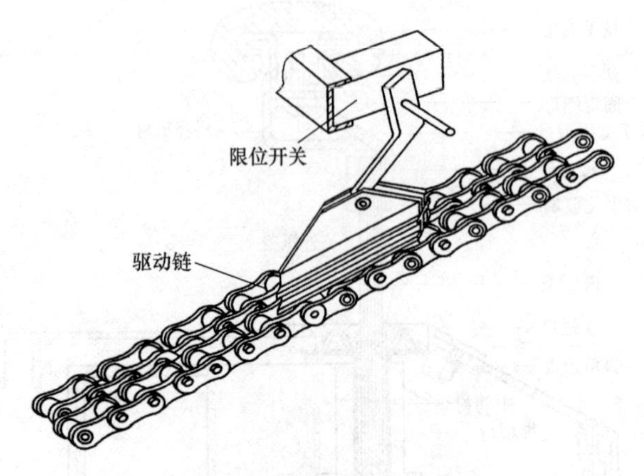

图 10-22　断链保护装置

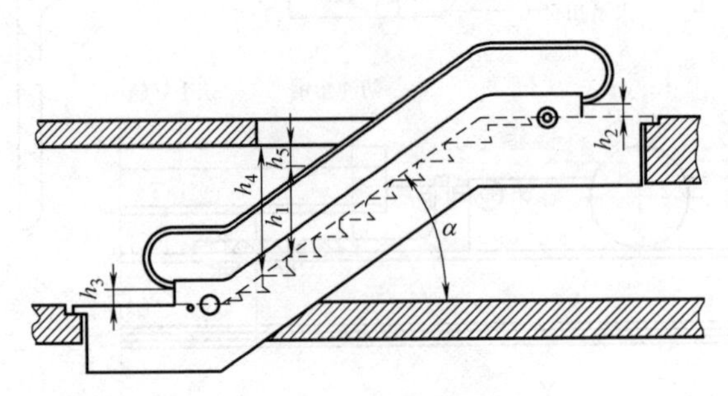

图 10-23　扶手带安全防护装置

（2）扶手转向端的扶手带入口处的手指和手的保护开关应能可靠工作，当手或障碍物进入时，须使自动扶梯自动停止运转。

（3）调节定位螺栓使制动杆的位置及操作压力合适，开关能可靠工作，制动杆与开关之间的距离为 1mm。

3. 停止开关

停止开关应能切断驱动主机电源，使工作制动器制动，有效地使自动扶梯或自动人行道停止运行。

4. 速度监控装置

速度监控装置应能在自动扶梯或自动人行道运行速度超过额定

速度 1.2 倍时动作，使自动扶梯或自动人行道停止运行，图 10-24 为离心式超速控制器，控制器组件上的弹簧加载柱塞因离心力而向外移动，当速度超过额定值时，弹簧加载的柱塞将使装在控制器附近的开关跳闸。在出厂前已经调好开关，安装过程中不得随意调节。

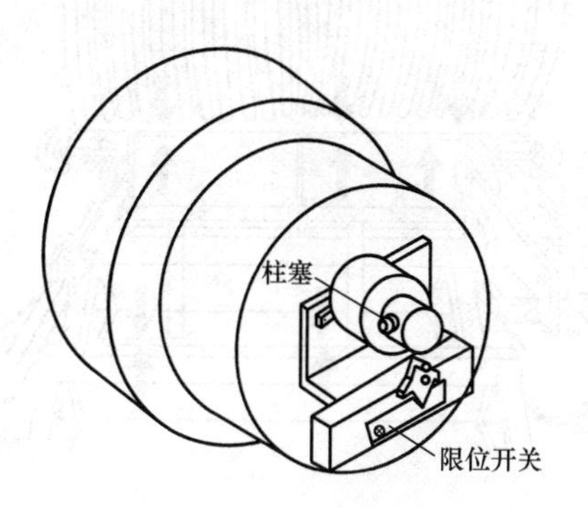

图 10-24　离心式超速控制器

5. 梳齿异物保护装置

梳齿异物保护装置如图 10-25 所示，该装置安装在自动扶梯或自动人行道的两头，自动扶梯或自动人行道在运行中一旦异物卡阻梳齿时，梳齿板向上或向下移动，使拉杆向后移动，从而使安全开关动作，达到断电停机的目的。梳齿板保护开关的闭合距离为 2~3.5mm。

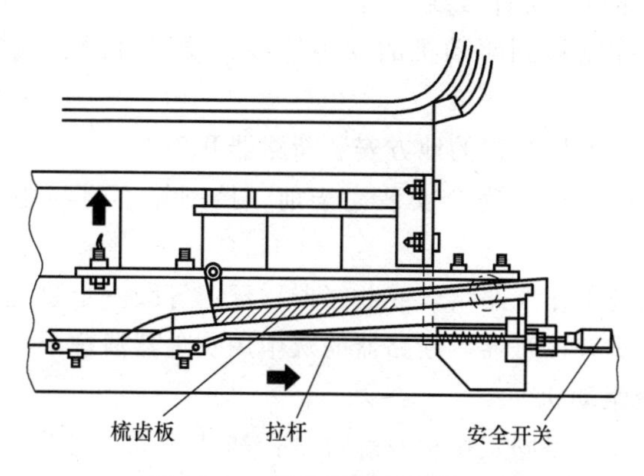

图 10-25　梳齿异物保护装置

6. 梯级下沉保护装置

梯级下沉保护装置如图10-26所示，该装置在梯级断开或梯级滚轮有缺陷时起作用，开关动作点应整定在梯级下降超过3~5mm时，安全装置即啮合，打开保护开关，切断电源停机。

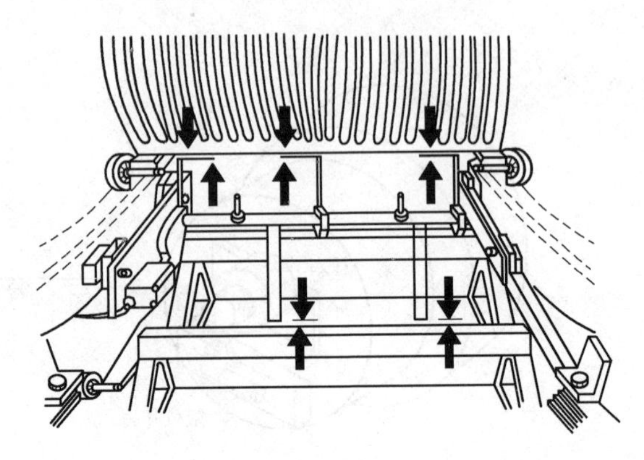

图10-26 梯级下沉保护装置

10-26 如何安装与调整电气装置？

1. 控制器

（1）控制器安装在上层站的上端。

（2）观察每一组继电器及接触器的接线头，有松动的端子应拧紧接线端子的螺钉，确保接线牢固。

（3）从控制箱到驱动机的动力连线，要通过线管或蛇皮管加以保护。

（4）在靠近控制箱的地方安装断路器开关。

（5）机械零件未完全安装完毕前，控制箱不得与主动力电源线相连。

（6）检查工作线路熔丝或断路器，额定等级一定要正确。

（7）将所有接触器、断路器的灰尘用吹尘器清理干净。

2. 检查驱动机

（1）检查所有固定螺栓及螺母是否都已拧紧，应没有破损和丢失垫圈。

（2）检查轴承需润滑部位的油脂，若需要应按照产品说明书的要求重新加注。

（3）清理驱动机，使之干净。

3. 控制线路连接

（1）按照电气接线图的标号认真连接，线号与图样要一致，不得随意变更。

（2）电气设备的外壳均需接地。

（3）电气连接有特殊要求的，应按照厂家的要求正确连接。

（4）动力和电气安全装置电路的绝缘电阻值不小于 0.5MΩ。其他电路（控制、照明、信号）的绝缘电阻值不小于 0.25kΩ。

（5）扶梯或人行道电源应为专用电源，由建筑物配电室送到扶梯总开关。

（6）电气照明、插座应与扶梯或人行道的主电路（包括控制电路）的电源分开。

（7）安装灯管接线时，必须牢固、可靠、安全。

（8）安装内盖板时，应将扶梯上下两个操作控制盘安装在端部的内盖板上。

（9）将各安全触头开关和监控装置的位置调整到位，并检查其是否正常工作。

（10）校核电气线路的接线，确保正确无误。

4. 操作盘

（1）钥匙操作的控制开关安装在扶梯的出入口附近。

（2）该开关起动自动扶梯或人行道，使其上行或下行。

（3）起动钥匙开关移去后，方向继电器接点能保持其运行方向。

10-27 怎样调试自动扶梯和自动人行道？

自动扶梯安装好后，要分别对检修开关、传动 V 带、传动链条、扶手驱动轮、梳齿板安全开关、裙板触头的工作情况和机械传动部分的润滑情况进行调试、检查，应保证各部分传动正确、动作可靠。

自动人行道的安装调试过程，可以参照自动扶梯的情况进行。

1. 总则

（1）若扶梯上有人，不得开通扶梯或人行道。

（2）试车前，拆除3级连续的梯级。

（3）在拆除地面盖板或梯级前，要做好现场的保护工作。

（4）在部分梯级拆去后，只能用检修控制系统进行检修工作。

（5）梯级完全停止后，才能用钥匙开关和检修按钮改变运行方向。

2. 准备工作

（1）用专用钩插入孔内并提起地面盖板。

（2）清除落在梯级或卡在凹槽里的杂物。

（3）擦净扶手以防其污染机械传动部件。

3. 电气预检

（1）检查由动力部门提供的电力供应（相位、零线、接地线）。

（2）检查电源的连接是否按接线图连接。

（3）接通熔断器。

（4）接通电动机及控制电源的主开关。

（5）将两个检修开关盒之一与控制屏连接，用检修上行或下行按钮点动，检查扶梯或人行道运行的方向是否正确，必要时可改变电动机的两相接头进行修正。

4. 正常运行测试

（1）断开检修开关盒与控制屏的连接。

（2）用操作控制盒上的钥匙开关起动扶梯或人行道。

（3）按所需运行的方向旋转钥匙。

（4）起动后，旋转钥匙至零位，拔出。

（5）起动自动运行选项后，必须在2s内按所需运行的方向旋转两次钥匙。

5. 关闭扶梯或人行道测试

（1）正常停车（软停车）：按与运行方向相反的方向旋转钥匙开关中的钥匙可实现停车。

（2）紧急停车：按操作控制盘上的急停开关会导致紧急停车；安

全触点被激活时也会导致紧急停车。

10-28 如何验收自动扶梯和自动人行道？

1. 主控项目的验收

（1）在下列情况下，自动扶梯、自动人行道必须自动停止运行，且在下列第 4 款至第 11 款情况下的开关断开的动作必须通过安全触点或安全电路来完成。

1）无控制电压。

2）电路接地的故障。

3）过载。

4）控制装置在超速和运行方向非操纵逆转下动作。

5）附加制动器（如果有）动作。

6）直接驱动梯级、踏板或胶带的部件（如链条或齿条）断裂或过分伸长。

7）驱动装置与转向装置之间的距离（无意性）缩短。

8）梯级、踏板或胶带进入梳齿板处有异物夹住，且产生损坏梯级、踏板或胶带支撑结构情况。

9）无中间出口的连续安装的多台自动扶梯、自动人行道中的一台停止运行。

10）扶手带入口保护装置动作。

11）梯级或踏板下陷。

（2）应测量不同回路导线对地的绝缘电阻。测量时，电子元件应断开。导体之间和导体对地之间的绝缘电阻应大于 1000Ω/V，且其值必须大于下列数值：

1）动力电路和电气安全装置电路 0.5MΩ。

2）其他电路（控制、照明、信号等）0.25 MΩ。

（3）电气设备接地必须符合下列规定：

1）所有电气设备及导管线槽的外露可导电部分均必须可靠接地（PE）。

2）接地支线应分别直接接至干线接线柱上，不得互相连接后再接地。

2. 一般项目的验收

（1）整机的检查：

1）梯级、踏板、胶带的楞齿及梳齿板应完整、光滑。

2）在自动扶梯、自动人行道入口处应设置使用须知的标牌。

3）内盖板、外盖板、围裙板、扶手支架、扶手导轨、护壁板接缝应平整。接缝处的凸台不应大于0.5mm。

4）梳齿板梳齿与踏板面齿槽的啮合深度不应小于6mm。

5）梳齿板梳齿与踏板面齿槽的间隙不应小于4mm。

6）围裙板与梯级、踏板或胶带任何一侧的水平间隙不应大于4mm，两边的间隙之和不应大于7mm。当自动人行道的围裙板设置在踏板或胶带之上时，踏板表面与围裙板下端之间的垂直间隙不应大于4mm。当踏板或胶带有横向摆动时，踏板或胶带的侧边与围裙板垂直投影之间不得产生间隙。

7）梯级间或踏板间的间隙在工作区段内的任何位置，从踏面测得的两个相邻梯级或两个相邻踏板之间的间隙不应大于6mm。在自动人行道过渡曲线区域，踏板的前缘和相邻踏板的后缘啮合，其间隙不应大于8mm。

8）护壁板之间的空隙不应大于4mm。

9）上行和下行自动扶梯、自动人行道，梯级、踏板或胶带与围裙板之间应无刮碰现象（梯级、踏板或胶带上的导向部分与围裙板接触除外），扶手带外表面应无刮痕。

10）梯级（踏板或胶带）、梳齿板、扶手带、护壁板、围裙板、内外盖板、前沿板及活动盖板等部位的外表面应进行清理。

（2）性能试验的规定：

1）在额定频率和额定电压下，梯级、踏板或胶带沿运行方向空载时的速度与额定速度之间的允许偏差为±5%。

2）扶手带的运行速度相对梯级、踏板或胶带的速度允许偏差为0～+2%。

（3）自动扶梯、自动人行道制动试验的规定：

1）自动扶梯、自动人行道应进行空载制动试验，制停距离应符合表10-1的规定。

表 10-1 制停距离

额定速度/(m/s)	制停距离范围/m	
	自动扶梯	自动人行道
0.5	0.20~1.00	0.20~1.00
0.65	0.30~1.30	0.30~1.30
0.75	0.35~1.50	0.35~1.50
0.90	—	0.40~1.70

2）自动扶梯应进行载有制动载荷的制停距离试验（除非制停距离可以通过其他方法检验），制动载荷应符合表 10-2 规定，制停距离应符合表 10-1 的规定；对自动人行道，制造商应提供按表 10-1 规定的制动载荷数值计算的制停距离，且制停距离应符合表 10-1 的规定。

表 10-2 制动载荷

梯级、踏板或胶带的名义宽度 z/m	自动扶梯每个梯级上的载荷/kg	自动人行道每 0.4m 长度上的载荷/kg
$z \leqslant 0.6$	60	50
$0.6 < z \leqslant 0.8$	90	75
$0.8 < z \leqslant 1.1$	120	100

注：1. 自动扶梯受载的梯级数量由梯级高度除以最大可见梯级踢板高度求得，在试验时允许将总制动载荷分布在所求得的 2/3 的梯级上。
2. 当自动人行道倾斜角度不大于 6°，踏板或胶带的名义宽度大于 1.1m 时，宽度每增加 0.3m，制动载荷应在每 0.4m 长度上增加 25kg。
3. 当自动人行道在长度范围内有多个不同倾斜角度（高度不同）时，制动载荷应仅考虑到那些能组合成最不利载荷的水平区段和倾斜区段。

（4）电气装置的检查：

1）主电源开关不应切断电源插座、检修和维护所必需的照明电源。

2）机房和井道内应按产品要求配线。软线和无护套电缆应在导管、线槽或确能起到等效防护作用的装置中使用。护套电缆和橡套软电缆可明敷于井道或机房内使用，但不得明敷于地面。

3）导管、线槽的敷设应整齐牢固。线槽内导线总面积不应大于线槽净面积 60%；导管内导线总面积不应大于导管净面积 40%；软管固定间距不应大于 1m，端头固定间距不应大于 0.1m。

4）接地支线应采用黄绿相间的绝缘导线。

第11章 Chapter 11

防雷与接地装置

11-1 防雷的主要措施有哪些？

防雷的重点是各高层建筑、大型公共设施、重要机构的建筑物及变电所等。应根据各部位的防雷要求、建筑物的特征及雷电危害的形式等因素，采取相应的防雷措施。

（1）防直击雷的措施。安装各种形式的接闪器是防直击雷的基本措施。如在通信枢纽、变电所等重要场所及大型建筑物上可安装避雷针，在高层建筑物上可装设避雷带、避雷网等。

（2）防雷电波侵入的措施。雷电波侵入危害的主要部位是变电所，重点是电力变压器。基本的保护措施是在高压电源进线端装设阀式避雷器。避雷器应尽量靠近变压器安装，其接地线应与变压器低压侧中性点及变压器外壳共同连接在一起后，再与接地装置连接。

（3）防感应雷的措施。防感应雷的基本措施是将建筑物上残留的感应电荷迅速引入大地，常采用的方法是将混凝土屋面的钢筋用引下线与接地装置连接。对防雷要求较高的建筑物，一般采用避雷网防雷。

接闪器是专门用来接受直接雷击的金属导体。接闪器的功能实质上起引雷作用，将雷电引向自身，为雷云放电提供通路，并将雷电流泄入大地，从而使被保护物体免遭雷击、免受雷害。根据使用环境和作用不同，接闪器有避雷针、避雷带和避雷网三种装设形式。

11-2 怎样安装避雷针？

避雷针其顶端呈针尖状，下端经接地引线与接地装置焊接在一起。避雷针通常安装于被保护物体顶端的突出位置。

单支避雷针的保护范围为一近似的锥体空间，如图 11-1 所示。由图可见，应根据被保护物体的高度和有效保护半径确定避雷针的高度和安装位置，以使被保护物体全部处于保护范围之内。

避雷针通常装设在被保护的建筑物顶部的凸出部位，由于高度总是高于建筑物，所以很容易把雷电流引入其尖端，再经过引下线的接地装置，将雷电流泄入大地，从而使建筑物、构筑物免遭雷击。

避雷针一般用圆钢或焊接钢管制成，顶端剔尖。针长 1m 以下时，圆钢直径不得小于 12mm，钢管直径不得小于 20mm；针长为 1～2m 时，圆钢直径不得小于 16mm，钢管直径不得小于 25mm；针长 2m 以上时，采用粗细不同的几节钢管焊接起来。

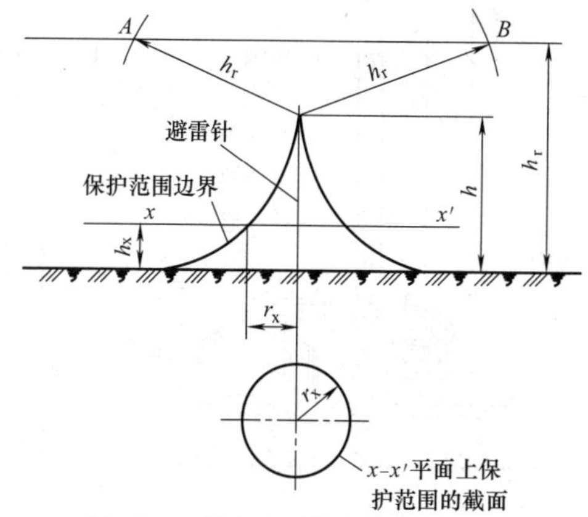

图 11-1 单支避雷针的保护范围

h—避雷针的高度 h_r—滚球半径 h_x—被保护物高度

r_x—在 x-x'水平面上的保护半径

避雷针通常用木杆或水泥杆支撑，较高的避雷针则采用钢结构架杆支撑，有时也采用钢筋混凝土或钢架构成独立避雷针。避雷针装设在烟囱上方时，由于烟气有腐蚀作用，宜采用直径 20mm 以上的圆钢或直径不小于 40mm 的钢管。

采用避雷针时，应按规定的不同建筑物的防雷级别的滚球半径 h_r，用滚球法来确定避雷针的保护范围，建筑物全部处于保护范围之内时就会安全无恙。安装避雷针时应注意以下几点：

（1）构架上的避雷针应与接地网连接，并应在其附近装设集中接地装置。

（2）屋顶上装设的防雷金属网和建筑物顶部的避雷针及金属物体应焊接成一个整体。

（3）照明线路、天线或电话线等严禁架设在独立避雷针的针杆上，以防雷击时，雷电流沿线路侵入室内，危及到人身和设备安全。

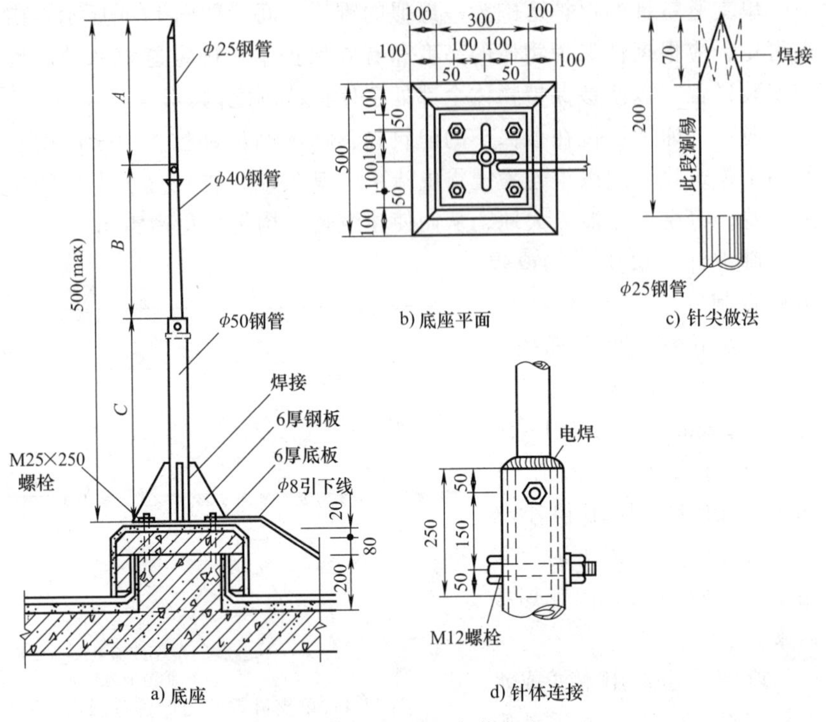

图 11-2　避雷针安装方法

（4）避雷针接地引下线连接要焊接可靠，接地装置安装要牢固，接地电阻应符合要求（一般不能超过 10Ω）。

图 11-2　为避雷针安装方法，表 11-1 为不同针高时的各节尺寸。

表 11-1　针体各节尺寸表

针全高/mm		1.0	2.0	3.0	4.0	5.0
各节尺寸/mm	A	1000	2000	1500	1000	1500
	B	—	—	1500	1500	1500
	C	—	—	—	1500	2000

11-3　如何设置避雷带和避雷网？

避雷带是一种沿建筑物顶部突出部位的边沿敷设的接闪器，对建筑物易受雷击的部位进行保护。一般高层建筑物都装设这种形式的接闪器。

避雷网是用金属导体做成网状的接闪器。它可以看作纵横分布、

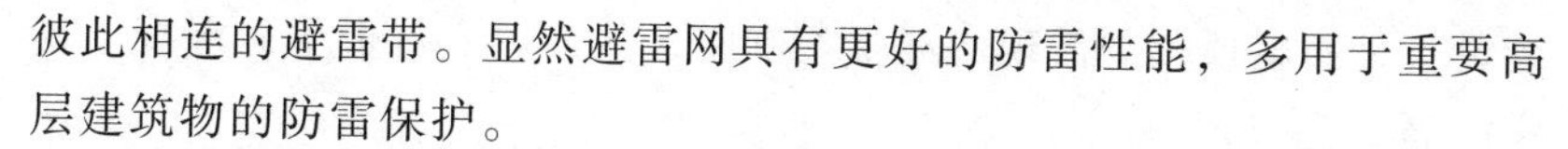

彼此相连的避雷带。显然避雷网具有更好的防雷性能，多用于重要高层建筑物的防雷保护。

避雷带和避雷网一般采用圆钢制作，也可采用扁钢。

避雷带的尺寸应不小于以下数值：圆钢直径为 8mm；扁钢厚度不小于 4mm，截面积不小于 48mm^2。

1. 避雷带的设置

避雷带是水平敷设在建筑物的屋脊、屋檐、女儿墙、水箱间顶、梯间屋顶等位置的带状金属线，对建筑物易受雷击部位进行保护。避雷带的做法如图 11-3 所示。

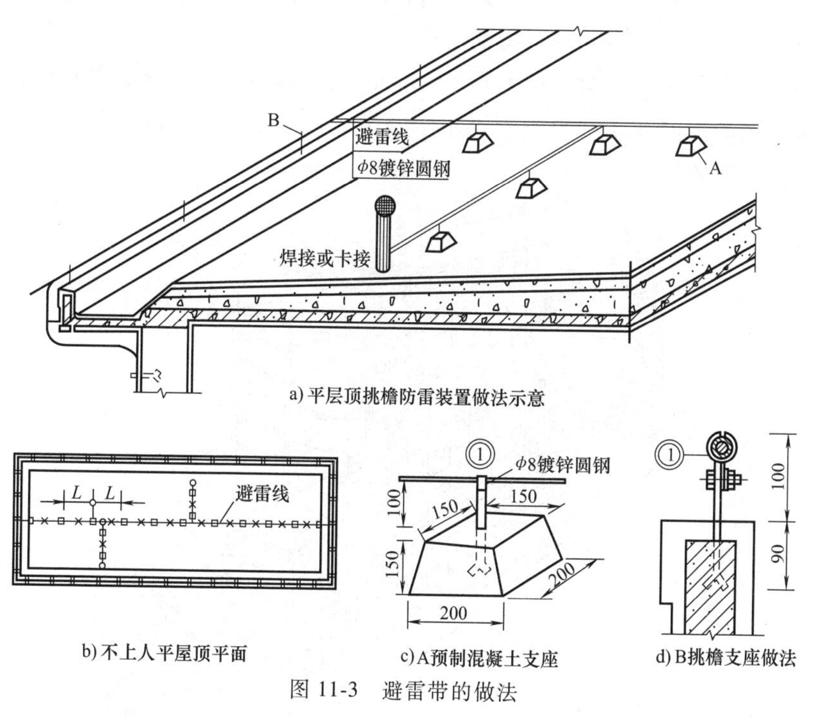

图 11-3 避雷带的做法

避雷带一般采用镀锌圆钢或扁钢制成，圆钢直径应不小于 8mm；扁钢截面积应不小于 50mm^2，厚度应不小于 4mm，在要求较高的场所也可以采用直径 20mm 的镀锌钢管。

避雷带进行安装时，若装于屋顶四周，则应每隔 1m 用支架固定在墙上，转弯处的支架间隔为 0.5m，并应高出屋顶 100~150mm。若装设于平面屋顶，则需现浇混凝土支座，并预埋支持卡子，混凝土支座间隔 1.5~2m。

2. 避雷网的设置

避雷网适用于较重要的建筑物，是用金属导体做成的网格式的接闪器，将建筑物屋面的避雷带（网）、引下线、接地体连接成一个整体的钢铁大网笼。避雷网有全明装、部分明装、全暗装、部分暗装等几种。

工程上常用的是暗装与明装相结合的笼式避雷网，将整个建筑物的梁、板、柱、墙内的结构钢筋全部连接起来，再接到接地装置上，就成为一个安全、可靠的笼式避雷系统，如图 11-4 所示。它既经济又节约材料，也不影响建筑物的美观。

避雷网采用截面积应不小于 $50mm^2$ 的圆钢和扁钢，交叉点必须焊接，距屋面的高度一般应不大于 20mm。在框架结构的高层建筑中较多采用避雷网。

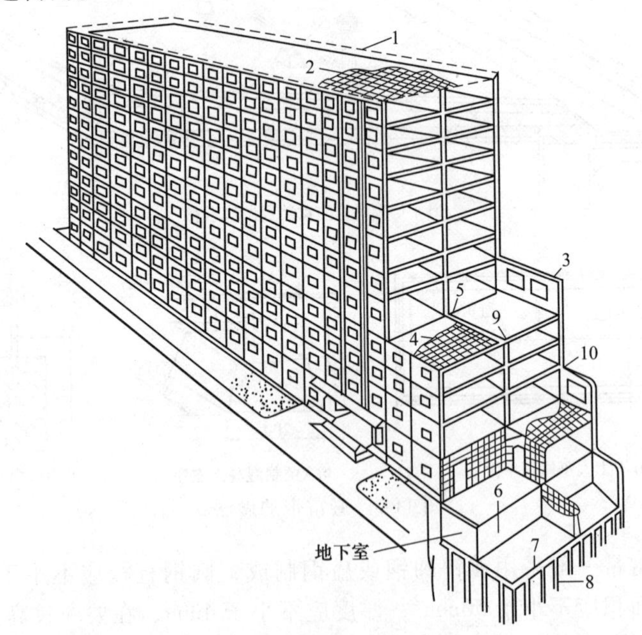

图 11-4　笼式避雷网示意图

1—周圈式避雷带　2—屋面板钢筋　3—外墙板　4—各层楼板　5—内纵墙板　6—内横墙板　7—承台梁　8—基桩　9—内墙板连接点　10—内外墙板钢筋连接点

11-4 平屋顶建筑物怎样防雷？

目前的建筑物，大多数都采用平屋顶。平屋顶的防雷装置设有避雷网或避雷带，沿屋顶以一定的间距铺设避雷网。屋顶上所有凸起的金属物、构筑物或管道均应与避雷网连接（用 $\phi 8$ 圆钢），避雷网的方格不大于 10m（即屋面上任何一点距避雷带不应大于 10m），施工时应按设计尺寸安装，不得任意增大。引下线应不少于两根，各引下线的距离为：一类建筑不应大于 24m；二类建筑不应大于 30m；三类建筑一般不大于 30m，最大不得超过 40m。

平屋顶上若有灯柱和旗杆，也应将其与整个避雷网（带）连接。

11-5 如何使用避雷器？

避雷器主要用于保护发电厂、变电所的电气设备以及架空线路、配电装置等，用来防护雷电产生的过电压，以免危及被保护设备的绝缘。使用时，避雷器接在被保护设备的电源侧，与被保护线路或设备相并联，避雷器的接线图如图 11-5 所示。当线路上出现危及设备安全的过电压时，避雷器的火花间隙就被击穿，或由高阻变为低阻，使过电压对地放电，从而保护设备免遭破坏。避雷器的型式主要有阀式避雷器和管式避雷器等。

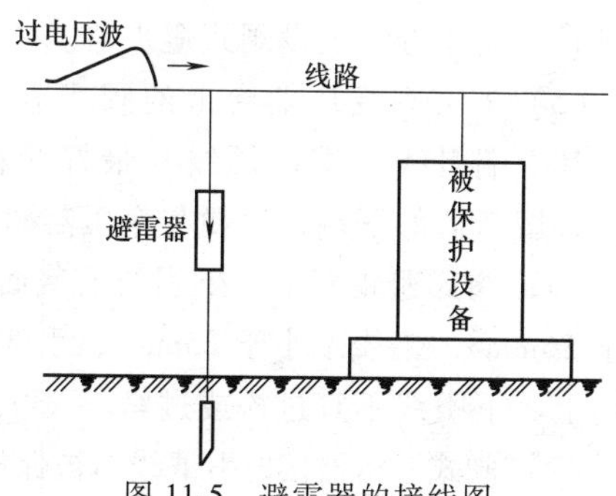

图 11-5 避雷器的接线图

11-6 怎样安装阀式避雷器？

阀式避雷器主要由密封在瓷套内的多个火花间隙和一叠具有非线性电阻特性的阀片（又称阀性电阻盘）串联组成，阀式避雷器的结构如图 11-6 所示。

安装阀式避雷器时应注意以下几点：

（1）安装前应对避雷器进行工频交流耐压试验、直流泄漏试验及绝缘电阻的测定，达不到标准时，不准投入运行。

(2) 阀式避雷器的安装，应便于巡视和检查，并应垂直安装不得倾斜，引线要连接牢固，上接线端子不得受力。

(3) 阀式避雷器的瓷套应无裂纹，密封应良好。

(4) 阀式避雷器安装位置应尽量靠近被保护设备。避雷器与 3～10kV 变压器的最大电气距离，雷雨季经常运行的单路进线不大于 15m，双路进线不大于 23m，三路进线不大于 27m。若大于上述距离时，应在母线上设阀式避雷器。

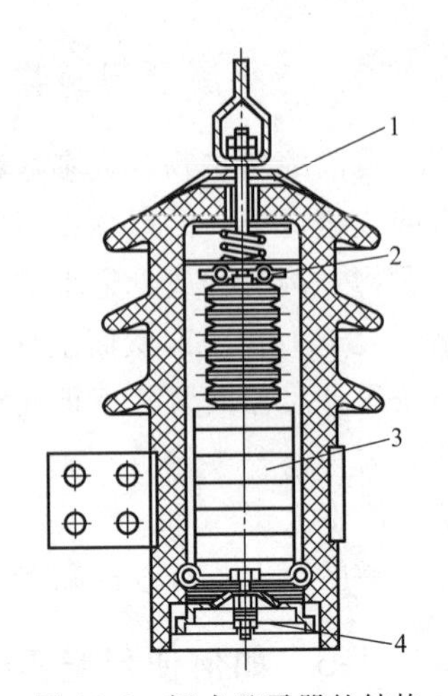

图 11-6　阀式避雷器的结构

1—瓷套　2—火花间隙

3—阀片电阻　4—接地螺栓

(5) 安装在变压器台上的阀式避雷器，其上端引线（即电源线）最好接在跌落式熔断器的下端，以便与变压器同时投入运行或同时退出运行。

(6) 阀式避雷器上、下引线的截面积都不得小于规定值，铜线不小于 $16mm^2$，铝线不小于 $25mm^2$，引线不许有接头，引下线应附杆而下，上、下引线不宜过松或过紧。

(7) 阀式避雷器接地引下线与被保护设备的金属外壳应可靠地与接地网连接。线路上单组阀式避雷器，其接地装置的接地电阻不应大于 5Ω。

11-7　怎样安装管式避雷器？

管式避雷器由产气管、内部间隙和外部间隙三部分组成，如图 11-7 所示。

安装管式避雷器时应注意以下几点：

(1) 额定断续能力与所保护设备的短路电流相适应。

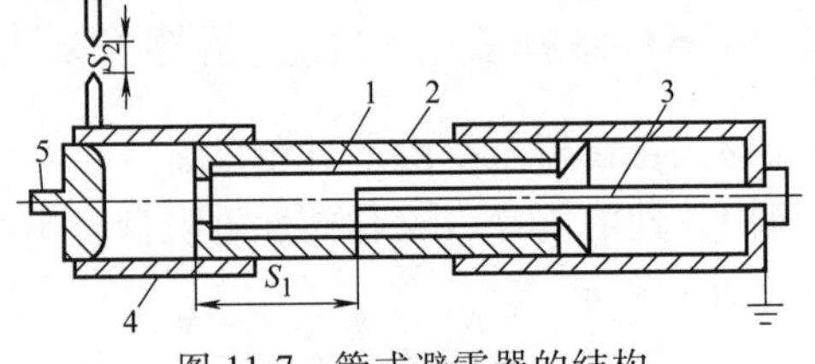

图 11-7　管式避雷器的结构

1—产气管　2—胶木管　3—棒形电极　4—环形电极

5—动作指示器　S_1—内部间隙　S_2—外部间隙

(2) 安装时，应避

免各管式避雷器排出的电离气体相交而造成短路，但在开口端固定的避雷器，则允许它排出的电离气体相交。

（3）装设在木杆上的管式避雷器，一般采用共用的接地装置，并可与避雷线共用一根接地引下线。

（4）管式避雷器及外部间隙应安装牢固可靠，以保证管式避雷器运行中的稳定性。

（5）管式避雷器的安装位置应便于巡视和检查，安装地点的海拔一般不超过 1000m。

11-8 什么是接地？什么是接零？

接地与接零是保证电气设备和人身安全用电的重要保护措施。

所谓接地，就是把电气设备的某部分通过接地装置与大地连接起来。

接零是指在中性点直接接地的三相四线制供电系统中，将电气设备的金属外壳、金属构架等与零线连接起来。

1. 工作接地

为了保证电气设备的安全运行，将电路中的某一点（例如变压器的中性点）通过接地装置与大地可靠地连接起来，称为工作接地，工作接地（又称系统接地）如图 11-8 所示。

2. 保护接地

为了保障人身安全，防止间接触电事故，将电气设备外露可导电部分如金属外壳、金属构架等，通过接地装置与大地可靠连接起来，称为保护接地，如图 11-9 所示。

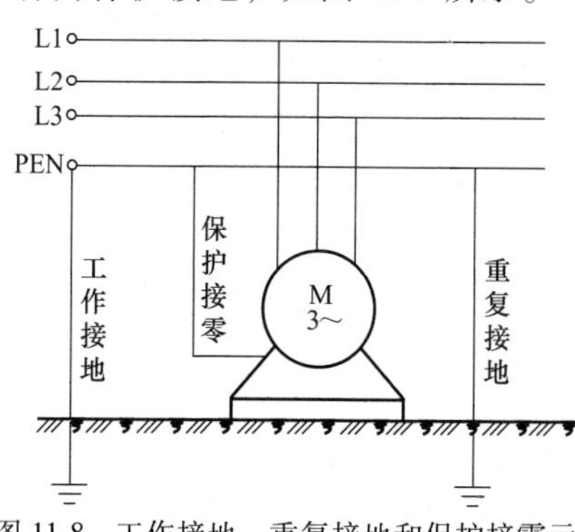

图 11-8 工作接地、重复接地和保护接零示意图

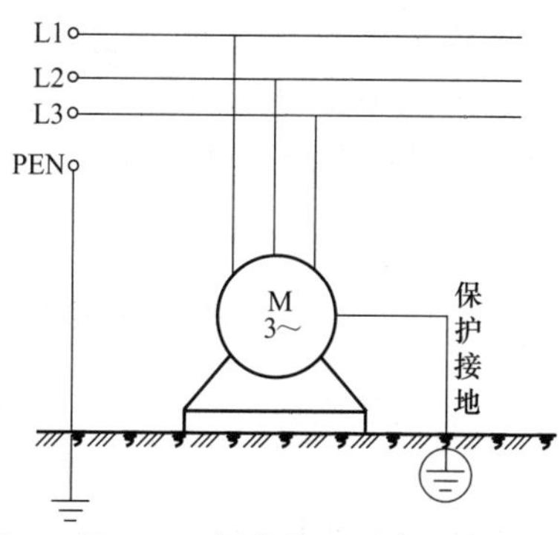

图 11-9 保护接地示意图

对电气设备采取保护接地措施后，如果这些设备因受潮或绝缘损坏而使金属外壳带电，那么电流会通过接地装置流入大地，只要控制好接地电阻的大小，金属外壳的对地电压就会限制在安全数值以内。

3. 重复接地

将中性线上的一点或多点，通过接地装置与大地再次可靠地连接称为重复接地，如图 11-8 所示。当系统中发生碰壳或接地短路时，能降低中性线的对地电压，并减轻故障程度。重复接地可以从零线上重复接地，也可以从接零设备的金属外壳上重复接地。

4. 保护接零

在中性点直接接地的低压电力网中，将电气设备的金属外壳与零线（中性线）连接，称为保护接零（简称接零）。

 11-9 接地装置由哪几部分组成？

电气设备的接地体及接地线的总和称为接地装置。

接地体即为埋入地中并直接与大地接触的金属导体。接地体分为自然接地体和人工接地体。人工接地体又可分为垂直接地体和水平接地体两种。

接地线即为电气设备金属外壳与接地体相连接的导体。接地线又可分为接地干线和接地支线。接地装置的组成如图 11-10 所示。

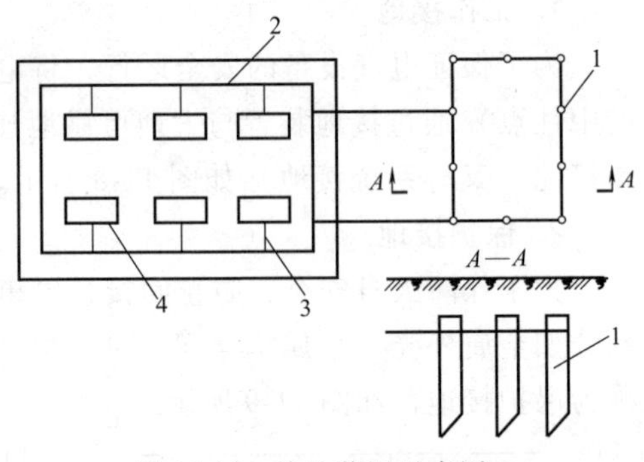

图 11-10 接地装置示意图

1—接地体 2—接地干线

3—接地支线 4—电气设备

 11-10 什么是人工接地体？什么是基础接地体？

1. 人工接地体

人工接地体指利用人工方法将专门的金属物体埋设于土壤中，以满足接地的要求的接地体。人工接地体绝大部分采用钢管、角钢、扁钢、圆钢制作。人工接地体的最小规格见表 11-2。

表 11-2　人工接地体的最小规格

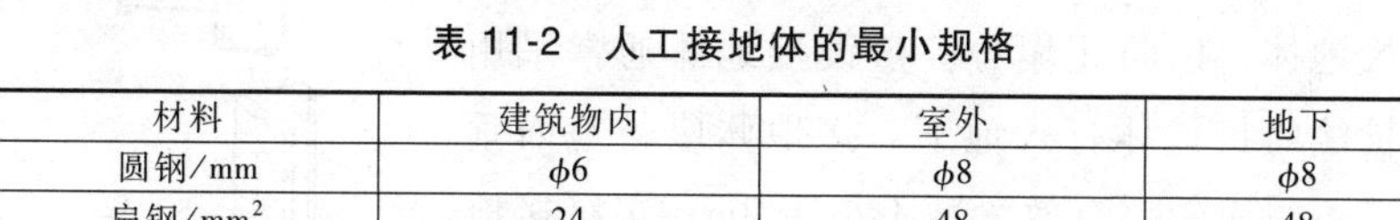

材料	建筑物内	室外	地下
圆钢/mm	$\phi 6$	$\phi 8$	$\phi 8$
扁钢/mm^2	24	48	48
钢管壁厚/mm	2.5	3.5	3.5
角钢/mm	40×40×4	40×40×4	40×40×4

2. 基础接地体

基础接地体指接地体埋设在地面以下的混凝土基础的接地体。它又可分为自然基础接地体和人工基础接地体两种。当利用钢筋混凝土基础中的其他金属结构物作为接地体时，称为自然基础接地体；当把人工接地体敷设于不加钢筋的混凝土基础时，称为人工基础接地体。

由于混凝土和土壤相似，可以将其视为具有均匀电阻率的“大地”。同时，混凝土存在固有的碱性组合物及吸水特性。因此，近几年来，国内外利用钢筋混凝土基础中的钢筋作为自然基础接地体已经取得较多的经验，故应用较为广泛。

11-11　怎样安装垂直接地体？

垂直接地体可采用直径为 40～50mm 的钢管或用 40mm×40mm×4mm 的角钢，下端加工成尖状以利于砸入地下。垂直接地体的长度为 2～3m，但不能短于 2m。垂直接地体一般由两根以上的钢管或角钢组成，或以成排布置，或以环形布置，相邻钢管或角钢之间的距离以不超过 3～5m 为宜。垂直接地体的几种典型布置如图 11-11 所示。

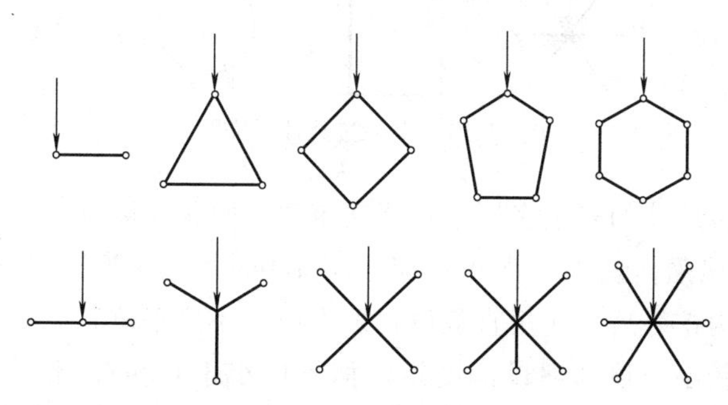

图 11-11　垂直接地体的布置

垂直接地体的安装应在沟挖好后，尽快敷设接地体，以防止塌方。敷设接地体通常采用打桩法将接地体打入地下。接地体应与地面垂直，不得歪斜，有效深度不小于2m；多级接地或接地网的各接地体之间，应保持2.5m以上的直线距离。

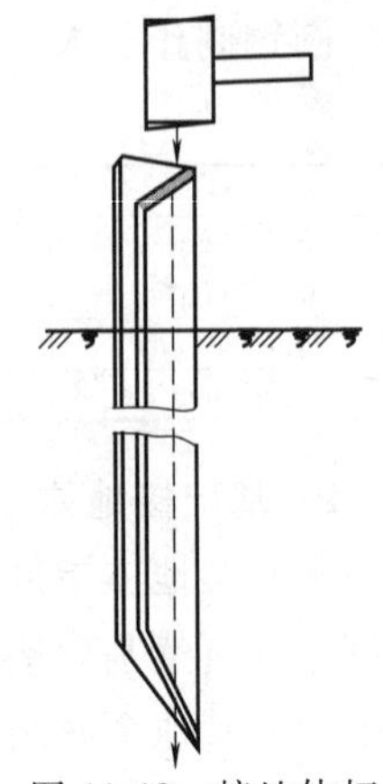

图 11-12　接地体打入土壤情形

用手锤敲打角钢时，应敲打角钢端面角脊处，锤击力会顺着脊线直传到其下部尖端，容易打入、打直，如图11-12所示。若接地体与接地线在地面下连接，则应先将接地体与接地线用电焊焊接后埋土夯实。

 11-12　怎样安装水平接地体？

水平接地体多采用40mm×4mm的扁钢或直径为16mm的圆钢制作，多采用放射形布置，也可以成排布置成带形或环形。水平接地体的几种典型布置如图11-13所示。

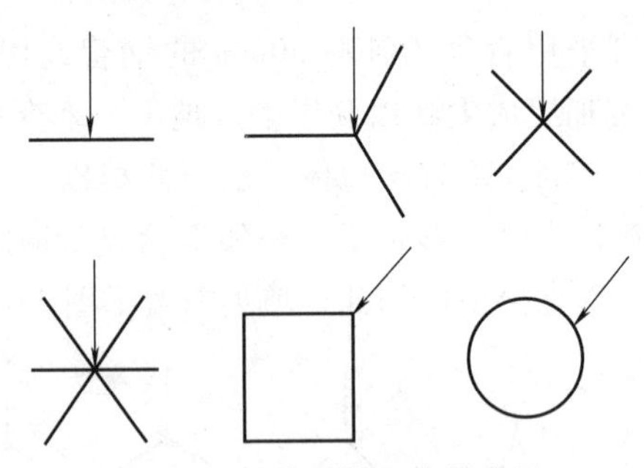

图 11-13　水平接地体的布置

水平接地体的安装多用于环绕建筑四周的联合接地，常用40mm×4mm镀锌扁钢，最小截面积不应小于100mm^2，厚度不应小于4mm。当接地体沟挖好后，应垂直敷设在地沟内（不应平放），垂直放置时，散流电阻较小，顶部埋设深度距地面不应小于0.6m，水平接地体安装如图11-14所示。水平接地体多根平行敷设时，水平间距不应小于 5m。

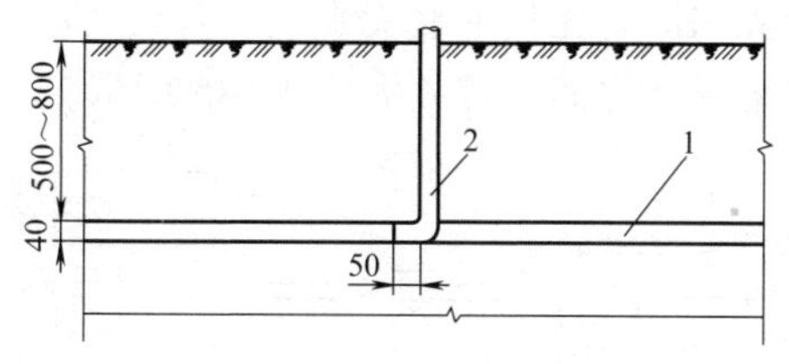

图 11-14　水平接地体的安装

1—接地体　2—接地线

沿建筑外面四周敷设成闭合环状的水平接地体，可埋设在建筑物散水及灰土基础以外的基础槽边。

将水平接地体直接敷设在基础底坑与土壤接触是不合适的。由于接地体受土的腐蚀极易损坏，被建筑物基础压在下边，给维修带来不便。

11-13　选择接地装置的注意事项有哪些？

（1）每个电气装置的接地，必须用单独的接地线与接地干线相连接或用单独接地线与接地体相连，禁止将几个电气装置接地线串联后与接地干线相连接。

（2）接地线与电气设备、接地总母线或总接地端子应保证可靠的电气连接，当采用螺栓连接时，应采用镀锌件，并设防松螺母或防松垫圈。

（3）接地干线应在不同的两点及以上与接地网相连接，自然接地体应在不同的两点及以上与接地干线或接地网相连接。

（4）当利用电梯轨（吊车轨道等）作接地干线时，应将其连成封闭回路。

（5）当接地体由自然接地体与人工接地体共同组成时，应分开设置连接卡子。自然接地体与人工接地体连接点应不少于两处。

（6）当采用自然接地体时，在其自然接地体的伸缩处或接头处加接跨接线，以保证良好的电气通路。

（7）接地装置的焊接应采用搭接法，最小搭接长度：扁钢为宽度的 2 倍，三面焊接；圆钢为直径的 6 倍，两个侧面焊接；圆钢与扁钢连接时，焊接长度为圆钢直径的 6 倍，两个侧面焊接。焊接必须牢固，焊缝应平直无间断、无气泡、无夹渣；焊缝处应清除干净，并涂刷沥青防腐。接地导体之间的焊接如图 11-15 所示。

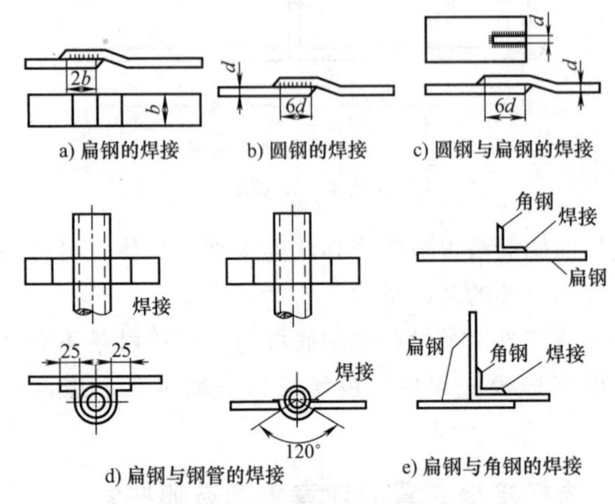

图 11-15　接地导体之间的焊接

11-14　如何安装接地干线？

安装接地干线时要注意以下问题：

（1）安装位置应便于检修，并且不妨碍电气设备的拆卸与检修。

（2）接地干线应水平或垂直敷设，在直线段不应有弯曲现象。

（3）接地干线与建筑物或墙壁间应有 15~20mm 间隙。

（4）接地线支持卡子之间的距离，在水平部分为 1~ 1.5m，在垂直部分为 1.5~2m，在转角部分为 0.3~0.5m。

（5）在接地干线上应按设计图样做好接线端子，以便连接接地支线。

（6）接地线由建筑物内引出时，可由室内地坪下引出，也可由室内地坪上引出，其做法如图 11-16 所示。

（7）接地线穿过墙壁或楼板，必须预先在需要穿越处装设钢管，接地线在钢管内穿过，钢管伸出墙壁至少 10mm，在楼板上面至少要伸出 30mm，在楼板下面至少要伸出 10mm，接地线穿过后，钢管两端要做好密封（见图 11-17）。

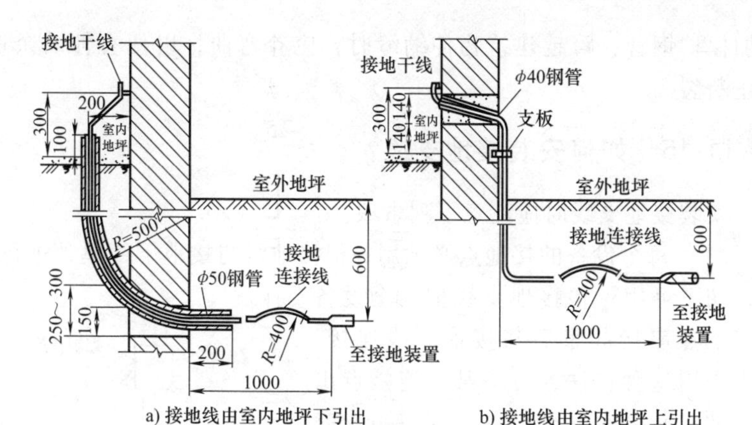

图 11-16　接地线由建筑物内引出安装

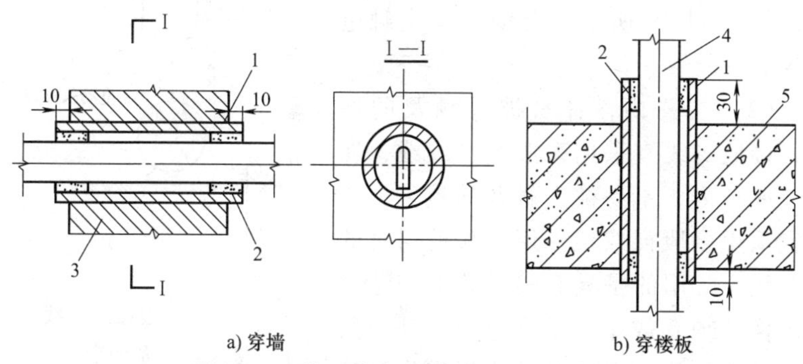

图 11-17　接地线穿越墙壁、楼板的安装

1—沥青棉纱　2—φ40mm 钢管　3—墙

4—接地线　5—楼板

（8）采用多股电线作接地线时，连接应采用接线端子，如图 11-18 所示，不可把线头直接弯曲压接在螺钉上，在有振动的地方，要加弹簧垫圈。

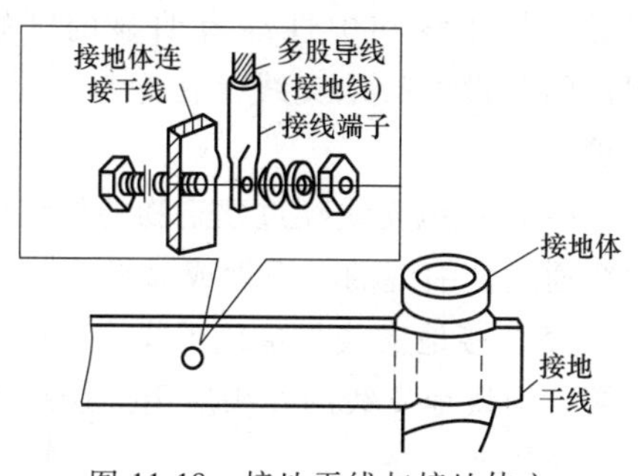

图 11-18　接地干线与接地体之间的连接方法

（9）接地干线与电缆或其他电线交叉时，其间距应不小于 25mm；与管道交叉时，

应加保护钢管；跨越建筑物伸缩缝时，应有弯曲，以便有伸缩余地，防止断裂。

 11-15 如何安装接地支线？

安装接地支线时应注意下列事项：

（1）每个设备的接地点必须用一根接地线与接地干线单独进行连接，切不可用一根接地支线把几个设备的接地点串接起来后与接地干线连接，因为采用这种接法，万一某个连接点出现松散，而又有一台设备外壳带电，就要使被连在一起的其他设备外壳同时带电，如图 11-19 所示，会增加发生触电事故的可能性。

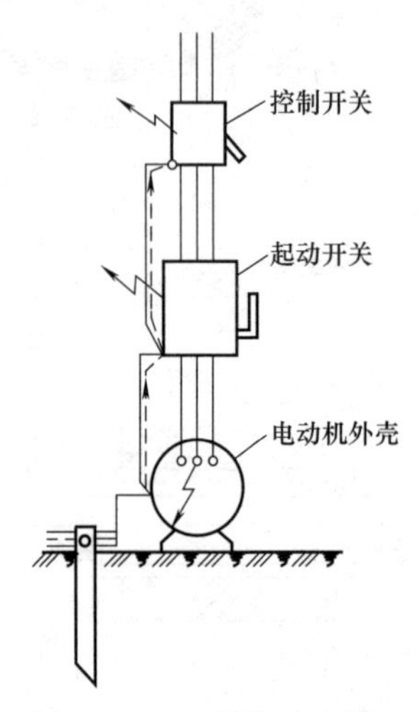

图 11-19 一根接地支线串接多台设备的危害

（2）在户内，容易被人触及的地方，接地支线宜采用多股绝缘绞线，在户外或户内，不易被人触及的地方，一般宜采用多股裸绞线。用于移动用具的电源线，常用的是具有较柔软的三芯或四芯橡胶护套或塑料护套电缆；其中黑色或黄绿色的一根绝缘导线规定作为接地支线。

（3）接地支线允许和电源线同时架空敷设，或同时穿管敷设，但必须与相线和中性线有明显的区别，尤其不能与中性线随意并用；明敷设的接地支线，在穿越墙壁或楼板时，应套入套管内加以保护。

（4）接地支线经过建筑物的伸缩缝时，如采用焊接固定，应将接地线通过伸缩缝的一段做成弧形。

（5）接地支线与接地干线或与设备接地点的连接，一般都用螺钉压接，但接地支线的线头应用接线端子，有振动的地方，应加弹簧垫圈防止松散。

（6）用于固定敷设的接地支线需要接长时，连接方法必须正确，

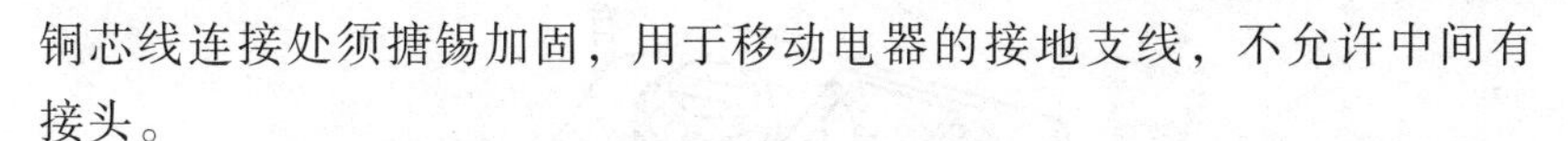

铜芯线连接处须搪锡加固，用于移动电器的接地支线，不允许中间有接头。

（7）接地支线同样可以利用周围环境中已有的金属体，在保护接地中，可利用电动机与控制开关之间的导线保护钢管，作为控制开关外壳的接地线，安装时用两个铜夹头分别与两端管口连接，方法如图 11-20 所示。

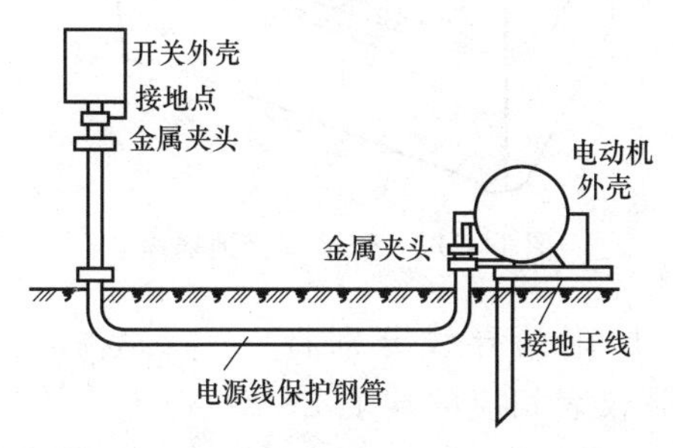

图 11-20　接地支线利用自然金属体

（8）凡采用绝缘电线作为接地支线的接地线，连接处应恢复绝缘层。

（9）接地支线的每个连接处都应置于明显位置，便于检查。

11-16　怎样测量接地电阻？

测量接地电阻的方法很多，目前用得最广的是用接地电阻测量仪、接地摇表测量。

图 11-21 所示是 ZC-8 型接地摇表外形，其内部主要元件是手摇发电机、电流互感器、可变电阻及零指示器等，另外附接地探测针（电位探测针，电流探测针）两支、导线 3 根（其中 5m 长 1 根用于接地极，20m 长 1 根用于电位探测针，40m 长 1 根用于电流探测针接线）。

用此接地摇表测量接地电阻的方法如下：

（1）按图 11-22 所示接线图接线。沿被测接地极 E′，将电位探测针 P′和电流探测针 C′依直线彼此相距 20m，插入地中。电位探测针 P′要插在接地极 E′和电流探测针 C′之间。

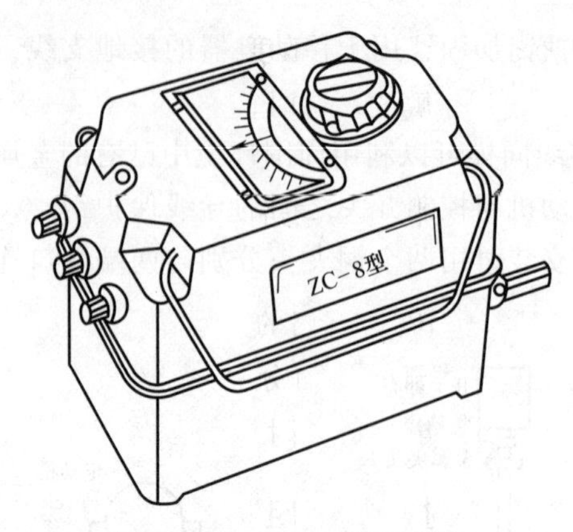

图 11-21　ZC-8 型接地摇表

(2) 用仪表所附的导线分别将E′、P′、C′连接到仪表相应的端子 E、P、C 上。

(3) 将仪表放置水平位置，调整零指示器，使零指示器指针指到中心线上。

(4) 将“倍率标度”置于最大倍数，慢慢转动发电机的手柄，同时旋动“测量标度盘”，使零指示器的指针指于中心线。在零指示器指针接近中心线时，加快发电机手柄转速，并调整“测量标度盘”，使指针指于中心线。

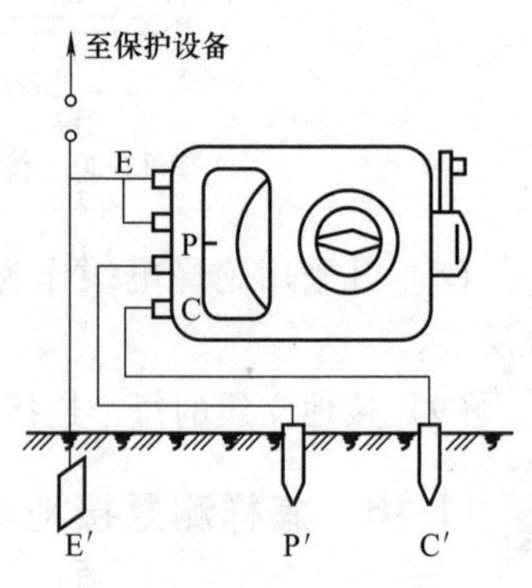

图 11-22　接地电阻测量接线

E′—被测接地体　P′—电位探测针

C′—电流探测针

(5) 如果“测量标度盘”的读数小于1时，应将“倍率标度”置于较小倍数，然后再重新测量。

(6) 当指针完全平衡指在中心线上后，将此时“测量标度盘”的读数乘以倍率标度，即为所测的接地电阻值。

11-17　测量接地电阻时应注意什么?

在使用接地摇表测量接地电阻时，要注意以下问题:

（1）假如“零指示器”的灵敏度过高时，可调整电位探测针插入土壤中的深浅，若其灵敏度不够时，可沿电位探测针和电流探测针注水使其湿润。

（2）在测量时，必须将接地线路与被保护的设备断开，以保证测量准确。

（3）当用 0 ~ 1/10/100Ω 规格的接地摇表测量小于 1Ω 的接地电阻时，应将 E 的连接片打开，然后分别用导线连接到被测接地体上，以消除测量时连接导线的电阻造成附加测量误差。

11-18　电力装置对接地电阻有什么要求？

低压电力网的电力装置对接地电阻的要求如下：

（1）低压电力网中，电力装置的接地电阻不宜超过 4Ω。

（2）由单台容量为 100kV · A 的变压器供电的低压电力网中，电力装置的接地电阻不宜超过 10Ω。

（3）使用同一接地装置并联运行的变压器，在总容量不超过 100kV · A的低压电力网中，电力装置的接地电阻不宜超过 10Ω。

（4）在土壤电阻率高的地区，要达到以上接地电阻值有困难时，低压电力设备的接地电阻允许提高到 30Ω。

11-19　等电位联结应满足哪些基本规定？

等电位联结一般是由总等电位联结（MEB）、辅助等电位联结（SEB）和局部等电位联结（LEB）组成。

（1）建筑物每一电源进线都应该做总等电位联结，各总等电位联结端子板应互相连通。

（2）金属管道连接处一般不需加跨接线，给水系统的水表需加跨接线。

（3）装有金属外壳的排风机，空调器的金属门、窗框，或靠近电源插座的金属门、窗框，以及距外露可导电部分伸臂范围内的金属栏杆，顶棚龙骨等金属体需做等电位联结。

（4）为避免用煤气管道作接地极，煤气管入户后应插入绝缘段，以与户外埋地煤气管隔离，为防雷电流在煤气管道内产生电火花，在此绝缘两端应跨接火花放电间隙。

（5）一般场所离人站立处不超过10m的距离如有地下金属管道或结构即可认为满足地面等电位要求，否则应在地下埋等电位带。

（6）等电位联结内各联结导体间连接可采用焊接，也可采用螺栓连接或熔接，等电位联结端子板应采取螺栓连接，以便拆卸进行定期检测。

（7）等电位联结线可采用BV-4塑料绝缘铜导线穿塑料管暗敷，也可采用镀锌扁钢或镀锌圆钢暗敷。等电位联结用螺栓、垫圈、螺母等应进行热镀锌处理。等电位联结端子板截面积不得小于等电位联结线的截面积。

（8）等电位联结安装完毕后，应进行导通性测试，测试用电源可采用空载电压4~24V直流或交流电源，测试电流不小于0.2A，可认为等电位联结是有效的，如发现导通不良的管道连接处，应作跨接线。

 11-20 如何进行总等电位联结?

总等电位联结系统施工时应注意:

（1）总等电位联结是将建筑物每一电源进线及进出建筑物的金属管道、金属结构构件连成一体，一般采用总等电位联结（MEB）端子板。由总等电位端子板放射连接或链接而成。

（2）MEB端子板宜设置在电源进线或进线配电盘处，并应加罩，以免无关人员触动。

（3）对于相邻近管道及金属结构允许用一根MEB线连接。

（4）经过实测，当总等电位联结内的水管、基础钢筋等自然接地体的接地电阻阻值已满足电气装置的接地要求时，不需另打人工接地极。

总等电位联结系统如图11-23所示，图中箭头方向表示水、气流方向，当进、回水管相距较远时，也可由MEB端子板分别用一根MEB线连接。

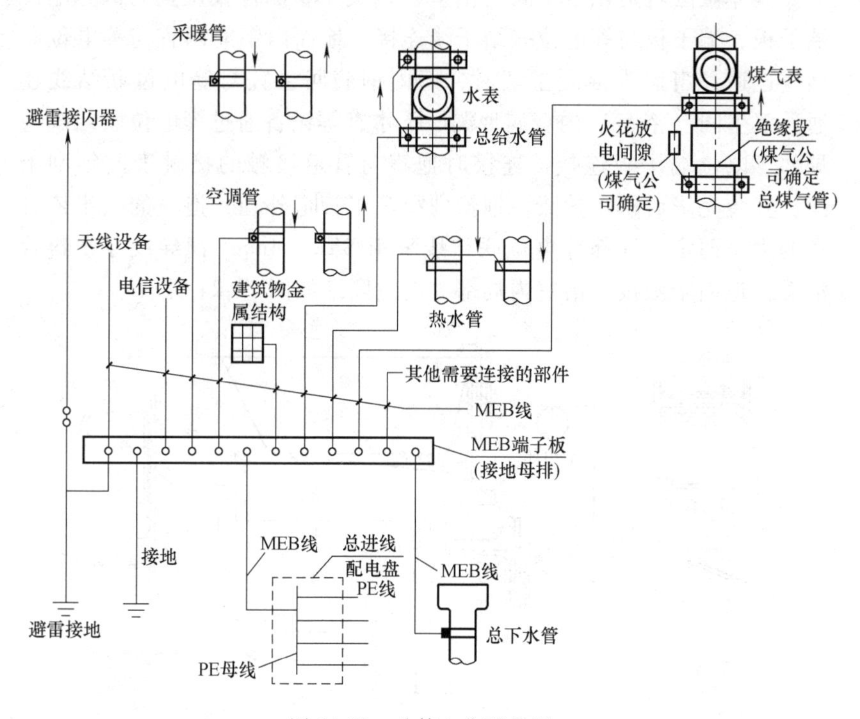

图 11-23　总等电位联结图

11-21　怎样进行局部等电位联结？

局部等电位联结是在一局部场所范围内通过局部等电位联结端子板把各可导电部分连通。一般是在浴室、游泳池、医院手术室、农牧业等特别危险场所，发生电击事故的危险性较大，要求更低的接触电压，或为满足信息系统抗干扰的要求时，应做局部等电位联结。一般局部等电位联结也都有一个等电位端子板，或者连成环形。简单地说，局部等电位联结可以看成是在这个局部范围内的总等电位联结。

随着生活水平的提高，家用热水器被广泛应用，浴室内触电事故时有发生，主要因为人在洗澡时皮肤湿透且赤足，其阻抗急剧下降，低于接触电压限值的接触电压即可产生过量的通过人体的电流而致人死亡。为避免此类事故的发生，应进行局部等电位联结。

具体做法就是在卫生间（浴室）内便于检测位置设置局部等电位端子板，端子板与等电位联结干线连接。地面内钢筋网宜与等电位联结线连通，当墙为混凝土墙时，墙内钢筋网也宜与等电位联结线连通。卫生间（浴室）内金属地漏、下水管等设备通过等电位联结线与局部等电位端子板连接。连接时抱箍与管道接触的接触表面须刮干净，安装完毕后刷防护漆。抱箍内径等于管道外径，抱箍的大小依管道的大小而定。局部等电位联结线采用 BV-1×4mm^2 铜导线穿塑料管沿墙或地面暗敷设。浴室内局部等电位联结如图 11-24 所示。

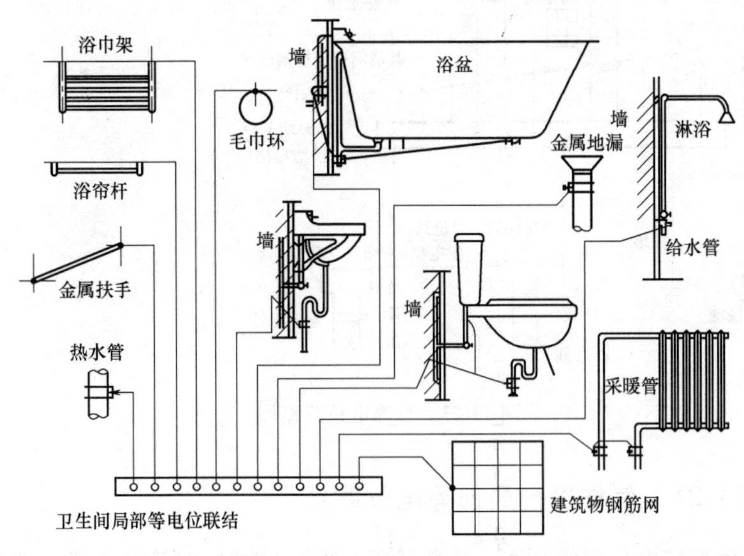

图 11-24　卫生间局部等电位联结

应该指出，如果浴室内无 PE 线，浴室内的局部等电位联结不得与浴室外的 PE 相连，因 PE 线有可能因别处的故障而带电，反而能引入别处的电位。如果浴室内有 PE 线，浴室内的局部等电位联结必须与该 PE 线连接。

11-22　怎样进行辅助等电位联结？

在可导电部分，用导线直接连接，使其电位相等或接近。在建筑物做了总等电位联结之后，在伸臂范围内的某些外露可导电部分与装置外可导电部分之间，再用导线附加联结，以使其间的电位相等或更接近，称为辅助等电位联结。

局部等电位联结可看作在一局部场所范围内的多个辅助等电位联结。

11-23　如何选择等电位联结线的截面积？

选择等电位联结线的截面积可参考表 11-3。

表 11-3　等电位联结线的截面积

<table>
<tr><th>类别
取值</th><th>总等电位联结线</th><th>局部等电位联结线</th><th>辅助等电位联结线</th></tr>
<tr><td rowspan="2">一般值</td><td rowspan="2">不小于 0.5×进线 PE(PEN)线截面积</td><td rowspan="2">不小于 0.5×PE 线截面积①</td><td>两电气设备外露导电部分间为 1×较小 PE 线截面积</td></tr>
<tr><td>电气设备与装置外可导电部分间为 0.5×较小 PE 线截面积</td></tr>
<tr><td rowspan="3">最小值</td><td rowspan="2">$6mm^2$ 铜线或相同电导值导线②</td><td colspan="2">有机械保护时为 $2.5mm^2$ 铜线或 $4mm^2$ 铝线</td></tr>
<tr><td colspan="2">无机械保护时为 $4mm^2$ 铜线</td></tr>
<tr><td>热镀锌钢：
$\phi10$ 圆钢
扁钢 25mm×4mm</td><td colspan="2">热镀锌钢：
$\phi8$ 圆钢
扁钢 20mm×4mm</td></tr>
<tr><td>最大值</td><td colspan="2">$25mm^2$ 铜线或相同电导值导线②</td><td>—</td></tr>
</table>

① 局部场所内最大 PE 线截面积。

② 不允许采用无机械保护的铝线。

11-24　如何进行等电位联结导通性测试？

局部等电位联结安装完毕后，应进行导通性测试，测试用电源可采用空载电压为 4~24V 的直流或交流电源，测试电流不应小于 0.2A，若等电位联结端子板与等电位联结范围内的金属管道等金属体末端之间的电阻不大于 3Ω（可采用接地电阻表测试），可认为等电位联结是有效的，如发现导通不良的管道连接处，应作跨接线。在施工时，各工种间需密切配合，以保证等电位联结的始终导通。在投入使用后应定期做测试。

等电位联结端子板截面积不应小于所接等电位联结线截面积。等电位联结端子板应采取螺栓连接，以便于拆卸进行定期检测。

参考文献

[1] 吴光路. 建筑电气安装实用技能手册 [M]. 北京：化学工业出版社，2012.
[2] 孙雅欣. 建筑电气工长一本通 [M]. 北京：中国建材工业出版社，2010.
[3] 赵乃卓，张明健. 智能楼宇自动化技术 [M]. 北京：中国电力出版社，2009.
[4] 张玉萍. 实用建筑电气安装技术手册 [M]. 北京：中国建材工业出版社，2008.
[5] 赵连玺，等. 建筑应用电工 [M]. 4 版. 北京：中国建筑工业出版社，2006.
[6] 郑发泰. 建筑供配电与照明系统施工 [M]. 北京：中国建筑工业出版社，2005.
[7] 黄民德，等. 建筑电气安装工程 [M]. 天津：天津大学出版社，2008.
[8] 张振文. 建筑弱电电工技术 [M]. 北京：国防工业出版社，2009.
[9] 陈红. 楼宇机电设备管理 [M]. 北京：清华大学出版社，2007.
[10] 陈家斌，陈蕾. 电气照明实用技术 [M]. 郑州：河南科学技术出版社，2008.
[11] 孙克军. 建筑电工入门问答 [M]. 北京：机械工业出版社，2012.
[12] 李永忠. 安装电工技师应知应会实务手册 [M]. 北京：机械工业出版社，2006.
[13] 安顺合. 建筑电气工程技术问答 [M]. 北京：中国电力出版社，2004.
[14] 徐红升，等. 图解电工操作技能 [M]. 北京：化学工业出版社，2008.
[15] 阴振勇. 建筑电气工程施工与安装 [M]. 北京：中国电力出版社，2003.
[16] 逄凌滨，等. 电气工程施工细节详解 [M]. 北京：机械工业出版社，2009.
[17] 史湛华. 建筑电气施工百问 [M]. 北京：中国建筑工业出版社，2004.